升级版

数控车床 使用手册

[日] 刀具工程师编辑部 编著
杨晓冬 译

机械工业出版社

本书是多位数控车削技术人员多年工作经验的结晶，收集了数控车削加工的必备知识，着重介绍了数控车削中刀具的装夹方法、加工中容易出现的问题及相关解决方案等内容。具体内容包括数控车床入门、数控刀具和加工准备、数控编程方法、数控车削加工实例和数控车削参数及相关资料五部分。

本书可供机械加工工人和机械加工相关技术人员培训、学习使用，还可作为相关专业师生的参考用书。

Original Japanese title: NC SENBAN KATSUYOU MANUAL

Copyright © TAIGA Publishing Co., Ltd. 1981

Original Japanese edition published by TAIGA Publishing Co., Ltd.

Simplified Chinese translation rights aranged with TAIGA Publishing Co., Ltd.

through The English Agency (Japan) Ltd. and Shanghai To-Asia Culture Co., Ltd.

此版本仅限在中国大陆地区（不包括香港、澳门特别行政区及台湾地区）销售。未经出版者书面许可，不得以任何方式抄袭、复制或节录本书中的任何部分。

北京市版权局著作权合同登记　图字：01-2020-5856号。

图书在版编目（CIP）数据

数控车床使用手册/日本刀具工程师编辑部编著；杨晓冬译. -- 北京：机械工业出版社，2024.8.（2025.10重印）（日本经典技能系列丛书）. -- ISBN 978-7-111-76177-8

I.TG519.1-62

中国国家版本馆 CIP 数据核字第 20245DB129 号

机械工业出版社（北京市百万庄大街22号　邮政编码100037）
策划编辑：王晓洁　　　　　　　责任编辑：王晓洁　关晓飞
责任校对：杜丹丹　杨　霞　景　飞　封面设计：马若濛
责任印制：单爱军
北京盛通数码印刷有限公司印刷
2025年10月第1版第2次印刷
184mm×260mm・9.75印张・326千字
标准书号：ISBN 978-7-111-76177-8
定价：79.80元

电话服务　　　　　　　　　　　网络服务
客服电话：010-88361066　　　机　工　官　网：www.cmpbook.com
　　　　　010-88379833　　　机　工　官　博：weibo.com/cmp1952
　　　　　010-68326294　　　金　书　网：www.golden-book.com
封底无防伪标均为盗版　　　机工教育服务网：www.cmpedu.com

出 版 说 明

为了吸收发达国家职业技能培训在教学内容和教学方式上的成功经验，我们引进并出版了日本大河出版社的首套"日本经典技能系列丛书"。首套丛书自2009年翻译出版以来，一直畅销不衰，累计印刷超过30万册。应广大读者的要求，我们又引进了这套升级版的"日本经典技能系列丛书"。

本套升级版"日本经典技能系列丛书"共10本，丛书内容覆盖机械加工的各方面，包括《切削加工资料大全》《机械加工一点通》《数控车床使用手册》《加工中心使用手册》《难切削材料及复杂形状的加工技巧》《机械图样的画法及读法》《测量仪器的使用及测量计算》《刀具材料的选择及使用方法》《工装夹具的制作和使用方法》《孔加工刀具大全》。该系列丛书为日本机电类的长期畅销图书。升级版丛书延续了首套丛书的风格和特色，内容更加丰富，书中涉及的技术水平也有了更大提升。

本套丛书中介绍的"常用的切削加工资料""机械加工中常见问题""复杂形状零件加工技巧"等内容，都是日本技术人员根据实际生产的需要和疑难问题总结出来的宝贵经验。书中通过大量操作实例、正反对比，形象地介绍了每个机械加工领域最重要的知识和技能，不仅图文并茂、真实可靠，更是以"细"取胜，其中的许多经验和技巧是国内同类书中很少能展开详细介绍的，学习本书可以帮助读者快速提升机械加工的技术水平和技巧。

本套丛书在翻译成中文时，我们力求保持原版图书的精华和风格，图书版式基本与原版图书一致，将涉及日本技术标准的部分按照我国的标准及习惯进行了适当调整，不方便修改的都按照中国现行标准、术语进行了注解，以方便我国读者阅读、使用。

本套丛书适合机械加工一线的工人、技术人员培训、自学，还可作为大中专院校相关专业师生的参考书。不管您是机械加工相关的初学者还是资深从业人员，相信这套升级版的"日本经典技能系列丛书"都不会让您失望。

目录

日本经典技能系列丛书
数控车床使用手册

出版说明

第 1 部分　数控车床入门

- 6 ● 数控车床的发展
- 12 ● 数控车床的类型和改进
- 16 ● 主轴、驱动电动机及位置检测
- 18 ● 刀架进给机构及位置控制
- 20 ● 数控装置的功能
- 22 ● 刀架及其设定
- 24 ● 将指令转变为穿孔纸带
- 26 ● 程序员的重要职责
- 28 ● 纸带格式
- 32 ● 机床操作面板上各按钮的名称和使用方法

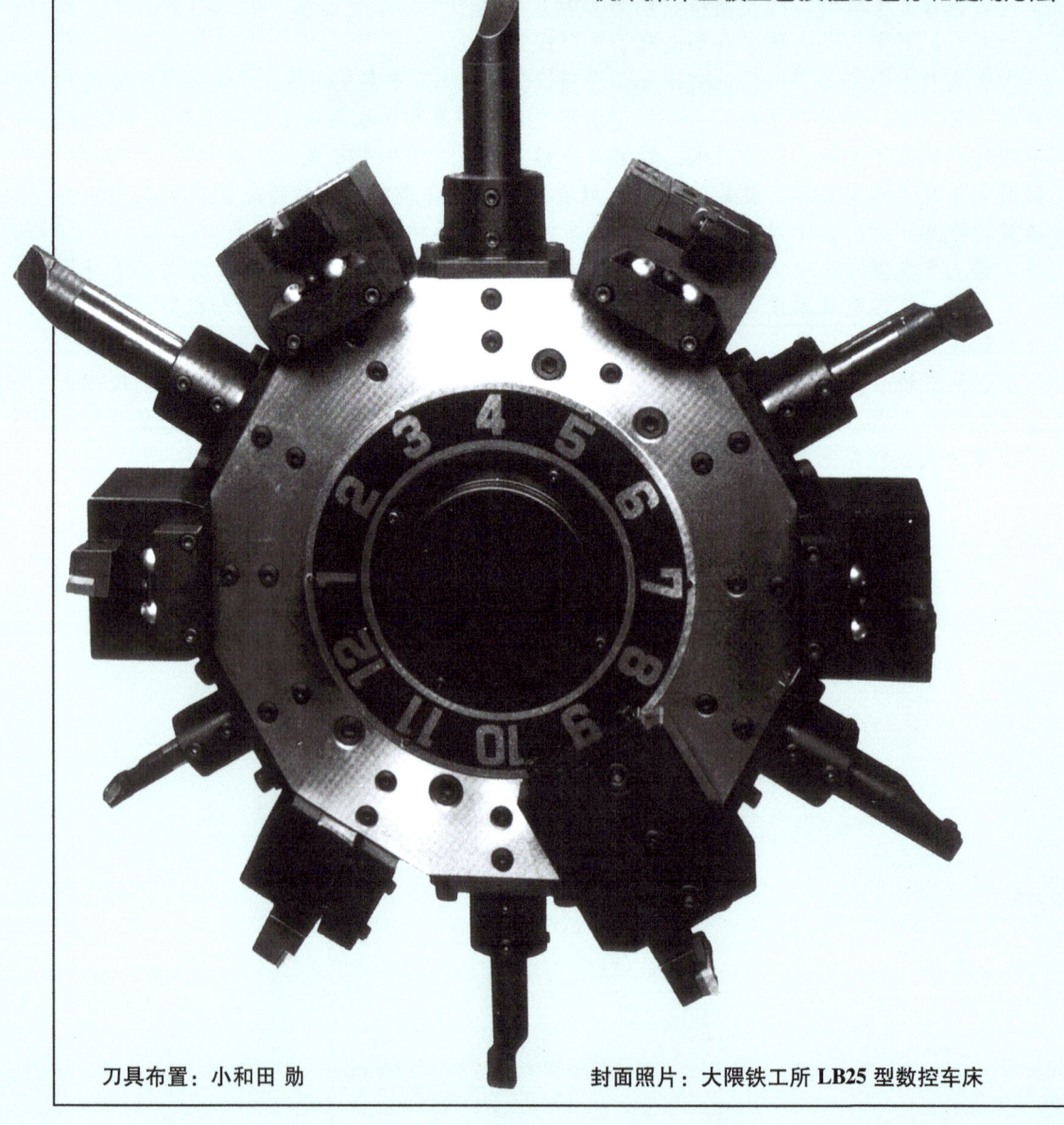

刀具布置：小和田 勋　　　封面照片：大隈铁工所 **LB25** 型数控车床

第 2 部分　数控刀具和加工准备

- 38 ● 数控车刀的选择
- 44 ● 硬质合金钻头的特性和使用方法
- 46 ● 镗刀
- 48 ● 卡盘和软爪的成形
- 50 ● 初始设置和加工操作的标准化
- 58 ● 数控车削的加工顺序

第 3 部分　数控编程方法

- 70 ● 坐标轴和坐标系
- 72 ● 程序原点和定位
- 74 ● 直线插补和圆弧插补
- 78 ● 暂停和固定循环
- 80 ● 螺纹加工方法
- 84 ● 刀尖圆弧半径补偿
- 85 ● 锥度部分的刀尖圆弧半径补偿
- 90 ● 锥度部分的特殊补偿
- 92 ● 圆弧部分的刀尖圆弧半径补偿
- 96 ● 切削参数的确定方法

第 4 部分　数控车削加工实例

- 102 ● 数控车床熟练操作十讲
- 108 ● 数控车床加工实例 1　　螺纹加工和切断加工
- 112 ● 数控车床加工实例 2　　数控车削使用螺纹垫块
- 117 ● 数控车床加工实例 3　　复合数控车床C轴和副主轴的使用
- 122 ● 数控车床加工实例 4　　曲轴的车削
- 130 ● 技能测试　数控车床 1 级实际操作试题和解析

第 5 部分　数控车削参数及相关资料

- 138 ● 1 数控程序地址符
- 139 ● 2 数控程序功能符号
- 140 ● 3 准备功能（G 功能）
- 141 ● 4 辅助功能（M 功能）
- 142 ● 5 硬质合金刀片的刀尖圆弧半径和尺寸
- 143 ● 6 切削刃形状对切削分力的影响
- 144 ● 7 切削的相关计算公式（车削加工用）
- 145 ● 8 钢材的切削率
- 146 ● 9 车床转速的计算
- 147 ● 10 车削加工时间的计算
- 148 ● 11 孔加工实用参数（功率）
- 149 ● 12 孔加工实用参数（力）

附　录

- 150 ● 附录 A　中日表面粗糙度对照表
- 151 ● 附录 B　中日常用钢铁材料牌号对照表

编　者

第 1 部分

横山　哲男	东京都立工业技能中心
	…………… 6・16・20
西山　正	……………………… 12
高桥国太郎	神奈川县技能开发中心
	…………………………… 26
今西　一夫	三菱电机
	…………………………… 32
编辑部	……… 18・22・24・28

第 2 部分

室伏　达夫	东芝泰珂洛
	…………………………… 38
平野智加男	尼康
	…………………………… 50
山名　守	日立精机
	…………………………… 58
编辑部	………………… 44・46

第 3 部分

高桥国太郎	神奈川县技能开发中心
	………………………… 70～96

第 4 部分

西山　正	……………………… 102
平松　忠良	泷泽铁工所
	…………………………… 108
加濑　良二	新履带三菱
	…………………………… 110
平野智加男	尼康
	…………………………… 112
平松　忠良	泷泽铁工所
	…………………………… 117
守屋　广一	昌运工作所
	…………………………… 122
栗林　卓广	中央技能开发中心
	…………………………… 130

漫画序曲

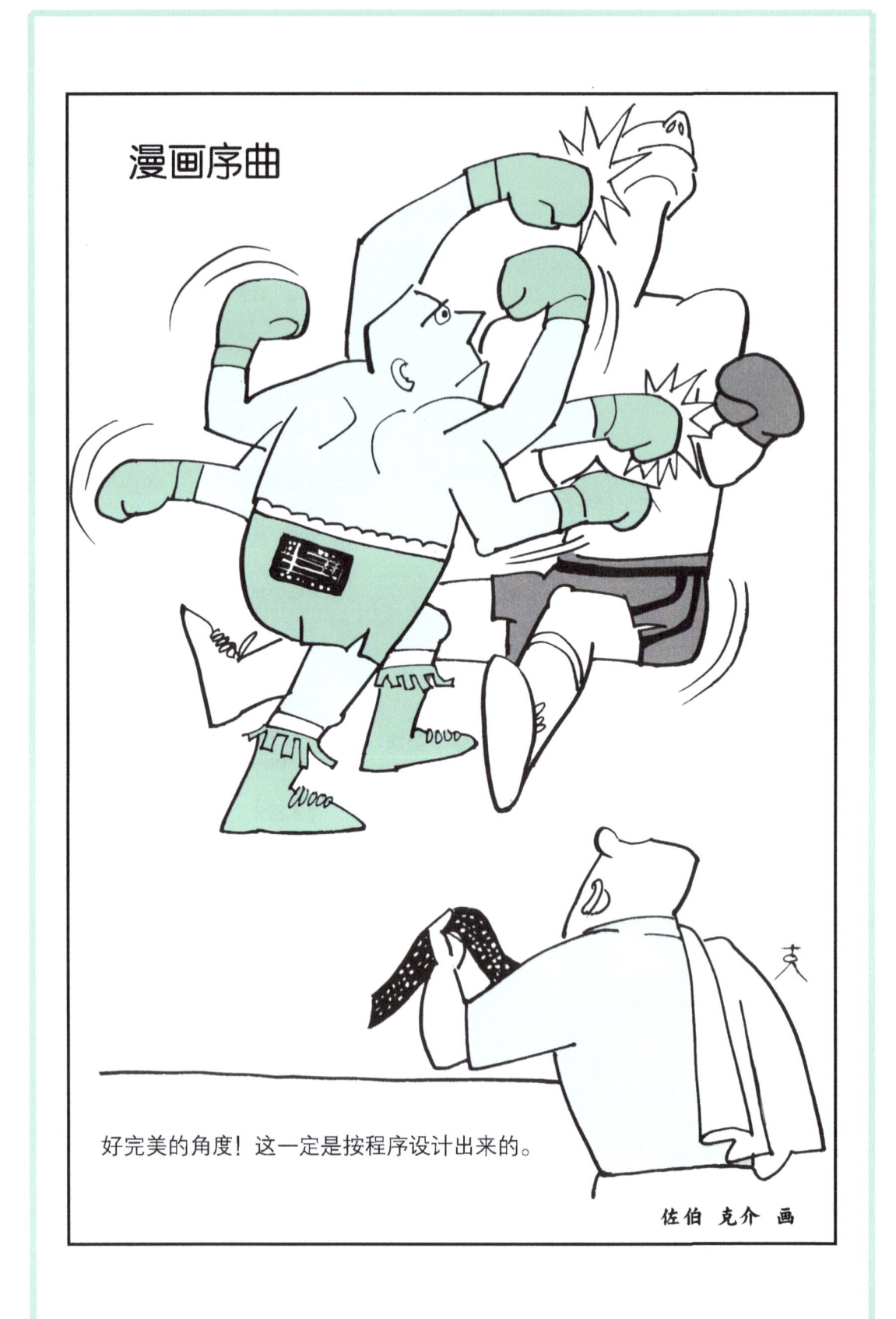

好完美的角度！这一定是按程序设计出来的。

佐伯 克介 画

第1部分　数控车床入门

从复合·多功能机床到专用机床的多个系列

● **数控车床的发展历程和用户需求**

世界上第一台数控机床是1952年诞生于美国的三轴数控铣床。1957年日本东京工业大学的中田孝教授等人将仿形车床改造成数控车床，1959年池贝铁工宣布研发出了数控车床。但是，直到20世纪60年代后期，数控车床才真正开始被广泛应用。

当时的数控车床只是在普通车床或转塔车床上增加了伺服机构，但没有对机床的结构进行特殊改进。当时，日本机床正处于基础技术已成熟并要进一步发展的时期。

进入20世纪70年代，开始出现各种各样数控机床的尝试，应该说进入了一个摸索时代，各个机床厂家当时都在尝试研究"自适应控制"。例如，通过检测切削阻力来进行进给量控制的机构、刀具破损检测的机构、加工过程中在线尺寸测量的机构（过程测量）等。

尽管这些有关自适应控制技术的尝试在机床展览会上引起了人们的注意，但其应用仍局限于作为实验机床。在20世纪70年代后期才发展为一种成熟的控制技术并应用在机床中。

此时，作为数控车床的基本功能已经具备，并且机床床身的主体结构也接近现代的数控车床。但是，基于机床大多"大小兼顾"，主流观点是加工大型零件可提高机床附加值，数控机床在这样的环境中进入高速发展的进程中。

直到20世纪70年代后期，机床数控化才真正快速发展。当时在数控车床发展中带来重大突破的是池贝铁工的小型数控车床。该厂家对用户加工需求进行了市场调查，调查了加工最多的工件尺寸范围，得出了加工需求最多的工件尺寸，并因此开发了相适应的小型机床。

在这种背景下，以铝为主材的光学仪器零部件的加工需求也日益增多。由于机床的小型化，不需要较大的占地面积，因此即使在中小型工厂中也容易放置，没有大型数控车床的压迫感，反而有一种容易亲近的感觉。

对数控车床的发展有重大影响的是山崎铁工（现为山崎马扎克）的交互式数控车床。

数控编程本身并不是很难的事情，但是在加工现场进行数控编程确实不容易，很难熟练运用。对于交互式数控车床，只要按照屏幕上提示进行就能完成编程，因此是当时的热门商品，受到用户的欢迎。

交互式编程的模式，之前在大发和松下电器联合开发的产品"大发PNC"中也采用过，但当时并没有引起很多关注。这可能与当时电子技术的发展水平以及用户需求有很大的关系。

20世纪70年代~80年代，数控机床逐渐成为主要设备，为了满足用户的各种需求，其功能也逐渐增多。数控机床的内涵也更加丰富，并变得越来越智能化。

在数控车床的发展过程中最重要的一点是，能够满足用户不断变化的需求，这样的机床将一直是发展的主流。

● **柔性自动化**

数控加工之所以能在当时成为主流，可以参考图1，它表示数控加工的流程。

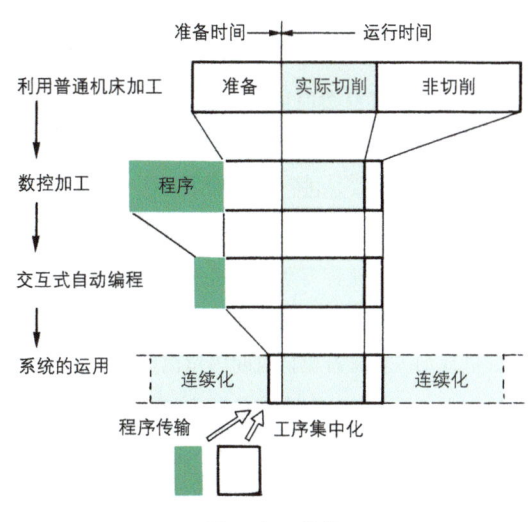

图1 加工流程

使用普通车床时，刀具实际切削时间在整个生产过程中所占的比例并不是很高，只有10%~20%。非切削时间所占的比例非常高，如切换操纵杆和手柄、更换刀具、测量尺寸和设定进给量等都属于非切削时间，尽管机床操作者希望缩短加工时间，但是在实际加工中却需要额外花费很多时间。

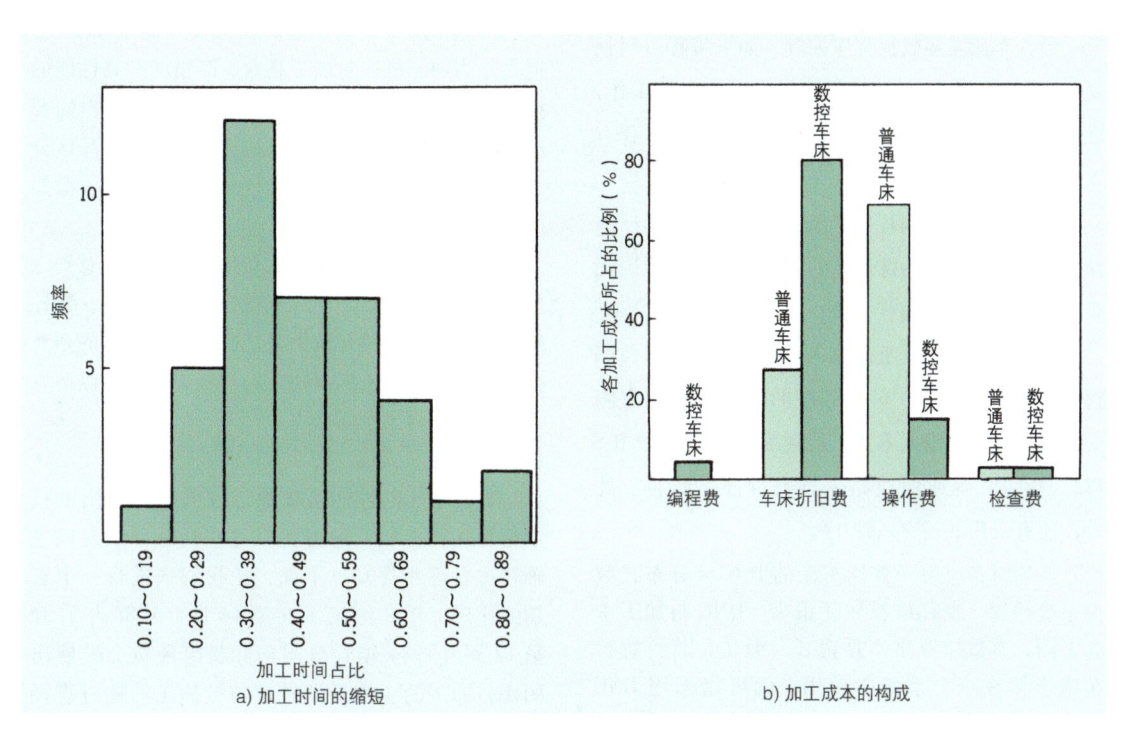

a) 加工时间的缩短

b) 加工成本的构成

图2 改进前后加工实例统计

采用数控机床之后，实际切削时间所占比例可提高到80%。进而，编好的数控程序经过实际加工验证之后，对浪费时间的工序再改进2~3次，则实际切削时间所占比例可提高到接近90%。

但是，如果仅是进行外圆加工则达不到上述效果。这是因为单纯从加工这方面来看，数控加工并没有太多优势。随着自动加工技术的不断发展，工件形状的复杂程度越来越高。

自动加工意味着单位时间内可以生产加工出更多的产品，并且可以减少单件加工成本中的人工费。

图 2a 表示从普通车床加工改为数控车床加工时加工时间的缩短，图 2b 表示加工成本的构成占比。

如果使用凸轮或限位开关装置控制机床时，需要花费一些时间来进行设定和调整刀具位置，除了大批量生产，其他中小批量生产都不适用。近来随着多品种小批量生产需求的增多，以及交货周期的缩短，这种控制方式越来越难以满足生产需求，迫切需要柔性自动化装置，仅通过改变程序就能改变动作。

数控车床需要数控程序控制，如果编程过程很复杂，会导致数控车床经常停机，无法正常工作，难以产生附加值。由此可见，交互式编程是一种有效的手段。

但是，交互式编程也仅仅适用在机床制造厂家预想的模式下，对特殊形状的工件不能适用，因此有必要掌握基本的编程方法。

通常，使用穿孔纸带输入⊖或键盘输入以及编辑功能来输入程序，但是程序的存储空间是有限的。另一种重要输入方式，是利用ＲＳ232Ｃ或ＲＳ422（接口）等通信线路来进行程序的传输。此外，还有采用IC卡存储程序。

在当时，应用于数控车床的 DNC（分布式数控系统控制，也称群控）还很少，DNC 与加工中心不同，其数控程序不是很长。但是，若将数控车床连接在一个系统中使用，就可以采用 DNC 模式。

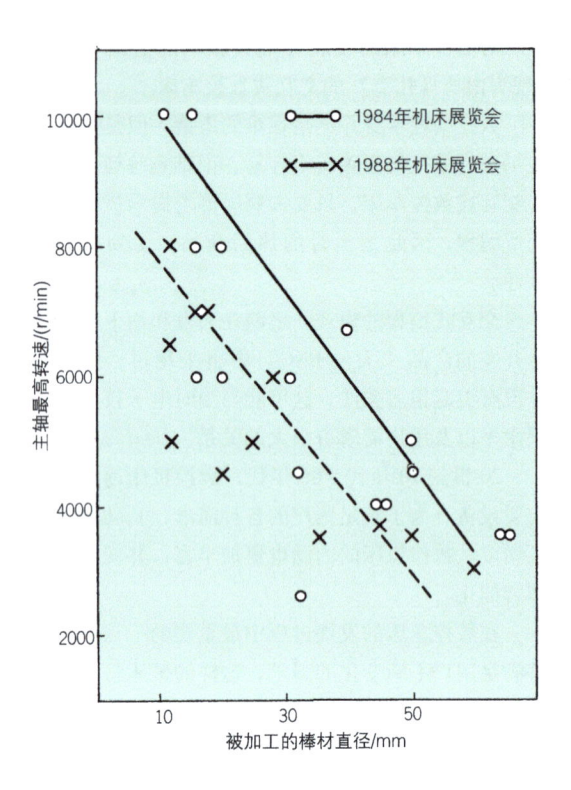

⊖ 现在多用 CF 卡导入程序。

图 3 主轴最高转速的变化

● 数控车床结构特点

虽然生产方式会随着时代的发展而不断变化，但是作为加工机床对加工高效、高精度和高性能的要求不会改变。各个制造企业为了满足用户的要求，突出独有特色，并与其他机床企业的产品区分开，相继发布了许多新机床产品，进而出现了激烈的竞争。

当某一制造企业发布的新功能被市场注意到之后，不出半年时间其他厂家就会模仿。但是，数控机床的某个功能被开发出来之后，追随其后的企业在模仿开发数控机床新功能的过程中，也要经历巨大的痛苦并付出不懈努力。

(1) 高速化

数控车床的性能可以通过说明书中给出的技术指标进行比较。通过比较这些指标，能发现主轴转速在逐年提高。下面，让我们来进行一个有趣的比较。图 3 给出了在第 14 届（1988 年）和第 12 届（1984 年）日本国际机床展览会上展出的棒材加工的主轴最高转速与被加工的棒材直径之间的关系。

被加工的棒材直径小意味着主轴直径也小,这表示机床可以达到很高的转速。用于切断工件的数控车床,第12届展览会上的主轴最高转速通常为3000~5000r/min,但在第14届展览会上已经提高到4000~6000r/min。

在主轴转速高速化的背景下,可进行高速切削的各种涂层刀具被开发出来。此外,由于对计算机等办公自动化设备的需求不断增加,铝等轻合金的加工所占比例也越来越高。

但是,虽然用户有需求,并不是很简单就能进行高速设计,而是需要对高速轴承系统进行复杂的改进,例如轴承本身的设计,轴和轴承座的设计以及润滑系统的设计。

另一方面,考虑到加工操作加快以及实际切削时间所占比例的提高,进给速度和刀架的分度速度也在不断提高。

(2) 高精度化

数控车床要实现高精度加工需具备的条件如下:

①因切削力而引起的机床变形要小,机床结构应具有高刚度。

②不仅要减小振动,而且要具有优异的减振性,一旦产生振动可立即吸收。

③机床会不可避免地受到作用力和热量的影响,对此须有相应的对策。

④刀具定位和走刀路径等要正确、稳定。

尽管最近的数控车床越来越小型化,但是如果加工尺寸为 $\phi300mm \times 700mm$ 的工件,为了实现稳定的加工,需要结实的机床结构,有的机床重达4~5t,并采用高刚度的结构。确实,正如过去一直以来的传统做法,通过重量来提高稳定性是一种可行的方法。

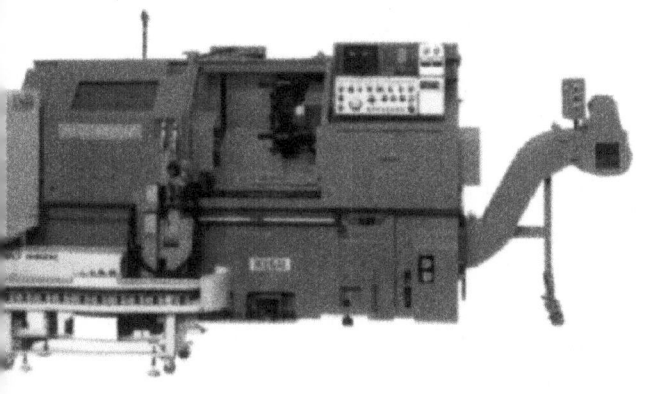

照片1 自动对准工作台和搬运机械臂

机床主体通常采用铸铁制造以提高减振性,但是近年来,有关使用混凝土代替铸铁的研究也已取得一定进展,虽然已经公布了几种类型的机床,但尚未普及。

可以预见,随着机床的逐渐高速化,机床各部分的发热情况也将加重,因此,在设计时应考虑以下方面:

①对每个组成结构要素进行逐一分析,设计不易发热的结构。

②采用不易导热的结构,即使发热也不会将热量传到主体。例如,将切屑接收装置与机床主体分离,快速排出切屑;此外,利用冷却风扇给主轴电动机散热。

③采用主轴冷却机构和中空滚珠丝杠冷却机构等冷却机构。

④将机床主体设计为热对称结构,即使发热也不易发生变形。

● **功能扩展和系统性使用**

在数控车床加工中,一旦单次加工结束,机床将会停机,若要实现连续加工,则必须装夹新的工件。在小件加工中通常使用棒材供给装置,加工除棒材外的其他物料时,一般使用如照片1所示的自动对准工作台和搬运机械臂。

车床卡盘通常为液压式,但液压卡盘只能用于装夹尺寸相同的工件,若想连续加工不同形状和尺寸的工件,则必须更换卡爪,即使用 AJC(自动卡爪交换装置)。增加该功能后可扩展系统的应用范围。

有些加工小型工件的机床,加工用到的刀具数量可达20把,但通常单个刀架的容量最多为12把刀具。若要进一步增加刀具数量,则可设置两个刀架。

可分别独立驱动2个刀架的是四轴数控车床。如果能同时用2把刀具进行切削,则工作效率会更高。但是,由于存在刀架干涉等问题,并不能使工作效率提高2倍,只能达到1.3~1.5倍。

照片2　回转车刀刀架实例

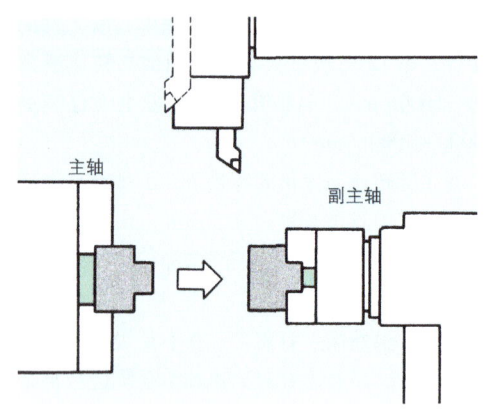

图4　副主轴

当2个刀架同时加工时，有的机床可让其中的1个刀架进行处理切屑等辅助操作，以提高工作效率。

如果使用2个刀架，则可装入多达20把的刀具，但连续加工会导致刀具寿命的降低，并且在加工不同工件时会出现刀具不足的情况。因此，有必要更换刀具。最近，数控车床也像加工中心一样采用ATC（自动换刀装置）和利用机械臂的换刀方式。

车削加工多用于加工轴类零件，这些轴对称工件，不仅需要对外圆表面和端面进行切削，还要经过钻孔和切槽等多个工序。这种需多工序加工的工件加工通常需要使用多台机床加工，在加工过程中必然存在半成品，各工序都需进行加工前的准备。这不仅使加工过程的管理更复杂，而且会增加机床的占地面积。

由此可知，在不能用一台机床来完成上述加工时，出现了复合加工。该想法其实由来已久，这种机床被称为"车削中心"。该机床特别引人关注的是，它不止有1个刀架，而是有多个刀架，并且有1个副主轴，最大程度保证了工序集中。如照片2所示就是将车刀安装在刀架上实例。

如图4所示，副主轴是位于与主轴相对的尾座侧、包含卡盘和套筒的旋转轴。即使工件正在旋转，副主轴也能以同步转速并夹住工件的端部。如果是棒材，则可使用车刀进行连续切断加工，之后再加工另一侧。

如果是普通的工件，则可以用副主轴装夹后对工件背面进行加工。在旋转的同时移动工件是为了缩短停机和重启的时间。照片3为在主轴处刀架使用C轴分度功能进行多面立铣，同时用副主轴处刀架对工件背面进行钻孔加工。

如图5所示，该机床中设置了三个刀架，下复合刀架①和上复合刀架②主要用于第1道工序的加工，上复合刀架②处安装副主轴，将用上复合刀架②装夹的工件旋转180°后，再用复合刀架③进行加工。这样，就可以同时进行下复合刀架①和复合刀架③的加工。

工件背面可以通过用机械臂翻转和装夹后，再进行加工，此前，工件装卸都比较耗时，但这种装置可减少装卸时间。

● 智能功能的集成

数控车床作为硬件，其加工尺寸精度的提高和加工管理方面有一定限制，因此，可通过加入测量功能来进一步提高加工精度。其典型的应用案例就是通过在刀架中内置接触式传感器来提高加工精度，实时进行内径和外径的测量并反馈给数控系统，精加工到设定的尺寸。

照片3　主轴和副主轴同时加工

但是，这种方法也有问题：测量精度仅为±5μm，测量时间却需要15~20s。此外，切屑等对加工精度的影响也是今后要考虑的问题。

不仅是数控车床，现在所有加工都在向无人自动连续加工的趋势发展。在这种加工方式下，最重要的问题是如何保证数控机床连续稳定地运行。例如，为避免出现异常情况，可采取以下措施：

①加工精度异常检测：使用接触式传感器、电动测微仪等。

②刀具破损检测：利用AE（声波发射检测）传感器进行刀具破损预测，通过接触式传感器检查切削刃尺寸，还会用到红外传感器。

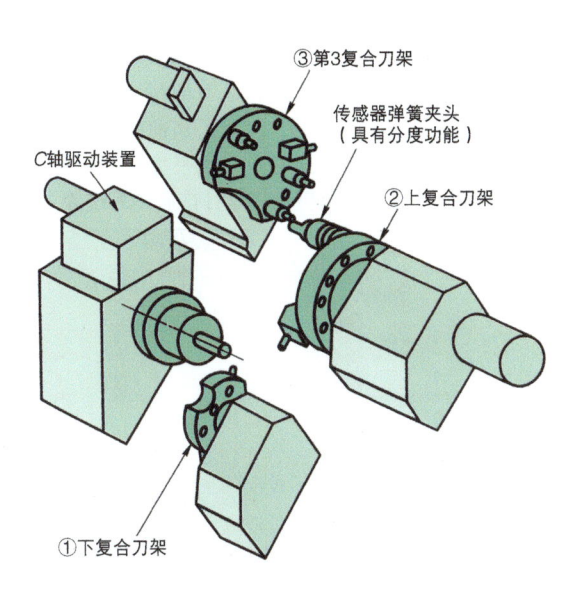

图5　3个刀架和副主轴

③刀具寿命管理：刀具使用次数、时间及与设定值比较的管理。

④加工监测：主轴伺服电动机和进给伺服电动机的电流变化或切削阻抗等与设定值比较的管理。

⑤工件的有无及装夹正确的确认：使用各种传感器和限位开关。

在软件方面的突出发展是，会话式人机交互功能进一步的完善。在软件编程功能中增加了图形和彩色显示功能，使操作方便。此外，还出现了一个明显的发展趋势，即机床制造厂家纷纷研发各自独立的加工系统，而不让用户有过多选择。

此外，屏幕上的显示界面变得越来越复杂，内容越来越宽泛，例如在显示界面上显示正在使用的刀具或进行切削参数管理等。

● 今后的发展方向

今后，数控车床功能发展的重点将是如何在一台机床上完成所有加工，即复合加工机床。这不是仅通过增加刀架的数量就能实现的，要实现需要在组合ATC及AJC小型化方面进行研究，还有许多课题需要研究。

另外，如何自动上下料也是一个需要关注的问题。就通用性而言，虽然可用之前的自动对准工作台和搬运机械臂的组合，但更换工件时间较长，还有必要加以改进。尽管上下料机构可加工的工件有一定限制，但最好是由机床制造企业开发出专业化的机构方案。

另一方面，从用户的加工内容来看，多数要加工的工件形状简单，加工工序较少。因此与复合机床加工特点相反的专用机床及针对中小型工厂的小型机床因其可节省占地空间，被广泛应用并将得到进一步发展和改进。

当前数控设备已进入32位，有多个机床制造企业宣布已将其成功应用在数控机床中。随着数控机床向着高精度化、高效切削化的方向发展，可编程控制器功能不断扩展及软件内置功能不断丰富。可预见今后机床制造企业将研发出更加智能化和功能更多的数控机床。

11

数控车床的类型和改进

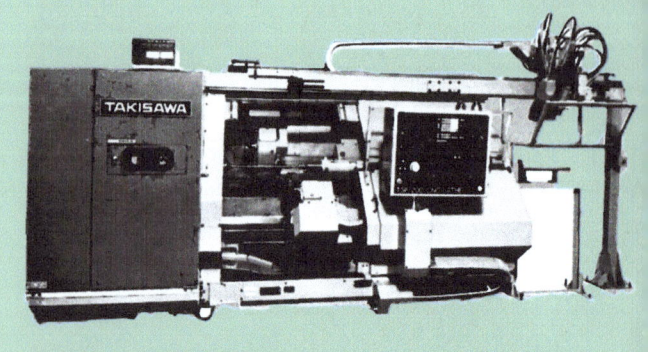

⇧ 轴加工专用的四轴联动（泷泽铁工所，TSF-200 型）。上下各有 1 个装夹主轴的刀架，称为斜床身双滑座型数控车床。机床上安装有工件自动供给装置。

§ **数控车床的生产比例已超过 50%**

日本生产的数控机床比例逐年提高。1971 年该比例约为 10%（产值），但 10 年后的 1981 年就达到了 51%。数控机床的代表机种有数控车床和加工中心。

1977—1978 年，数控车床的产量开始快速增长。在此简单介绍当时的情况，1977 年数控车床的产量为 3671 台，1978 年为 5135 台，1979 年为 8203 台，1980 年为 12007 台，1981 年为 12133 台，1982 年为 10344 台，1983 年为 10020 台，仅有 1982 年和 1983 年这两年与上一年相比产量有所下降，但总的看来，1973—1983 年间，数控车床的总产量超过 10 万台。

最近，数控车床的出口比例每年都超过 30%，除了出口的部分，日本国内仍有超过 7 万台数控车床在使用。

这些数控车床是在 1967—1968 年上市的。最初，它们都是基于普通车床和转塔车床进行数控化的。数控车床的床身和刀架均为水平放置，采用的是对传统车床以某种方式进行数控化的形式。基于转塔车床改进的数控转塔车床也是如此。

在这两种类型的机床中，后者（数控转塔机床）很快成为中小型机床的主流。这是因为在刀架上安装的刀具越多其功能越强，所以越多越好。

§ **中型机床是斜床身型或垂直床身型结构**

转塔刀架是 10 年前数控车床刀架的主流，其中也有和普通车床一样的四角刀架。主轴的最大转速约为 1200r/min。如左下方的照片所示，几乎都是水平床身型结构。当前，采用这种结构的主要是轧辊车床和大型长尺寸加工机床。但是，这种机床看起来很古老，不过，就稳定性而言，似乎比倾斜型和垂直型更好。

当前，十几个机床制造企业生产的数控车床几乎都是 8 边形、10 边形和 12 边形，使用的刀具数量也相应增加。最初的转塔刀架与传统的六角刀架一样是水平设置的。但是，当前的数控车床是立式的，绝大多数床身也从水平型变为倾斜型。刀具距工件的距离更近，而且排屑显著改善。

⇧ 如该机床（大隈铁工所·LS 30-N 型）所示，数控车床床身早期是水平的，不久后床身（或滑座）演变为倾斜型。大中型机床从成本及精度方面看更易制作，因此有很强的需求。在前后安装 2 个装夹工件的刀架。

⇧ 斜床身型数控车床（滚筒式刀架）。切屑因重力作用自然下落。为防止机床加工过程中切削液（通常是水溶性的）飞溅，很多机床设有可关闭的防护门（前门）（大隈铁工所·LB-15 型）。

12

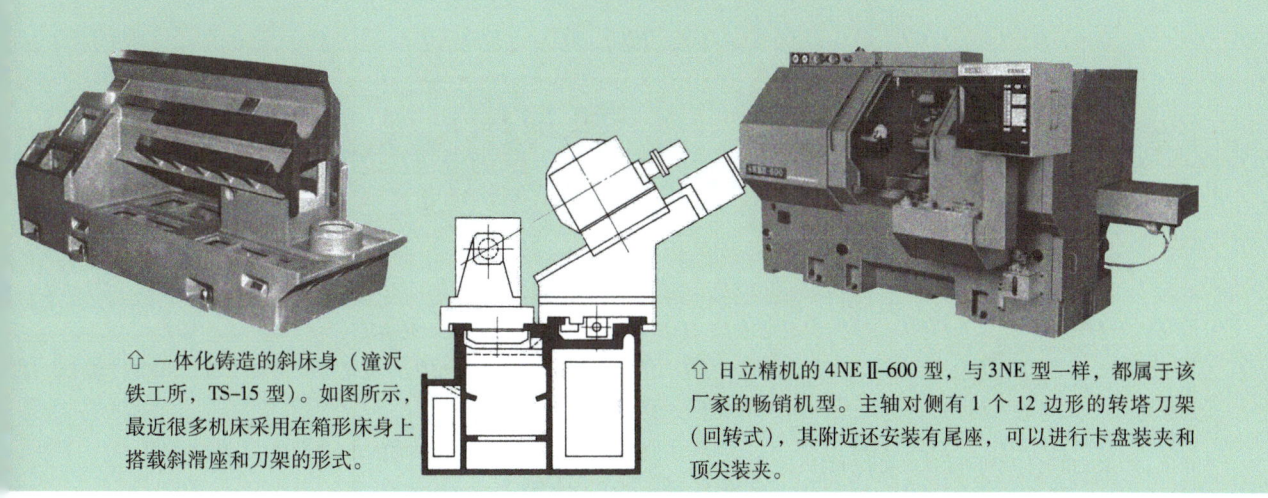

↑ 一体化铸造的斜床身（潼沢铁工所，TS-15型）。如图所示，最近很多机床采用在箱形床身上搭载斜滑座和刀架的形式。

↑ 日立精机的4NEⅡ-600型，与3NE型一样，都属于该厂家的畅销机型。主轴对侧有1个12边形的转塔刀架（回转式），其附近还安装有尾座，可以进行卡盘装夹和顶尖装夹。

应用数控车床可节省人工，一人操作两台机床，进而在不久的将来实现夜间自动运行，此时最大的问题是如何处理切屑。机床的加工效率越高，切屑的处理就变得越棘手。

正因为有上述这种用户的需求，所以出现了切屑能自然下落的倾斜床身型，并成为目前中型机床的主流。

§ 数控装置也发生了飞跃性发展

数控机床的发展不仅表现在机床外观结构的变化上，其主轴转速已高达2000~3000r/min，功率也有很大的提高。此外，在芯片处理方面，采用集成芯片的设备也变得很常见。

数控装置的加工效率提高，不仅仅在于机床本体结构的改变，更重要的原因在于数控装置的发展和进步。原先的数控装置是机床旁边的一个部件，现在则与机床融为一体，被称为"机电一体化"。

数控的智能化程度也有很大提高。现在已不是简单的数控（NC），而是计算机集成数控（CNC），并且故障的出现次数也变得非常少。以往，10台数控车床中经常有1台由于故障而处于停机状态，对此操作者经常抱怨。

近2~3年，如果去同一家企业询问哪个品牌的数控车床更好，回答是："都差不多，但在其操作性和加工精度方面确实存在差异。但数控装置并非导致机床停机的原因，现在故障率已下降到过去的1%以下，并且自诊断功能很完善，可以马上找出故障发生的原因。"似乎所答非所问，但可以看出，很多人认为数控功能中最实用的功能是自诊断功能。

↑ 森精机畅销的SL-3型机床。至今已售出3800台（SL-2型机床1900台）。该机床具有45°的高斜度床身，有容易处理切屑、易进行工件测量和易进行工件装卸等优点。

↑ 大型转塔刀架上带有10把刀具。由于此刀架轴与主轴安装在同一立柱上，因此主轴的受热位移（主轴和刀架的相对位置）可以抵消。主轴前面的床身是垂直设置的，可形成完整的切屑流。右端是切屑排出装置（村田瓦纳斯韦奇·WSC-8型）。

↑ 宫野铁工所最畅销的数控车床 BNC-750Ⅱ型，具有测量数据反馈，主轴上可安装弹簧夹头，可进行心轴装夹和卡盘装夹，是将以前的凸轮式小型自动机床进行数控化的机床。刀架是滑块六角转塔形式，切屑可自由流动。

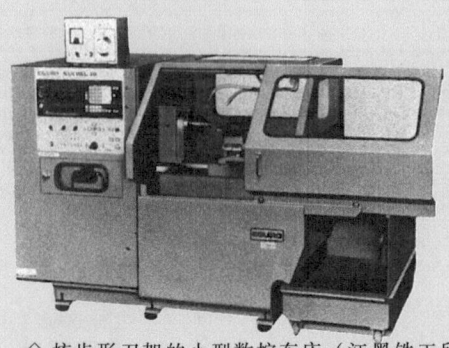

↑ 梳齿形刀架的小型数控车床（江黑铁工所，NUCP AL-10）。在尾座上，除了安装梳齿形刀架外，有时还安装转塔刀架。用金刚石刀具的超高精度加工，圆度误差可达到 0.5μm。通过在主轴处安装孔加工或铣削配件，可以进行复合加工。

§ 请注意刀具干涉

下面我们继续讨论刀架形式的问题。

可垂直移动并可进行分度旋转的转塔刀架分为两种类型，一种是旋转轴线与主轴平行的回转式转塔刀架，另一种是旋转轴线与主轴垂直的直排式转塔刀架。上述 2 种类型刀架的共同之处是转塔都不是前文所述的六角形（6 个刀具位），而具有 8 个、10 个或 12 个刀具位。

在这 2 种类型中，最常见的回转式转塔刀架至今仍然是中型数控车床中使用的主流。

这种类型的刀架既可用卡盘装夹，也可用顶尖装夹，而且切屑不会堆积在刀架上。但容易发生刀具干涉，尤其是当 12 个刀具位中都安装了刀具时。

简而言之，如果在与正在加工的刀具相邻的刀具位上安装有较长的镗刀和钻头时，就会经常与卡盘发生干涉。因此，使用回转式刀架的数控车床的说明书中一定要有刀具干涉图。

直排式刀架可使切屑完全自由流动。床身可以是垂直型或倾斜型的，这是处理切屑的最好形式。这种类型的刀架也同样会发生刀具干涉。不仅加工时相邻工位的刀具会发生干涉，甚至其背后的刀具也可能卡在后侧的尾座中。

本书后面有关编程和加工的章节中也会经常提到"刀具干涉"。至今笔者遇到过很多数控编程员，但是没有一个人敢说："我从没编错过程序，从没让刀具碰到工件或机床。"

就像一个已经驾驶汽车多年的驾驶人也会发生刮碰一样，数控加工中发生刀具干涉的概率要比这高得多。数控加工中最容易出错前 2 位的就有刀具干涉。

↑ 小型自动车床中，上面这种梳齿形刀架比转塔刀架要多。由于不需要分度机构，不仅可以节省制造成本，还可避免分度耗费的时间和减少分度误差，适用于电子器件和 OA 器件等轻合金的高速切削（宫野铁工所，GN-C80 型）。

↑ 以前的单一功能自动机床的数控化。刀架为梳齿形，在尾座上装有 3~4 个刀架。单一功能自动机床被设计成所谓的专用车床，适用于批量在 500 以上、平均批量为数千的零件加工。控制类型为计算机数控，该类机床也正在数控化（富士机械制造，SN 型）。

14

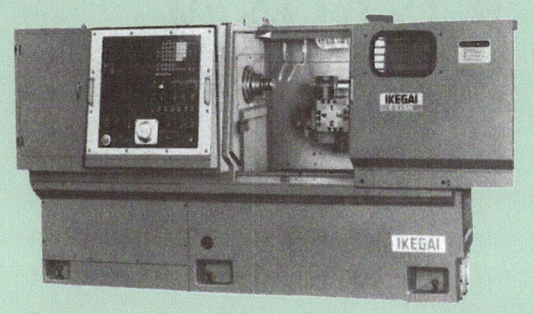

↑ 将梳齿形刀架安装有转塔、切屑流可自由流动的小型数控车床上。4个刀架最多能安装16把刀具，可同时进行2处切削。最适合于进行频繁更换的工件加工（池具铁工，FX 15 N型）。

↑ 复合加工机床除车削外，还可以进行铣削和偏离轴线的孔加工，也称为车削中心。主轴可在床身上移动，工件可进行轴向进给，利用了被称为瑞士式自动机床的特征。擅长复杂精密阶梯长轴的加工（西铁城手表，西铁城E 3.2型）。

§ **适用于小型数控车床的梳齿形刀架**

过去，包括台式车床在内的小型自动化车床多采用梳齿形刀架，数控化之后也是如此。

在使用转塔刀架的情况下，当用一把刀具完成某项加工后，准备更换下一把刀具进入下一道工序时，转塔刀架将旋转某个角度并将刀具定位到新位置，然后接近工件。分度需要1.0~0.3s。在加工小型轻合金时，通常完成一次加工时间需要20~30s。假设分度定位需要0.5s/次×6（次）= 3s，在批量生产中累积起来是不容忽视的时间。

在使用梳齿形刀架的情况下，刀具可在X轴和Z轴的行程范围内在径向和纵向任意定位，因此，可以在接近工件的同时进行移动，这样能最大限度地减少刀具移动的时间。

不仅如此，还可以将2把刀具安装到一个刀架上，进行多刃切削。最初，配备梳齿形刀架的车床就是专门为多刃切削而开发出来的专用车床。

美国格里森（Gleason）公司开发的弧齿耦合器通常用于转塔刀架分度。不仅分度精度高，而且啮合力特别强，但作为附加的部件并不便宜。虽然其分度精度高，也存在一定误差。如果不用该部件，则没有这项误差。

小型数控车床制造企业可以根据用户需求制造出多种类型的机床，此时如果用户需求为"精度最高的机床"，则应该首选梳齿形刀架的机床。

梳齿形刀架也有缺点，即切屑容易堆积在刀架上，如果不及时清理，将会越积越多。但转塔刀架与此不同，在旋转的同时就会振落切屑。

在使用梳齿形刀架时，请务必使用辅助防护门（前门），并用大量切削液冲洗切屑。

§ **车床+铣床的复合加工机床**

数控车床通常是两轴联动。刀架沿X轴（垂直于主轴方向）和Z轴（平行于主轴方向）移动，移动量的最小单位通常为$1\mu m$。这样可以很好地加工出带球面的轴、斜面和阶梯轴，加工表面可用手感觉到光滑。任何普通的数控车床都可以做到这一点。

除此之外，还有许多企业生产出用于加工圆柱工件的加工中心，既能车削还能进行铣削和偏心孔的加工，被称为铣削或车削中心。

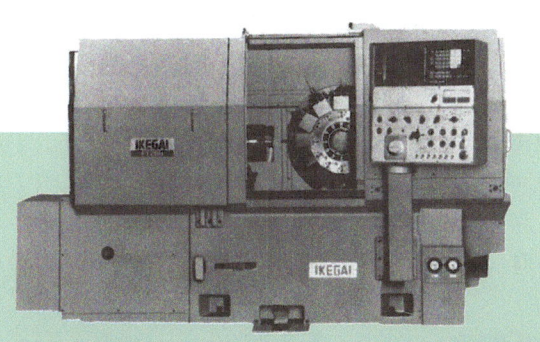

↑ 冲压滑座的12边形转塔刀架，主轴正下方没有床身，即床身垂直，切屑可自由下落。数控车床几乎都是X轴和Z轴的两轴联动，增加C轴即主轴旋转控制就是三轴联动，即所谓的圆柱件加工用加工中心（池具铁工，FT 20车铣）。

15

主轴、驱动电动机及位置检测

↑ 主轴转速为 12000r/min 的津上（TSUGAMI）NP17 型

当前数控车床的外形相比传统的普通车床发生了很大变化。这是因为床身变为倾斜型，转塔刀架也从水平变为垂直。

但是，仔细比较，又会发现其基本结构并没有太大变化。

首先，主轴头位于机床主体的床身左侧，滑座位于右侧，上方为刀架，最右侧为尾座。

主轴结构也未发生太大变化。只是从几年前开始，主轴长度大幅缩短，连普通车床也是，或许是因为轴承精度提高，变粗变短，并且支撑方式从过去普遍采用的3点支撑变为2点支撑。

以前主轴最高转速为3000r/min（普通车床为2500r/min），现在主轴转速为 4000r/min、5000r/min，甚至转速 10000～20000r/min 的数控车床也开始出现。相比重切削，大进给量高速切削已逐渐成为一种新的发展趋势。

高速切削可以提高工件表面的加工质量，并且具有可减少加工耗能、节约加工时间、可采用小型机床等优点。

近年来，用于轻合金轻切削的小型数控车床越来越引起人们的关注。

打开普通车床主轴箱的上盖可以发现很多齿轮。如通用的3级转塔车床，其齿轮是有多级变速，只能有 80r/min、130r/min、200r/min、320r/min、…、2000r/min 等几个确定的转速。

而在数控车床中采用的是交流（AC）伺服电动机，可实现无级变速。

通常，交流伺服电动机及其控制器由专门的企业生产，机床制造企业订购后安装到各自的机床中。

虽然也有输出功率为 2～45kW 的主轴伺服电动机，但是通常情况下使用输出功率为 5～15kW 的主轴伺服电动机。

图 1 表示的是基本转速为 1500r/min，最高转速为 6000r/min，连续额定功率为 11kW 的交流主轴伺服电动机转速与输出功率之间的关系。

电动机的特性有很多种，该电动机 1500～4500r/min 的转速下输出功率为定值。但是当转速降到1500r/min以下时，输出功率也下降。

30min 额定输出是指连续工作 30min 以内可达到的输出功率，可进行重切削。但是正常情况下很少使用。

数控车床的一个主要特征是根据数控装置的指令（即在电信号控制下）可以进行恒表面速度的加工。

例如，在普通车床加工时，刀具相对工件端面从工件圆周表面向圆心进给，工件圆周表面的圆周速度最大（直径最大），而圆心处的圆周速度理论上为零。

但是在数控车床加工时，在加工圆周表面时的转速最低，随着刀具的进给，加工半径变小，主轴转速逐渐提高，在圆心处转速达到最高。并且，在此期间切削速度一直保持恒定。

图 2 为主轴伺服系统、恒表面速度控制单元及与主轴同步的方法。

X 轴（工件径向）坐标表示刀具当前正在切削的直径位置。时刻检测工件半径值的变化，并向恒表面速度控制单元发送信号，计算所需要的主轴转速，并发出相应的转速指令。

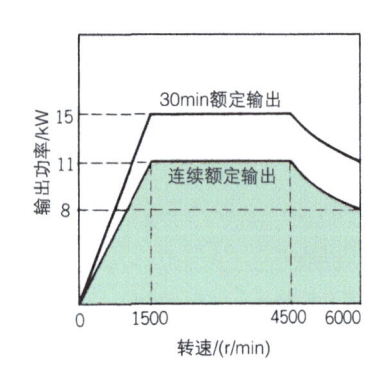

图 1 转速和输出功率的示例

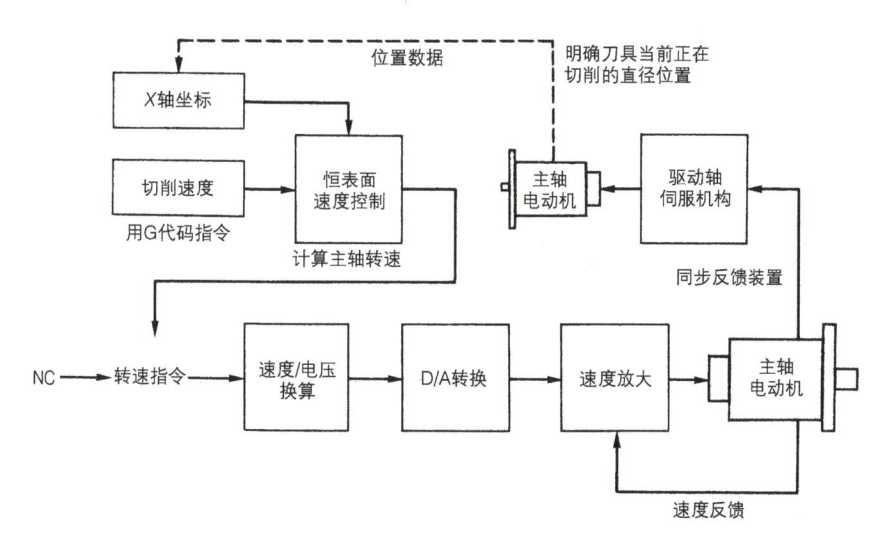

图 2　主轴伺服系统、恒表面速度控制单元及与主轴的同步

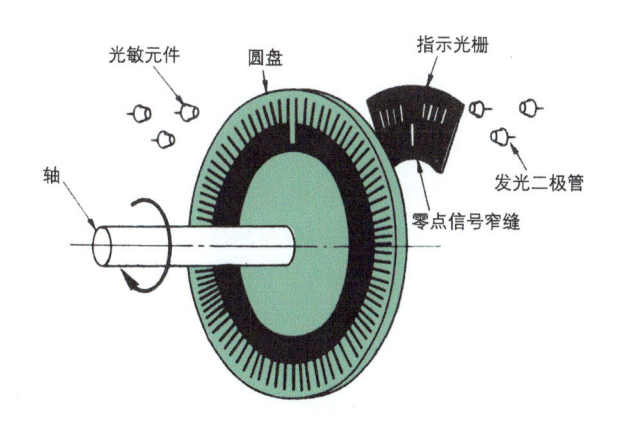

图 3　光电脉冲编码器

进而，根据指令信号改变交流伺服电动机的输入电压，以 1r/min 为单位控制转速。

主轴驱动电动机也不只有交流伺服电动机，光电脉冲编码器与交流伺服电动机同轴安装，它能产生与主轴转速成一定比例的脉冲信号。

假设切削速度为 100m/min，电动机以 870r/min 的转速旋转，则产生 87000 个脉冲信号，并立刻被传输到控制部分。

图 3 为光电脉冲编码器的结构，在与主轴安装成一体的玻璃圆盘的圆周刻有很多窄缝（细长的线）。发光二极管发出的光透过窄缝之后被光敏元件接收。圆盘每转一周则发出与窄缝数相同的脉冲信号（即由光信号转变为电信号）。

如果窄缝数为 150，360°/150 = 2.4°，即每转 2.4° 发出一个脉冲信号，该脉冲信号被实时传输到数控装置。

圆盘上的窄缝中只有一个位置是深窄缝，另外，在指示光栅的下方有一个零点信号窄缝。

这是因为，在进行螺纹加工等情况时，计算刀具的每转进给量时，为了使往复刀架能在多次往复时都切入螺纹的同一个沟槽，需要主轴的旋转位置与刀架位置同步。

加工螺纹时，主轴位置之所以能与进给相位对齐，正是由于编码器上的那个深窄缝的作用。

所以，数控车床与普通车床不同，不是利用主轴与往复台进给轴之间的挂挡切换来进行机械式同步，而是通过光电脉冲编码器和数控装置等电气方法实现同步的。

刀架进给机构及位置控制

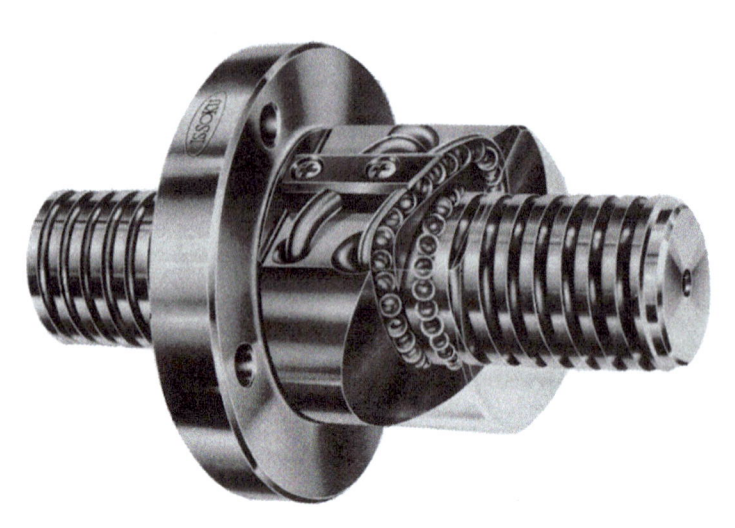

↑ 滚珠丝杠的构造

数控车床都是按照数控装置发出的指令进行加工的。以前，输入到数控装置中的信息是写在纸带上由数字和记号组成的电信号（脉冲）。

如果在纸带上给出"以80mm/min的速度向前移动45mm"的指令，则数控装置将根据该指令发出脉冲电信号给伺服电动机，使电动机旋转，得到指令的进给丝杠按要求的旋转方向、旋转速度和旋转角度运动。

为了使该传动能顺利进行，将2个滚珠丝杠分别安装在数控车床的刀架下方，以便其沿主轴方向（称为Z轴）和与主轴垂直的方向（X轴）移动。

滚珠丝杠的2端均由轴承支撑，并且在滚珠丝杠的一端安装伺服电动机和位置检测装置（图1）。

伺服电动机根据来自数控装置的指令，使滚珠丝杠按要求的速度旋转，对位置检测装置发出的脉冲信号进行计数则可得知当前的移动位置，并指令电动机旋转直至到达目标位置。

这一过程中，对于信号的传输路径可从图2了解。

通过穿孔纸带得到的脉冲指令信号从输入回路输入，经数控装置中的寄存器及比较回路，输入到X轴和Z轴各自的DC（直流）伺服电动机，根据脉冲数使伺服电动机旋转，从而带动滚珠丝杠旋转。

与此同时，与滚珠丝杠旋转角度相对应的脉冲信号（位置检测装置，即脉冲发生器）反向传输，与之前数控装置发出的脉冲信号数进行比较，以判断是否旋转到了正确的位置。

这样就能判断是否按照指令的脉冲数移动，再一次将信号进行反向传输，并根据比较差值增加或减少脉冲，即反馈。这种控制方法被称为闭环控制（严格地说是半闭环控制，后面将详细介绍）。

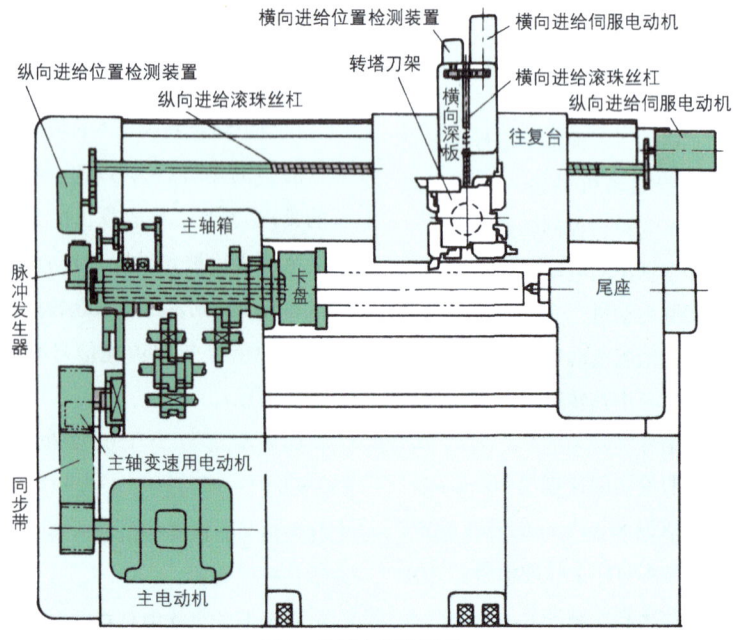

图1 数控车床的组成

以前的数控机床并不采用这样的闭环控制方式，而是采用开环控制。

如图3所示，根据数控装置发出的脉冲数指令控制使步进电动机旋转，从而转动滚珠丝杠到所要求的位置。即使超过或者没有到达所要求的位置也不去考虑。但是，由于一个脉冲的进给量仅为0.01~0.005mm，因此也可以满足一定的精度要求。

从开环控制发展到闭环控制之后，加工精度得到了大幅提高。

当前的数控车床几乎都使用半闭环控制方法。所谓的半闭环是因为检测反馈信号（误差检测）的位置是滚珠丝杠。

在半闭环控制方式中，滚珠丝杠之前的间隙误差和弹性变形误差可以得到补偿，但是滚珠丝杠本身的弹性变形和进给丝杠支撑部位产生的间隙误差仍然引起定位误差。

如果是全闭环控制，位置误差的反馈信号取自机床的滑动体（如数控车床中的刀架本身）。这样，包括滚珠丝杠支撑部位和螺距误差在内的由机械系统引起的误差等都可以得到补偿。

但是，位置检测装置的安装误差，以及由于机床热变形引起的误差，作为定位误差仍然残留。

半封闭控制方式的数控车床的精度取决于滚珠丝杠的精度。

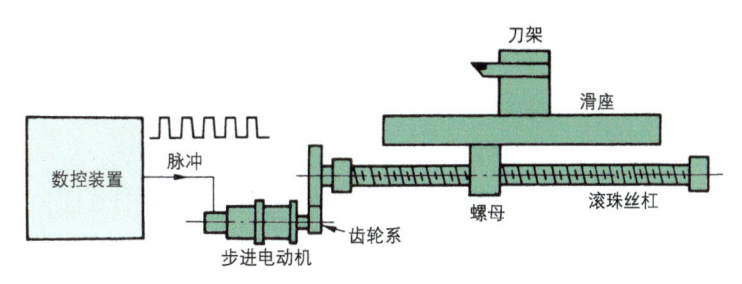

图3 开环控制方式

滚珠丝杠可用高精度的数控机床进行磨削，但是仍无法使螺距误差彻底消除。

此外，支撑滚珠丝杠两端的轴承也存在精度误差，滚珠丝杠每转1圈就会产生2~3μm的旋转误差。其结果是发生"丝杠晃动误差"。

滚珠丝杠副之间也有间隙。当刀架（螺母）反向移动时，就会产生间隙大小的位置误差。

间隙大小会因滚珠丝杠上刀架的重量而改变，另外与滚珠丝杠的位置也有关。

如果知道滚珠丝杠的螺距误差和间隙误差的值，则可使脉冲指令增大或减小与该误差值相应的量，即可以通过数控装置进行补偿。

这些功能分别称为螺距误差补偿功能和间隙误差补偿功能。不过，这两个误差无法彻底消除。

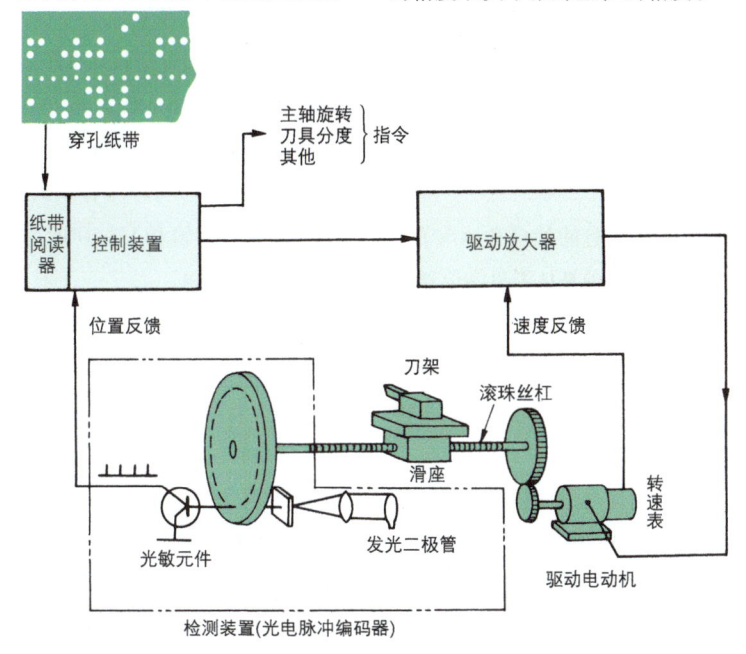

图2 半闭环控制方式

数控装置的功能

数控车床没有手动手柄或操纵杆，所有操作都通过操作面板（设定显示面板）上的开关和按钮进行。每个开关和按钮都有各自的名称和功能。

如果错误地按了某个开关或按钮，则机床可能会发生意想不到的误操作。因此，必须事先清楚地逐一了解每个按钮的作用。

在数控车床中，所有与切削加工有关的指令和加工信息都通过穿孔纸带输入到数控装置。

刀具的选择、刀具路径、主轴的起动停止、主轴转速、刀具切入量、刀具进给等都由数控装置进行判断。并根据具体情况，一边计算一边按顺序向机床发出指令。

这些指令用数控装置识别的数控语言编写，然后在纸带上穿孔。

图 1 为最新的数控装置（CNC 装置）。其微处理器执行各种处理，数控功能已作为 ROM（读取存储器）集成在数控装置中。

另外，以人机交互式进行会话式编程功能作为自动编程功能，成了软件的一部分。

数控程序可以存储在数控装置的内存中。如果采用穿孔纸带，则 40m、80m 或 360m 表示其容量，长度为 100m 的穿孔纸带中的数控程序相当于计算机中 4KB 的存储容量。

通信功能在需要通过 DNC 等传输数控程序时才使用。

将发给数控装置的指令和操作信息在操作面板上输入。显示屏上显示的内容起引导指示的作用。

数控程序输入有以下几种方法：

①使用操作面板上的键盘和编辑功能编写输入程序。

②用纸带阅读器读取穿孔纸带。

③利用通信线路进行输入。

利用编辑功能编好程序后，就可以传到数控装置的内存，并以程序开始位置的程序编号进行登录。

用纸带穿孔机或自动编程装置及 CAD/CAM 系统（利用计算机的设计/加工系统）制作数控穿孔纸带。

数控信息的处理和读取有 2 种方式：一种是从纸带阅读器读取全部的数控信息之后，在机床运行；另一种是一边读取纸带一边运行机床。通常是采用前一种方式。

利用自动编程装置或用计算机进行数控编程时，可以使用 RS 232C（接口）等将程序传到内存中。

但是这并不是 DNC 方式，而是把数控程序传到内存后再运行的方式。将内存中的内容在穿孔纸带上穿孔则正好相反。

与 RS 232C 不同，DNC 接口（例如，远程缓冲区）有 RS 232C 和 RS 422。DNC 方式下不将数控程序传到内存中，执行后程序就会消失。若要进行 2 次加工，则要发送 2 次指令。

DNC 中的程序传输过程如下。

首先，将由自动编程装置创建的数控程序传到 DNC 装置的软盘或硬盘中。

某些 DNC 装置也可在市场上买到，但其本身可能是自动编程装置，或者是计算机和 CAD/CAM，FMS 控制装置。

当从数控装置接收到程序传输的请求时，DNC 装置将发送数控程序，并存储在远程缓冲器中的存储器中。当程序存满时，则发出停止传输信号，DNC 装置随之停止传输。

数控装置执行远程缓冲器中的数控程序，数控程序运行结束之后自行消失。当数控程序减少到一定量时，会发出请求指令以补充程序，则 DNC 装置开始传输余下的数控程序。如此循环往复地进行传输和停止。

20

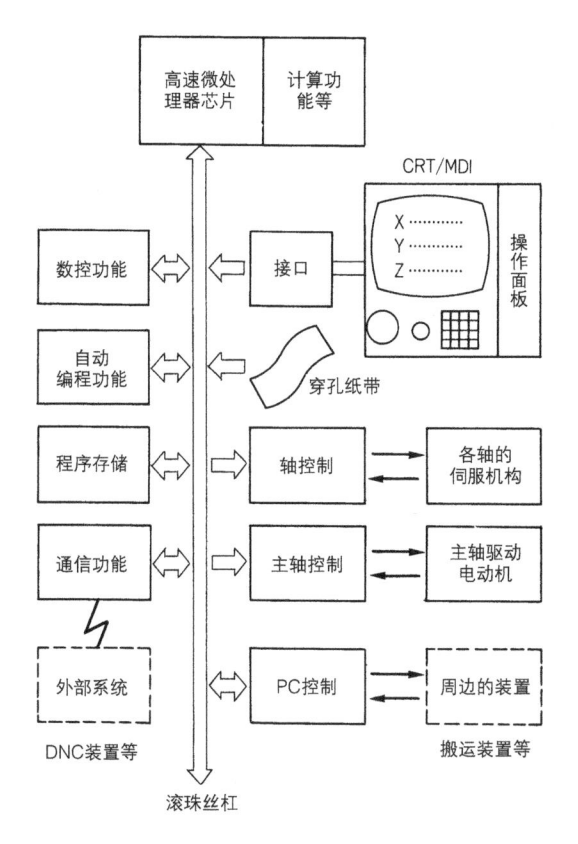

图1 最新的CNC装置构成

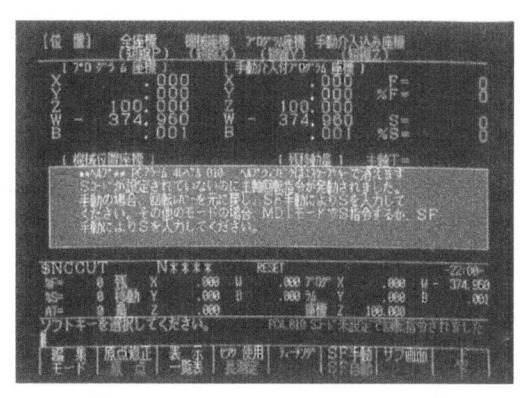

照片1 帮助功能

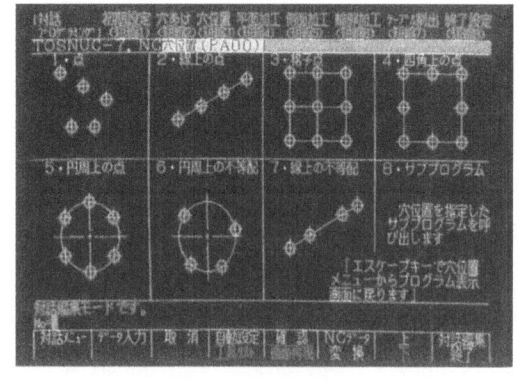

照片2 交互式编程功能

如果DNC装置具有较大的存储空间，则即使数控装置不访问数控程序的存储空间，也可以执行较长的数控程序，这适用于频繁变换加工件时。

在带有32位CPU（中央处理单元）的数控装置中，有数据传输速率为86.4 KB/秒的RS 422接口。如果能够实现这样高速传输，那数控装置就不必存储数控程序了。

利用程序输入、程序编辑和各种数控功能时，操作者通过屏幕显示界面实现与机床之间的对话。

显示和处理的软件功能改善之后，可提供更加完善的对话功能。"弹出窗口"和"帮助功能"就是其中很好的例子，可以给操作者更好支持。

照片1显示的是帮助功能界面。当操作者不清楚操作和顺序，或者不知道该按哪个键时，只要按一下帮助键就会弹出显示帮助信息的界面。

此外，交互式编程功能（照片2）和数控绘图功能等使操作简便的功能越来越多，这也是最近数控装置的一个特征。

在传统的数控装置中，存在一个问题，即伺服系统的动作跟不上指令，但是，随着高速处理器的采用以及"前馈控制"等新控制理论的应用，该问题已得以解决。

此外，若能采用具有高分辨率的脉冲编码器，则可实现亚微米级别的控制。

在加工过程中，有可能在拐角处发生过切，或可能会在进行圆弧插补的过程中，当改变移动方向时产生凸台。这些都是由于各个轴不能正确控制加减速造成的。

此外，以往无法通过数控程序段发出的指令进行加减速。但是现在这个问题已解决，已经实现了加减速控制。

为了能使加工工厂在环境比较恶劣的环境中，也能使用数控机床，机床设计者采取了相应的很多措施，但是还是无法避免由温度、灰尘、垃圾和静电等引起的误动作。在数控装置的辅助存储装置中很少使用软盘，就是考虑以上原因。

21

刀架及其设定

几年前，数控车床的转塔刀架主要是 6 边形和 8 边形，但现在是 10 边形或 12 边形，可以大大增加可安装的刀具数量，并能完成多个复杂的工序的加工。还有一个更大的优点是可以进行初始设置。

用户采用数控车床最大的原因是其可提高生产率。但是，数控机床和普通机床相比，产生切屑的实际加工时间并没有太大差别。

那么，到底有多大差别呢？其实，其根本原因在于内部准备时间大大缩短了，其中原因之一就是使用初始设置。

准备工作大致分为外部准备和内部准备。

前者即使在加工进行过程中也可以进行，可以提前准备在接下来的加工中要用的夹具，如垫块、刀柄和辅助工具等。

与外部准备不同，内部准备只能在停机的情况下进行，例如更换软爪和垫块、安装特殊刀具、机上刀具位置测量等。

普通机床在加工过程中，这些内部准备要花费大量时间，加工过程中还要停下来进行工件尺寸的测量。

在初始设置方式中，如果安装了 12 把刀具，可以依次地更换要加工的工件，刀具在完全磨损前不需要更换。只需更换卡爪和纸带即可完成准备工作。

相比普通机床，可将数控机床的加工率提高 2～3 倍，这是数控机床的一大优势。

图 1 是初始设置的刀具布局示例。

T1 用于外圆粗加工中的纵向进给和横向进给，T2 用于内孔粗加工，工件长度变化时必须进行更换。刀具是根据刀具突出长度进行排列的，虽然说是初始设置，但由于更换刀具的次数相对较多，因此，需根据一天之内要加工的工件种类提前设置好。

接下来的两把刀具是特殊刀具，再接下来依次是内孔精加工用刀具和外圆精加工用刀具。

刀具布局可能会因工厂的加工零件种类而异，而且每个月都可能会有所变化。但可以考虑使用一个卡盘，第一个工序是加工端面，然后依次是外圆、中心钻、钻削内孔（这是最常见的加工），刀具布局应与加工顺序相对应。

在进行刀具布局时应注意钻头和镗刀这种较长的刀具。加工外圆时，经常发生工件与下一个工序中要使用的长镗刀干涉的情况。

如发生干涉，即使程序中没有错误，机床也不会运行，这也属于编程错误（编程时不能只考虑零件程序本身，而要考虑到各方面）。

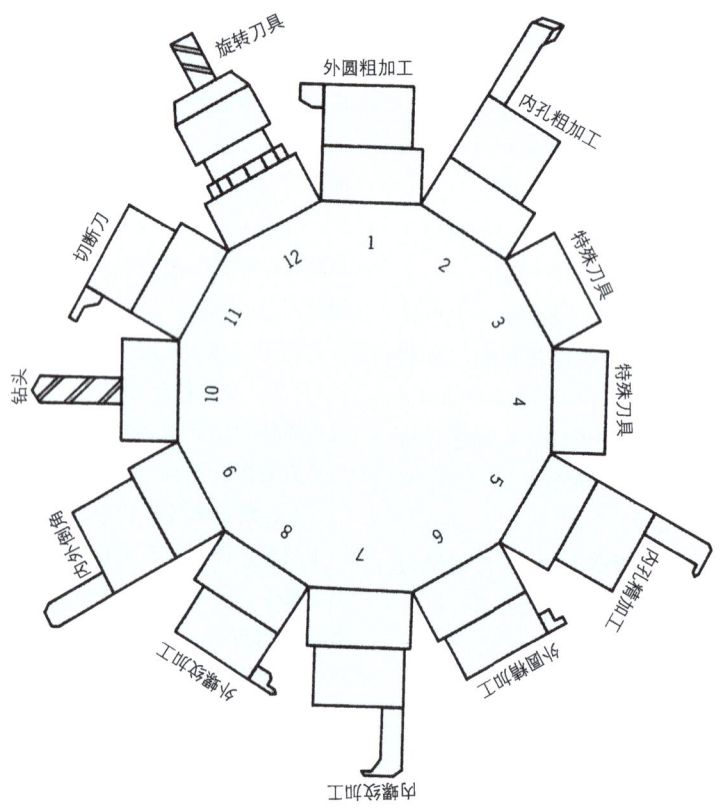

图1 镗刀、钻头等较长刀具，不要设置在相邻位置，布局上应注意避免刀具与工件发生干涉

照片 1　利用接触式传感器进行工件自动测量

说实话，首先，在实际加工中一般不会将 12 把刀具全部进行初始设置，这是因为在每个工件的加工过程中都会使用一些特殊刀具。

因此，最好是初始设置 10 把刀具，剩下的 2 把保持空置状态（图 1 即是如此）。

在刀架上安装刀具时，最令人担心的就是出现"刀具干涉"问题。

机床制造企业会在其使用说明书中提供刀具干涉图，提供可加工的尺寸提示。但是，如果不仔细考虑，刀具可能就不仅仅是与工件发生干涉，还可能会与后部的尾座等发生干涉。

并且，当使刀具靠近工件时，虽然在程序中使刀具同时在 X 轴和 Z 轴 2 个方向上沿最短的路径移动，但此时如果工件与刀具产生干涉，则应先沿 Z 轴方向移动刀具，再沿 X 轴方向移动，以避免产生干涉。

除此之外，编程时需要注意的地方还有很多。

在刀具布局中，记住对于使用频度最高、磨损最严重的刀具，应预备一把备用刀具。

普通车床加工在进行内部准备的过程中，加工中和加工结束之后的尺寸检测非常重要。最近，在数控车床加工中，利用接触式传感器进行工件自动测量的装置（照片 1）的应用越来越多。

此装置可在精加工完成之后，工件在装夹状态下，通过转动固定在刀架上的传感器端部对内径进行测量。在批量生产时，可以逐一进行工件测量，但如果因刀具磨损导致精加工直径变大，则可以在数控装置的 MDI（手动数据输入）上输入刀具补偿值。

今后，机床无人自动运行将会变得越来越普遍。

该自动测量补偿装置也可以在加工过程中移至刀架上部的空位。

要选择刀具形状，在加工效果相同时建议粗加工优选方形刀片，精加工优选三角形刀片。从刀具强度考虑，刀尖角大的方形刀片强度较高，但是从锋利度考虑，三角形刀具更好。

主切削刃的刃倾角大，则背向力小且不易产生颤动。加工台阶轴等端面直角处也最好用三角形刀片。

将指令转变为穿孔纸带

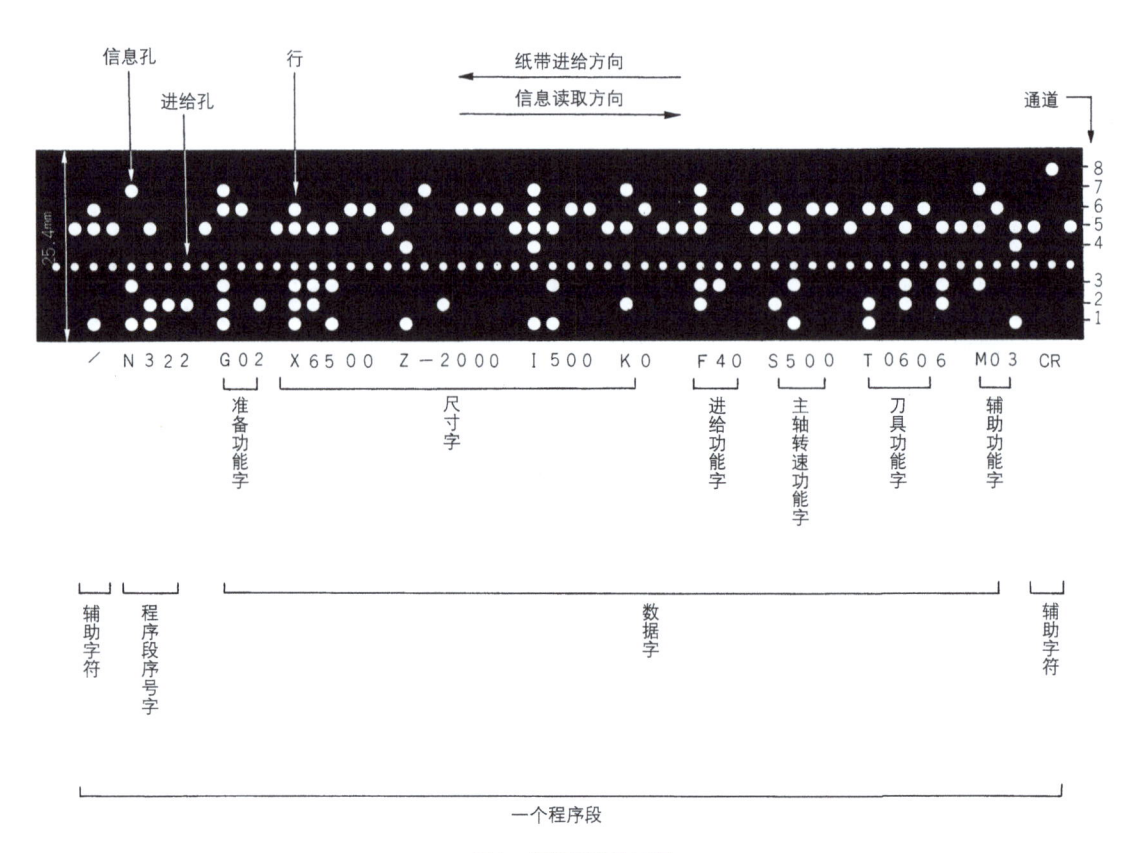

图1　穿孔纸带及用语

数控车床上没有手动操作的手柄或操纵杆，所有的操作要按照正确的顺序，依次按操作面板上的开关和按钮，然后主轴开始旋转，切削液打开，刀架向工件靠近，开始切削加工。

● 纸带

操作者加工工件的指令含在穿孔纸带中，如图1所示。纸带上有各种各样的孔，该例表示的指令为/N322G02X6500Z－2000 I500K0F40S500T0606M03CR。这些阿拉伯数字、字母和符号"/"称为字符。

实际上，上述一连串的字符是/、N322、G02、X6500、Z－2000、I500、K0、F40、S500、T0606、M03和CR。

这些都称为"字"，每个字都表示一定的意义。通过这些字组合在一起成为数控指令，控制数控车床完成一系列的操作，这一串字称为"程序段"。数控指令就是由许多程序段组成的。

每个程序段和下一个程序段之间用字符CR分割，表示程序段的结束（End of Block = EOB）。

现在，回到开始的问题。首先，说明一下如何在纸带上穿孔。纸带是黑色的，其纵向和横向有成排的孔，光线穿过孔时被光敏元件接收，并被转换为脉冲电信号。通过黑色遮挡，使得孔信号的获取更加容易。

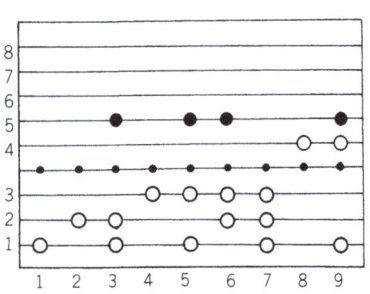

图2　EIA代码中的阿拉伯数字

纸带宽25.4mm（1in），厚0.108mm，信息孔的直径为1.83mm，小的进给孔的直径为0.17mm，横、纵向孔间距均为2.54mm。纸带的尺寸数值都是英寸的倍数，因为这是依据数控装置的发明国家——美国的电子工业协会的EIA标准制定的。

纸带上印有白色箭头，表明纸带的进给方向。进给孔的位置稍微偏离纸带中心，这是为了便于区分纸带的上边和下边。链轮齿在进给孔中咬合，使纸带进给。

● 纸带代码

纸带上排成行的孔的排列方法表示什么？确定其表示内容的是纸带代码，有两种类型的纸带代码，分别为EIA代码和ISO代码。在日本，数控机床中广泛使用的是EIA代码，但计算机相关领域普遍使用ISO代码。

纸带行进方向上有8个孔列（通道）。通过对1~8个通道的孔进行组合来表达一定的含义。

● 纸带读取方法

图2表示的是EIA代码中的阿拉伯数字（1~9）。

在信息孔中，第5通道用于奇偶校验（将构成一个字符的孔数统一为奇数，以防止数控装置读错），而在一行上孔数为偶数时穿孔。此外，ISO码是偶校验，当孔数为奇数时穿孔，使得总孔数为偶数。

表示数字1~9的孔方法是：第1到第4通道依次表示1、2、4、8，并对其进行组合。

例如：

● 数字7 = 1 + 2 + 4（在第1、第2和第3通道上穿孔）。

● 数字9 = 1 + 8（在第1和第4通道上穿孔，但是这时在一行上孔数为偶数，因此需要在第5通道上也进行穿孔，以用于奇偶校验）。

用于表示英文字母的孔排布是：数字（1~9）的孔排布与第6和第7通道的孔进行组合。图3表示字母A~Z的EIA代码。在该图中，字母A~I除了数字1~9的孔排列之外，还在第6和第7通道上穿孔。

此外，对于字母C、E、F和I，其位于一行的孔数是偶数，则需在第5通道上穿孔以用于奇偶校验。同样地，字母J~R，除了数字1~9的孔排列之外，还在第7通道上穿孔，孔数为偶数的J、K、M、P、Q也需在第5通道穿孔以用于奇偶校验。

顺便提一下，从数字1~9有9个数字，其3倍则有27个数字。另一方面，英文字母从A~Z有26个字母，两者个数相差1。因此，在S~Z中，不使用l，只将数字2~9的孔和第6通道的孔进行组合。孔数为偶数的S、U、X和Y需在第5通道穿孔以用于奇偶校验的孔。

除了数字（1~9）和英文字母之外，常用于数控机床的EIA代码还包括"/"（斜杠）、SP（空格）、0（零）、"-"（减号）和CR（分隔符）等。请参阅本书后面有关EIA代码和ISO代码的介绍。

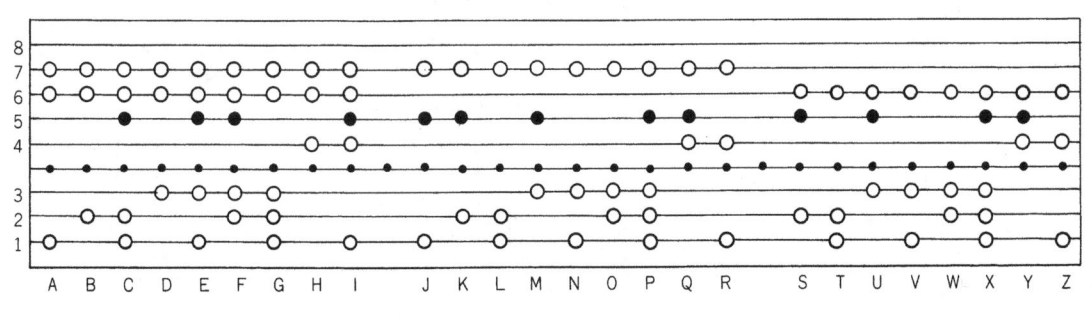

图3　EIA代码中的英文字母

程序员的重要职责

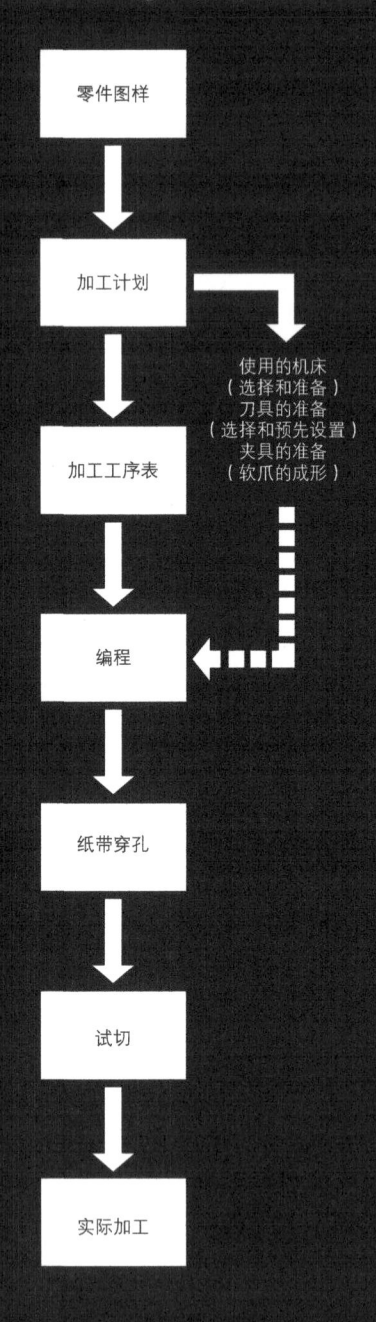

```
┌──────────┐
│ 零件图样 │
└────┬─────┘
     ▼
┌──────────┐
│ 加工计划 │────┐
└────┬─────┘    │
     ▼          │ 使用的机床
┌──────────┐   │（选择和准备）
│加工工序表│    │ 刀具的准备
└────┬─────┘   │（选择和预先设置）
     ▼          │ 夹具的准备
┌──────────┐   │（软爪的成形）
│   编程   │◄──┘
└────┬─────┘
     ▼
┌──────────┐
│ 纸带穿孔 │
└────┬─────┘
     ▼
┌──────────┐
│   试切   │
└────┬─────┘
     ▼
┌──────────┐
│ 实际加工 │
└──────────┘
```

左图所示为数控车床的加工顺序，包括根据零件图样确定加工计划，并用机床完成全部加工。

制订加工计划的最初阶段与通常的车削加工并没有什么不同。

仔细看图样，正确了解要加工的内容，并且要确定以怎样的顺序进行加工，使用的数控车床类型，是否适合要加工的工件，是否准备好装夹毛坯的卡爪，需要使用的刀具有哪些已经安装在刀架上，还缺哪些刀具等。

以上准备工作完成之后，紧接着将加工工序依次记入一张纸中。

该记录纸也称为加工工序表，连续填写之后就是零件程序，而制订并填写的人为零件编程员。

如图1所示为加工工序表的填写示例。序号N001是用数控语言将"首先将刀具移动到A点"的指令填入。第二行表示使主轴以2000r/min的转速正转，刀架转到No.1位置，换1号刀具。

填写完成加工工序表之前的过程称为编程。

编程不仅是将工序依次填入到加工工序表中，还包括刀具的选择、夹具的准备等。

由此可见，作为编程人员既要能读懂图样，又要熟悉加工，必须同时了解机床的加工能力和数控功能。

加工工序表确定之后，接着就要用穿孔机在纸带上进行打孔。再将完成穿孔的纸带安装在纸带阅读器上，起动操作面板上的开关之后，理论上说机床就能开始加工。

但是，这样做的话可能会发生意外。刀架可能不按预定位置，而会撞到主轴箱上。实际上，无论多么优秀的编程人员都可能发生过这样的事情。

数控车床完全是按照数控指令运行的，如果程序中有错误，那机床就会按照错误的指令运行，就算在移动路径上有干涉的零部件也会继续。在这世界的任何一个地方都找不到这样的数控机床，能在发生碰撞之前自动停止。

预防发生碰撞的方法就是进行试切，该技术请参考本书Part 3数控编程中的内容。

即使认为正确地进行了编程，但是一旦进行试切，就会发现可能无法达到所要求的加工尺寸精度。

换刀一般通过刀架旋转分度来进行，但是有的数控机床有刀柄自动交换功能，还有操作者会根据显示的更换指令快速更换刀柄。

无论用哪种方式进行换刀，都要注意刀具是否位于程序设定的正确位置。如果刀具的设定有误差，则会导致工件被误切，如图2所示。

因此，在每一次实际加工之前，都要检查程序是否有错，并确保设定的刀具位置正确，之后再正式进行加工。

在数控加工必须要编程，这是普通车床没有的额外的工作。因此，为了真正提高数控车床的运行效率，就要考虑如何缩短该编程时间和准备时间。

有些工件就加工一次，只有2~3个加工工序，编程应该是不具备时间优势的，这种情况还是用普通车床加工更快更适合。

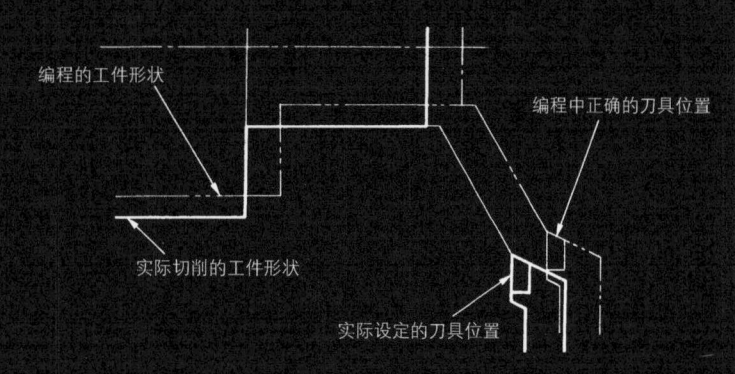

图2 刀具设定误差的影响

编程人员在编程之前，不仅要考虑时间，还要考虑选择哪种加工方法。

经常会听到有人说，用别人编的数控程序来操作机床是一件可怕的事情，因为看到的程序往往并不是同自己想象的一样。

相反，自己本人编写的数控程序在别人看来也应是如此。其实，无论哪种程序都是正确的。

只是程序中会因编程人员不同而呈现出个性，但是有时这些个性会导致刀架与工件发生碰撞。所以，编程是非常重要的事情，不仅要保证编程的正确性，而且要尽可能减少危险，让任何一个机床操作者都能安心操作。

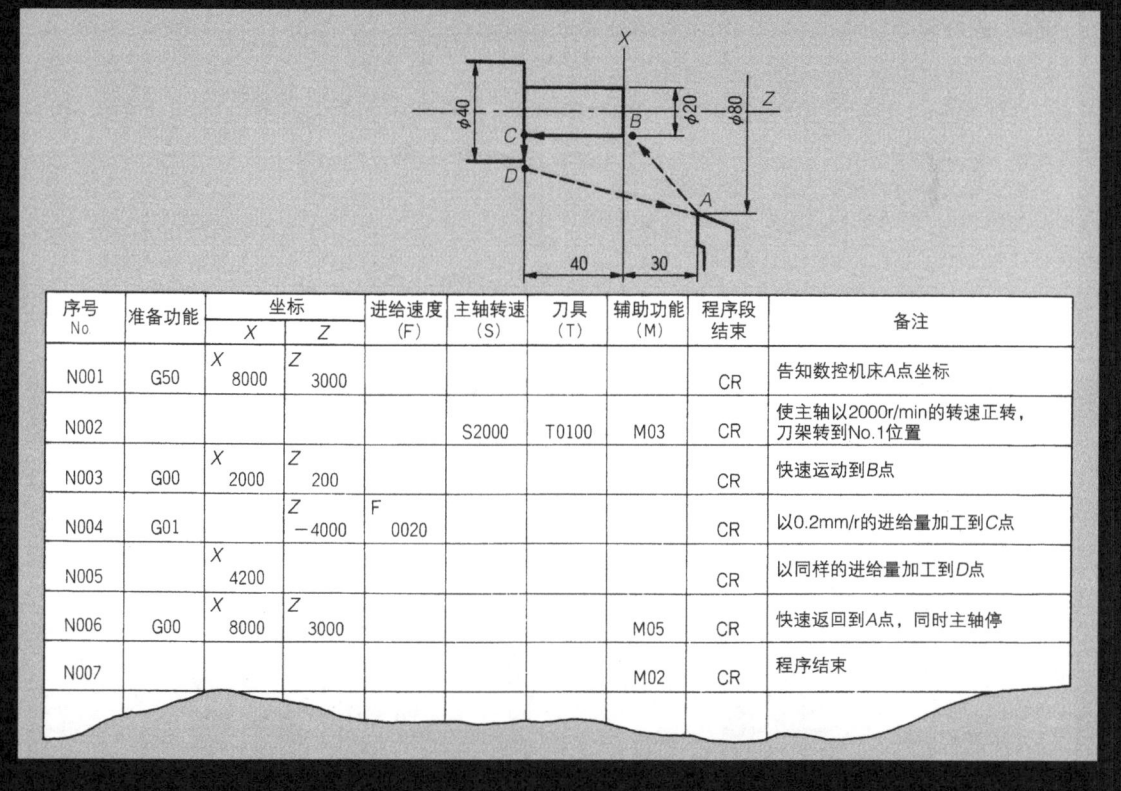

序号 No	准备功能	坐标 X	坐标 Z	进给速度 (F)	主轴转速 (S)	刀具 (T)	辅助功能 (M)	程序段结束	备注
N001	G50	X 8000	Z 3000					CR	告知数控机床A点坐标
N002					S2000	T0100	M03	CR	使主轴以2000r/min的转速正转，刀架转到No.1位置
N003	G00	X 2000	Z 200					CR	快速运动到B点
N004	G01		Z −4000	F 0020				CR	以0.2mm/r的进给量加工到C点
N005		X 4200						CR	以同样的进给量加工到D点
N006	G00	X 8000	Z 3000				M05	CR	快速返回到A点，同时主轴停
N007							M02	CR	程序结束

图1 加工工序表的填写示例

纸带格式

纸带格式指的是在穿孔纸带上输入信息时规定的格式，指令和其他信息必须按照由数控装置规定的格式。另外，如第 24 页所示，数控车床每个动作的指示，首先要有辅助字符，接着包括程序段序号字和数据字，并以辅助字符"CR"结束。

下面，我们将针对主要使用的符号和字进行说明。

1 辅助字符

辅助字符包括英文字母和符号等。其中，表 1 所示的符号可以单独使用，也可以作为字的一部分使用，称为辅助字符。

① **首字母（CR）**：将纸带送入数控装置之后，直到读取到 CR 代码为止，这期间的所有信息都将被忽略（无意义信息）。这些信息不能控制数控车床运行。如图 1 所示，可用任意的代码穿孔来表示纸带的名称，以方便对纸带进行区分。从读到的首个 CR 到 M02 之间的所有信息均被视为有意义的信息，即用于加工的信息。

② **程序段删除**：也称为可选程序段忽略，在特定程序段的开头添加"/"，则可以通过将机床控制面板上的开关设置为"ON/OFF"来控制该程序段有效或无效。

③ **负号（－）**：刀具运动的方向和坐标为负时，移动量和坐标值的前面带有"－"（负号），移动量和坐标值为正时，不带符号。

表 1 辅助字符

符号	含义
/	程序段删除
－	负号
.	小数点
CR	首字母 结束或程序段

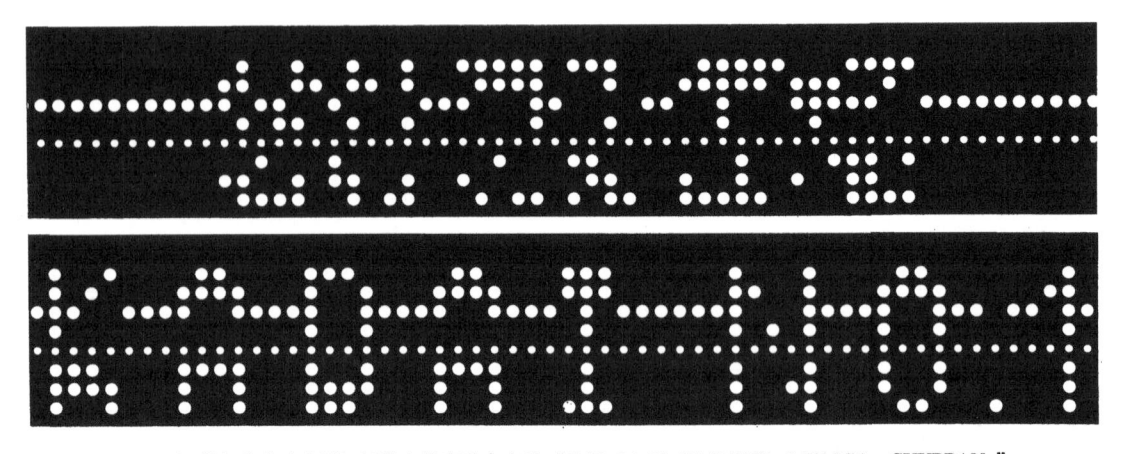

图 1 纸带名称穿孔实例。纸带上的穿孔内容为"S. 59. 06. 01. KADAI No. 1 TAIGA－SYUPPAN。"

表2 数控车床的地址字符

字符	意义
E	螺纹加工时的螺距
F	进给功能（F功能）
G	准备功能（G功能）
I	圆心坐标（X轴）
K	圆心坐标（Z轴）
M	辅助功能（M功能）
N	程序段序号
R	圆弧半径
S	主轴转速功能（S功能）
T	刀具功能（T功能）
U	X轴移动坐标尺寸字（相对值）
W	Z轴移动坐标尺寸字（相对值）
X	X轴移动坐标尺寸字（绝对值）
Z	Z轴移动坐标尺寸字（绝对值）

表3 准备功能

代码	组	功能
G00	A	定位
G01	A	直线插补
G02	A	圆弧插补（顺时针）
G03	A	圆弧插补（逆时针）
G04	B	暂停
G32	A	螺纹切削
G50	B	坐标系设定
G50	B	最高转速设定
G90	A	切削固定循环
G92	A	螺纹加工固定循环
G96	C	恒线速度
G97	C	恒线速度取消
G98	D	每分钟进给
G99	D	主轴每转进给

④小数点（.）：有小数点输入功能的数控装置，当输入小数点时，小数点后面的0可以省略。

⑤结束·或·程序段（EOB，CR）：EOB是表示程序段结束的字符，与初始CR一样也用CR代码。

2 字

字即字符，通常由地址和数字组成。地址是表示数字含义的字符，用字母表示。因此，把英文字母当成地址，就容易理解了。

地址字符的意义基本相同，但由于机床制造厂家不同，同一个地址字符也可能有不同的含义。

在本书最后的参数表中给出了JIS规定的地址字符，表2表示的是数控车床中使用的主要地址字符。另外，一个字包括序号字和数据字，数据字中有准备功能、尺寸、进给功能、刀具功能和辅助功能等。

(1) 序号字

地址N及其后面的数字（最多4位）既可用来表示正在加工中的程序段顺序号，也用来作为索引查找纸带上的特定位置，可以在每个程序段、各工序的开始程序段或特定的程序段上带有序号字符。至于序号，只要不重复，可以按照任何顺序，使用任何数字。

(2) 准备功能字（G功能）

准备功能字也称为G功能，由地址G及其后面的2位数字表示，指示该程序段的控制功能。根据该指令，控制装置为相应功能进行准备，因此称为准备功能。

除基本功能外，G功能因机床制造厂家不同而不同。表3展示了主要的准备功能。

在表3中，B组以外的G代码是模态代码。在数控术语中，模态意味着"一旦代码被指令，在同一组中的其他代码指令出现之前将一直有效"。B组的G代码是非模态代码，仅在所指令的程序段有效。

(3) 尺寸字

通常，它由地址符号和地址符号后面的数字组成，表示移动量和坐标值。对于数控车床，地址用I、K、R、U、W、X和Z等表示，符号为负的情况下要加上"-"，而"+"则省略。

(4) 进给功能字（F功能）

也称为F功能（进给=Feed，取其首字母F），由地址F及其后面的1~5位数字（或4位数字）组成，用来指令切削时工件与刀具之间的相对速度。进给包括主轴每转进给速度和每分钟进给速度，用准备功能G98或G99进行指令。

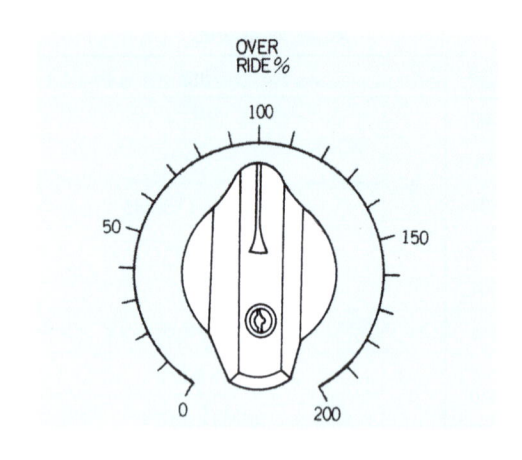

图 2 倍率开关

通常在车削加工中，使用每转进给速度，因此在开机或复位（初始状态）时默认为 G99 模式（每转进给量）。

① 每转进给的进给指令：不同机床制造厂商的进给速度范围也有所不同，基本为 F1～F50000（0.01～500.00mm/r）。

例如，如果进给速度为 0.25mm/r、0.30mm/r、2.0mm/r，则指令分别为 F25、F30、F200。由于进给功能是模态的，因此一旦指令就一直有效，直到又指令了不同的进给速度或指令 M02 为止，因此不需要在每个程序段都指令。

② 进给速度的改变：操作者可以一边观察切削状态，一边通过倍率开关（图 2）来改变穿孔纸带上指令的进给速度，可以在 0～200%（每 10% 为一档）的范围内进行调整。

（5）主轴转速功能字（S 功能）

主轴转速功能字也称为 S 功能（主轴 = Spindle，取其首字母 S），由地址 S 和其后面的数字（最多 4 位）组成，指令主轴转速（r/min）或切削速度（m/min）。

表 4 主轴转速范围

回转域	转速/（r/min）	S 功能	M 功能
低速域（L）	40～1000	S40～S1000	M38
高速域（H）	125～3150	S125～S3150	M39

① 转速直接指定：初始默认状态为 G97 模式，因此必须确认不是指令 G97（恒线速度控制取消）的状态。主轴转速范围见表 4，在 S40～S3150 的范围内以 1r/min 的变化量改变转速。

但是，根据使用的是低速域（L）还是高速域（H），也会用 M 功能指令。

［例］希望以 120m/min 的切削速度切削 ϕ90mm 的材料时，由于转速为 424r/min，因此要执行以下指令：

G97 S424 M38 CR 或

G97 S424 M39 CR

② 恒线速度控制：指令 G96（恒线速度控制），直接指定切削速度。线速度范围为 1～9999m/min 的机床，可在 S1～S9999 的范围内以 1m/min 的变化量改变速度，对编程的 X 坐标值进行恒线速度控制。

［例］希望以 120m/min 的速度进行切削的指令：

G96 S120 M38 CR 或

G96 S120 M39 CR

③ 最大主轴转速的限制：在恒线速度控制中，随着切削工件直径减小，转速增加，可能会达到机床的最大转速（1000r/min 或 3150r/min）。在这种情况下，卡盘夹持力会随转数的增加而降低，还可能出现振动的危险状态。因此，有必要预先设定转速的上限，用 G50（主轴最大转速设定）进行指令。

［例］希望在 1800r/min 内进行切削的指令：

G50 S1800 CR

但是，该指令仅在 G96 模式下有效。

（6）刀具功能字（T 功能）

刀具功能字也称为 T 功能（刀具 = Tool，取其首字母 T），由地址 T 及其后面的 4 位数字组成，进行刀具选择和刀具位置补偿（刀具偏置）。指令"T□□△△"前两位数字是刀具号，后两位数字是刀具位置补偿号，均用 2 位数字指定。

① 刀具选择：安装刀具的刀架有 3 种类型：4 边形（1～4）、8 边形（1～8）和 12 边形（1～12），每个工位都按顺序标记有括号内的编号（刀具编号）。因此，当需要在某个位置（进行切削的位置）换刀或进行位置补偿时，用 2 位数字（刀具编号为 1 位时，编号前加 0）指定该刀具编号。

30

②**刀具位置补偿**：虽然在每个刀具位置正确地安装了刀具，但与刀具的标准位置之间必然还存在偏差。因此，需通过试切或用显微镜形式的量规来测量偏差量即刀具位置补偿量（X轴方向和Z轴方向），并将其存储在数控装置中。补偿功能有16组和32组。

在将补偿量存储在数控装置中的情况下使用刀具位置补偿编号（01~16或01~32），用一个补偿编号可以实现一对补偿（X轴方向和Z轴方向），并且对于一把刀具可以进行2对以上的补偿。补偿量的范围是 0 ~ ±999.999mm（最小增量为 0.001mm）。

③**刀具选择和刀具位置补偿**：刀具编号和刀具位置补偿编号的组合可以从表5中任意选择（8边形刀架，16组补偿功能），但通常用相同编号的组合更方便。另外，刀具编号"00"和补偿编号"00"的组合表示取消换刀和刀具位置补偿。

[例]

T 0300：换刀具编号为3的刀具。

T 0303：对于刀具编号为3的刀具，用刀具位置补偿编号03中存储的值进行补偿。

T 0300：取消刀具编号为3的刀具位置补偿。

除了用于补偿刀具安装误差之外，刀具位置补偿还可用于补偿切削加工之后的实际尺寸与图样尺寸之间的误差（挠度、热位移和刀具损耗等的影响）。

（7）辅助功能字（M 功能）

辅助功能也称为 M 功能，它是使机床执行各种辅助动作的指令，由地址 M 及其后面的 2 位数字表示，除了基本功能以外，是各个机床制造厂家 M 功能也有所不同。表6列出了主要的辅助功能。在本书的最后，给出了JIS中规定的辅助功能。

表5 刀具编号和刀具位置补偿编号的组合

		刀具位置补偿编号															
		00	01	02	03	04	05	06	07	08	09	10	11	12	13	14	15	16
刀具编号	01	0100	0101	0102	0103	0104	0105	0106	0107	0108	0109	0110	0111	0112	0113	0114	0115	0116
	02	0200	0201	0202	0203	0204	0205	0206	0207	0208	0209	0210	0211	0212	0213	0214	0215	0216
	03	0300	0301	0302	0303	0304	0305	0306	0307	0308	0309	0310	0311	0312	0313	0314	0315	0316
	04	0400	0401	0402	0403	0404	0405	0406	0407	0408	0409	0410	0411	0412	0413	0414	0415	0416
	05	0500	0501	0502	0503	0504	0505	0506	0507	0508	0509	0510	0511	0512	0513	0514	0515	0516
	06	0600	0601	0602	0603	0604	0605	0606	0607	0608	0609	0610	0611	0612	0613	0614	0615	0616
	07	0700	0701	0702	0703	0704	0705	0706	0707	0708	0709	0710	0711	0712	0713	0714	0715	0716
	08	0800	0801	0802	0803	0804	0805	0806	0807	0808	0809	0810	0811	0812	0813	0814	0815	0816

表6 辅助功能

代码	功能	意义
M00	程序停止	纸带运行中断，主轴停止，切削液关
M01	计划（任选）停止	当任选停止按键按下时，该指令有效，与M00作用一样，否则的话，该指令被忽略
M02	程序结束	指令全部程序结束，主轴停止，切削液关，数控装置复位
M03	主轴顺时针旋转	相对工件，主轴沿使右螺纹拧紧的方向旋转
M04	主轴逆时针旋转	主轴沿使右螺纹远离工件的方向旋转
M05	主轴停止	使主轴停止
M08	切削液开	切削液开
M09	切削液关	切削液关

机床操作面板上各按钮的名称和使用方法

模式选择开关
(MODE SELECT)

有2种开关可用于选择数控车床的运行模式，一种是如图所示的按键，另一种是部分机床采用的旋转开关。通常，可以选择以下6种模式。

模式选择
MDI / 编辑 / 内存 / 纸带 / 手柄 / 手动

纸带
(TAPE)

选择纸带模式，用穿孔纸带使机床自动运行。

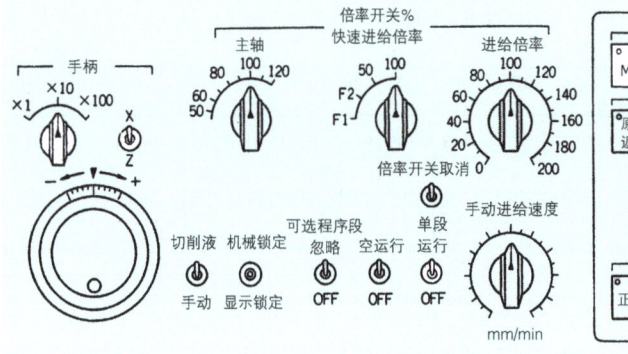

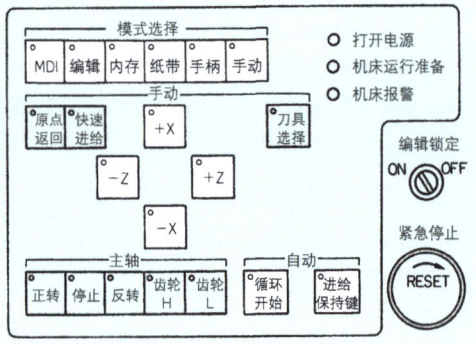

在进行数控车床的操作时，需要操作机床的数控操作面板和机床操作面板上的开关。

数控操作面板由CRT显示屏和按键开关组成，按键开关是用于在CRT显示屏上进行界面选择、数据输入、进行检查和诊断等操作的功能键，使用英文字母（数字）键和各种操作键，主要用于操作数控装置。

另外，机床操作面板上有操作数控车床必需的操作开关，在准备阶段和切削加工等阶段都要操作这些开关。下面将举例说明数控车床机床操作面板上各操作开关的功能和使用方法。

通常，数控车床配备上图所示的机床操作面板，它与数控操作面板搭配使用。

内存
(MEM)

选择内存模式，用存储在数控装置内存中的加工程序，使机床自动运行。

编辑
(EDIT)

选择编辑模式，调用存储在数控装置内存中的加工程序，并对程序内容进行编辑（修改），再将程序重新写入存储器。

有的数控装置还没有设置编辑模式，这种情况下，可以使用数控操作面板上的功能开关将CRT显示屏切换到编辑界面之后进行编辑操作。

手动数据输入
(MDI)

选择手动数据输入模式，在 CRT 显示屏上通过数控操作面板上的按键写入加工程序，并运行该加工程序使机床动作。

手动
(MANUAL)

选择手动模式，通过手动模式使数控车床动作，例如手动使刀架动作，手动使主轴旋转等。

手柄
(HANDLE)

选择手柄模式，通过操作面板上的手摇脉冲发生器使刀架移动。

以上各模式中，纸带（TAPE）、内存（MEM）和 MDI 称为自动运行模式，是通过数控加工程序的指令自动运行的。而手动（JOG）、手柄（HANDLE）称为手动运行模式，是通过手动操作来使机床运行的。

循环开始
(CYCLE START)

按下此按键能使机床在自动运行模式（TAPE、MEM、MDI）下根据加工程序自动运行。另外，如果在运行中按下进给保持键或者切换为其他模式使机床暂停时，按下此键可重新开始自动运行。

进给保持键
(FEED HOLD)

在自动运行过程中使机床暂停的按键。即使轴（刀架）处于移动状态，按下此键之后就会马上减速停止，并处于暂时停止状态。当处于 M、S、T 功能执行中时，待各指令动作结束之后变为进给保持状态。

单段运行
(SINGLE BLOCK)

使纸带或内存中的加工程序按程序段依次运行的开关。当此开关设为 ON 时，执行完一个程序段后停止，后面的程序段在按循环开始键之后开始运行。进行加工程序的检查，以及新工件的初次加工检验时可采用这种逐个程序段运行的形式。

手动
(JOG)

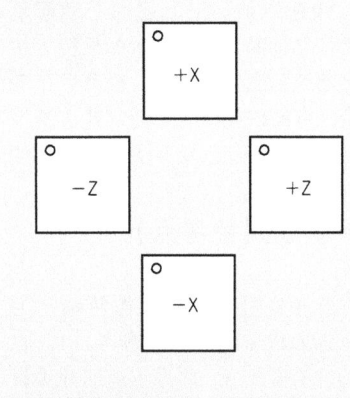

选择手动模式，手动移动轴（刀架）时使用该按键，手动起动时要选择轴及其进给方向。通常按下此键时，轴进行移动。

手动起动开关除了上述例子外，还可使用杠杆开关，在指定轴的进给方向上施加压力使其起动。

手动手柄轴选择
(HANDLE AXIS)

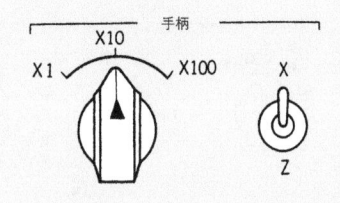

用手动手柄使轴（刀架）移动时，用此开关选择进给轴。选择手动模式后，可通过旋转手摇脉冲发生器使所选择的轴移动。

使轴（刀架）自由移动微小位移，用于设定刀具或测量工件坐标。

手柄倍率选择
(HANDLE MULTIPLY)

此开关用于选择手动手柄进给的移动量倍率。手摇脉冲发生器每转分为 100 个刻度，每个刻度发出一个进给指令。手柄倍率有三种类型，×1、×10 和 ×100。×1 时，手柄每转 1° 产生相当于 1 个脉冲当量的移动量；×10 时，手柄每转 1° 产生相当于 10 个脉冲当量的移动量；×100 时，手柄每转 1° 产生相当于 100 个脉冲当量的移动量。数控车床的 X 轴通常为直径指定方式，1 个脉冲当量的移动量为 $0.5\mu m$，而 Z 轴 1 个脉冲当量的移动量为 $1\mu m$。

快速进给
（RAPID）

此键用于手动进给时使轴（刀架）快速进给。用上述的手动起动开关控制轴的方向。此时如果按下快速进给键，则快速移动，松开后则变为普通的手动进给。有的机床设有手动快速进给模式，如果选择此模式并按手动起动开关，则指定的轴将快速进给。

原点返回（手动返回参考点）
（ZERO RETURN）

此开关用于手动操作使轴（刀架）返回机床的原点（参考点）。在手动进给模式下，将原点返回开关设为ON时，则为原点返回模式，选择希望进行原点返回的轴，按下相应的手动起动开关，来执行原点返回。

手动进给速度
（JOG FEEDRATE）

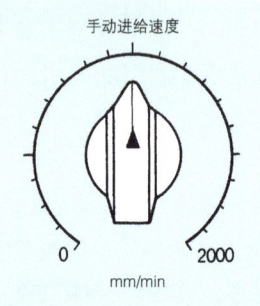

此开关用于在手动进给模式下移动轴（刀架）时选择进给速度。通常用旋转开关选择指定的进给速度。进给速度用每分钟的速度来表示，如可在1～200mm/min的范围内进行选择。不同机床的选择范围会有所不同。有的机床还将此开关与进给倍率开关共用，在这种情况下，它可以在手动模式下选择手动进给速度，在自动模式下选择进给倍率。

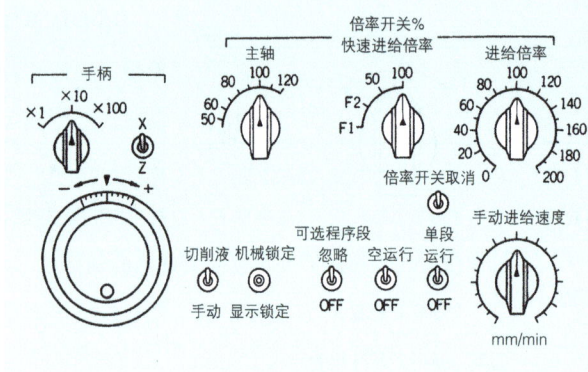

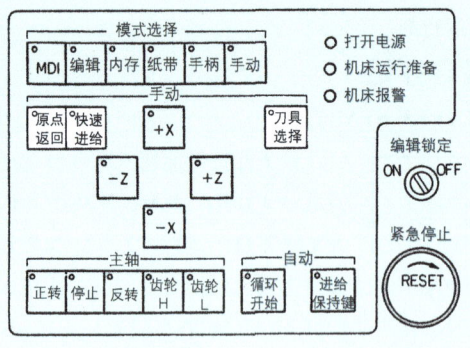

进给倍率
（FEEDRATE OVERRIDE）

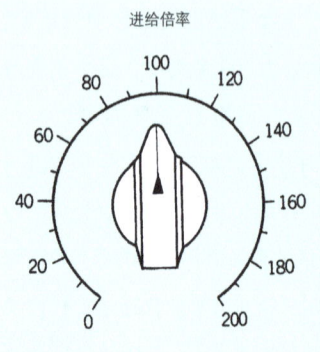

此开关用于通过控制操作面板改变自动运行中的切削进给速度。通常，用旋转开关在0～200%的范围内以10%的旋转增量进行设置，当设置为100%时，进给速度即为程序指定的值。

因此，对于程序指定的速度，可在0～200%的范围内以10%的增量进行设置。

快速进给倍率
（RAPID TRAVERS OVERRIDE）

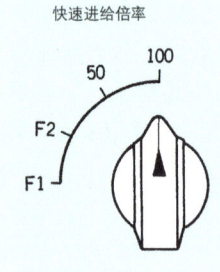

此开关用于改变快速进给速度（减速）。

通常用旋转开关可以进行100%、50%、F2（25%）、F1（12%）这4档速度的改变。快速进给倍率对自动运行模式下的快速进给指令和手动快速进给指令都有效，如果选择50%，则为通常进给速度的1/2。

34

倍率取消
（OVERIDE CANCEL）

此开关用于取消进给倍率的设定。当此开关为 ON 时，倍率将无条件变为 100% 的状态。

主轴倍率
（SPINDLE OVERRIDE）

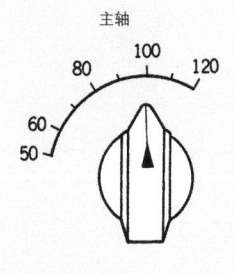

此开关用于改变自动运行的主轴转速。

自动运行的主轴转速虽然由加工程序指定，但可用旋转开关在 50%～120% 范围内以 10% 的增量进行调节。

空运行
（DRY RUN）

此开关用于以手动进给速度开关设定的进给速度来进行自动运行。此开关为 ON 时，将忽略加工程序中的进给速度指令，而以手动进给速度开关设定的速度进行动作。当使机床空运行进行程序检查时，可以提高运行速度，从而提高程序检查效率。

可选·程序段·忽略
（程序段删除）（BLOCK SKIP）

在自动运行（纸带、内存）模式下，当程序段以字符"/"（斜杠）开头，该开关用于选择是否执行忽略该程序段。当开关设为 OFF 时，以字符"/"（斜杠）开头的程序段也可以正常执行，但是当开关设为 ON 时，以字符"/"（斜杠）开头的程序段将被忽略，指令被跳过。利用此开关可以选择是否使用程序的某一部分，例如，可以在程序中间插入一段用于检查的程序，只在进行检查时将该开关设为 OFF。

机床锁定/显示锁定
（MACHINE LOCK/DISPLAY LOCK）

使用 3 档切换开关，可以选择机床锁定、显示锁定或 OFF。当开关处于 OFF 位置时，不是机床锁定或显示锁定状态，而是普通状态。当开关切换到机床锁定位置时，轴（刀架）的运动被锁定，可在不移动刀架的情况下，按照程序的指令顺序执行。CRT 显示屏上显示的位置也与通常运行一样按照指令显示数据。不过，M、S 和 T 功能的动作，如刀具选择（T 功能）等都正常执行。可以在不移动刀架的情况下检查加工程序，适用于加工之前对加工程序的初次检查。

当开关切换到显示锁定位置时，轴（刀架）会根据指令运行，但是 CRT 显示屏上显示的当前位置不会变化，适用于测量坐标系、设定刀具等不希望改变当前位置的情况。

冷却
（COOLANT）

此开关用于打开切削液。手动模式下将该开关设为 ON 时，切削液喷出。自动运行模式下可以在加工程序中指令此开关为 ON-OFF，但只有将此开关切换到自动位置时才有效。在机床空运行等不希望喷出切削液的情况下，可将此开关设为 OFF，则即使在加工程序中将该开关设为 ON 也将无效。

编辑锁定
（EDIT LOCK）

此开关用于防止随意修改存储在存储器中的数控程序和参数（编辑功能停止）。通常，此开关处于插入钥匙的状态，如果变为钥匙拔出状态，则被锁定，将不能进行编辑。如果要编辑存储器中的数控程序和参数，需插入钥匙进行解锁。这是为了防止发生由于误操作而破坏存储器中内容的情况。

刀具选择
（TOOL SELECT）

此按钮用于手动转动刀架选择刀具。手动操作模式下按下此按钮，则刀架旋转。每按一下按钮，刀具转动一下。如果持续按此按钮，则刀架将持续转动，直到开关松开，选择最接近的刀具。适用于安装刀具和检查刀尖。

35

主轴正转/反转
（SPINDLE FORWARD/REVERSE）

此开关用于手动使主轴旋转。在手动模式下按下正转或反转按钮，则主轴开始按指令方向旋转。不同的机床的转速设定方法也有所不同，有的用开关设定转速，也有的在 MDI 上用 S 功能设定主轴转速。

主轴齿轮 H/L
（SPINDLE HIGH/LOW）

此开关用于选择主轴齿轮高速（H）或低速（L）。齿轮的级数因机床而异，在手动模式下，按"H"选择高速，按"L"选择低速。而在自动运行模式下，通过加工程序的指令来选择高或低。某些机床还可利用 MDI 模式的指令（M 功能）手动选择主轴齿轮。在这种情况下，就不用齿轮选择开关了。

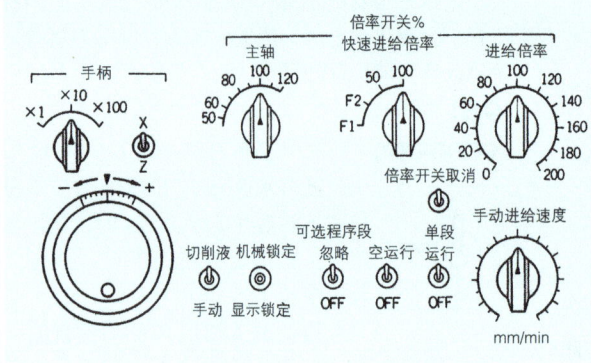

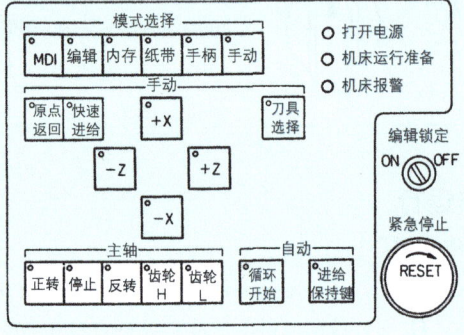

主轴停止
（SPINDLE STOP）

此开关用于手动停止主轴旋转。

手动绝对
（MANUAL ABSOLUTE）

此开关用于自动运行过程中插入手动移动刀架后，重新起动自动运行时确定是否保留手动插入的移动量。如果将该开关设为 ON，则在执行后面的自动指令时，手动插入的移动量将被取消，原先的编程坐标系不变，并返回到原来的移动路径（插入手动之前）。如果将该开关设为 OFF，编程坐标系则将偏置手动插入的移动量，重新起动自动运行后，在偏置状态下沿路径移动。

紧急停止
（EMERGENCY STOP）

此开关使数控机床处于紧急停止状态（NOT READY）。如果在机床运行过程中发生异常状况，需要立即终止运行或需要关闭电源时则可使用此开关。通常，紧急停止开关处于锁定状态，一旦使用开关就很难使其返回原状态。要解除紧急停止状态，需将开关解锁（将其向右旋转），即可恢复到初始状态。之后，经过 2~3s 变为运行准备就绪状态（READY）。

其他

除上述开关外，有些数控车床的操作面板还设有倒角和错误检测等开关。倒角和错误检测通常由数控加工程序来控制，但有的机床也在操作面板上设有这些开关。

第 2 部分　数控刀具和加工准备

数控车刀的选择

数控车床中使用的刀具

在数控车床中，在可切削的加工位置使用的几乎都是可转位车刀。因为它具有以下特征：

①刀尖位置是一定的。即使在更换刀片时刀尖位置略有偏移，也比焊接刀片刀具更容易进行补偿。

②刀尖形状是一定的。

③刀片材料选择范围广。可以采用各种各样的难以焊接的陶瓷、金属陶瓷、涂层刀片等。

④可选择各种断屑槽。另外，断屑槽是由刀具制造企业制作而成的，其形状是一定的。

⑤与焊接刀片刀具不同，不需要重新刃磨，因此不需要相关的设备和人员，也不需花费重新刃磨的时间。

作为数控车床的专用刀具，还有一种高质量刀具（Qualified tool）。这种刀具的刀尖在刀具宽度方向和长度方向上具有较高的定位精度，位置误差为±0.08mm，作为刀柄的基准。但是，目前这种刀具还未被广泛使用。

除此之外，虽然是用于数控车削的刀具，但其实并没有什么特别之处，所有的机夹刀具都可以用作数控车削的刀具。最近，刀具制造企业以数控车床制造企业的主要机型为对象发布专用的刀具商品目录，建议在选择刀具时可参考这些目录。

刀片的装夹方式及其特点

如图1所示主要的刀片装夹方式有P型、C型、S型、M型等，这些名称在国际上是统一的。

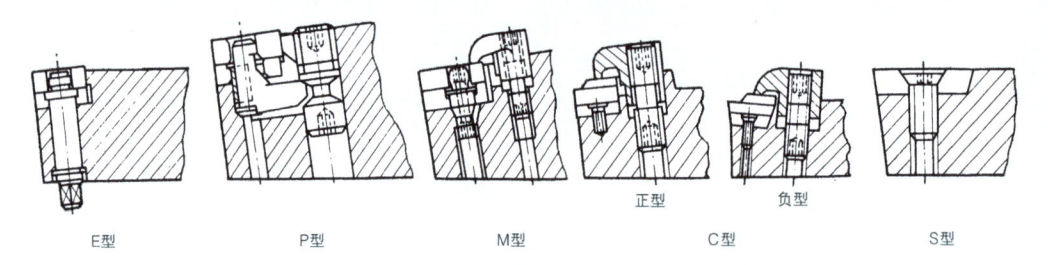

图1 主要的装夹方式

切削速度 /(m/min)	切削深度 /mm	进给速度 /(mm/r)	切削方法	PCLNR2525M4	MWLNR2525M4
100	2	0.2	切削端面	2→4 ↓6 μm	—
100	3	0.3	切削端面	—	3→4 ↓3 μm
			切削外圆	6→17 ↓4 μm	6→2 μm
90	4	0.4	切削外圆	—	6→5 μm

图2 P型及M型装夹的可靠性

其中，E型是日本独有的。以上各种类型的刀片装夹方式的特征逐一说明如下：

● E 型

E型装夹使用带安装孔的负角（前角为负角）刀片，通过转动偏心销使刀片紧贴刀座侧面，从而使其固定。由于侧壁只有一面，制作比较容易，在所有的机夹刀具中是最经济实惠的刀片。但是，这种刀片装夹方式也有缺点，其刀尖位置精度和装夹强度等与其他类型的刀具相比较差，因此被认为适用于轻－中等切削。由于采用一面定位方式，切削刃形状也存在局限性，不适用于仿形加工。在低成本制作情况下，切削刃高度比刀柄高度低0.5mm。

● P 型

虽然从英文发音上看，P型对应的是销锁紧方式，但是杠杆锁紧也称为P型。刀片有两个定位面，因此刀片嵌入安装的稳定性和装夹强度都高，相比E型可以进行重切削。P型也是数控车削加工中最普及的一种刀具装夹方式类型。但是在刀片的拔出方向上几乎只受摩擦力作用，因此不适用于断续重切削方式。

● M 型

M型采用销和压块双重夹紧方式，是用来装夹带安装孔负角刀片的另一种有效方法。但其缺点是，必须要进行2次夹紧操作，而且压块可能妨碍切屑的排出。但总的看来，这是一种可靠性非常高的装夹方式。

① M型刀具
② 偏心销+压块
③ 特殊销

切削条件
加工材料：S48C
切削速度：100mm/min
切削深度：3mm
进给速度：0.2mm/r

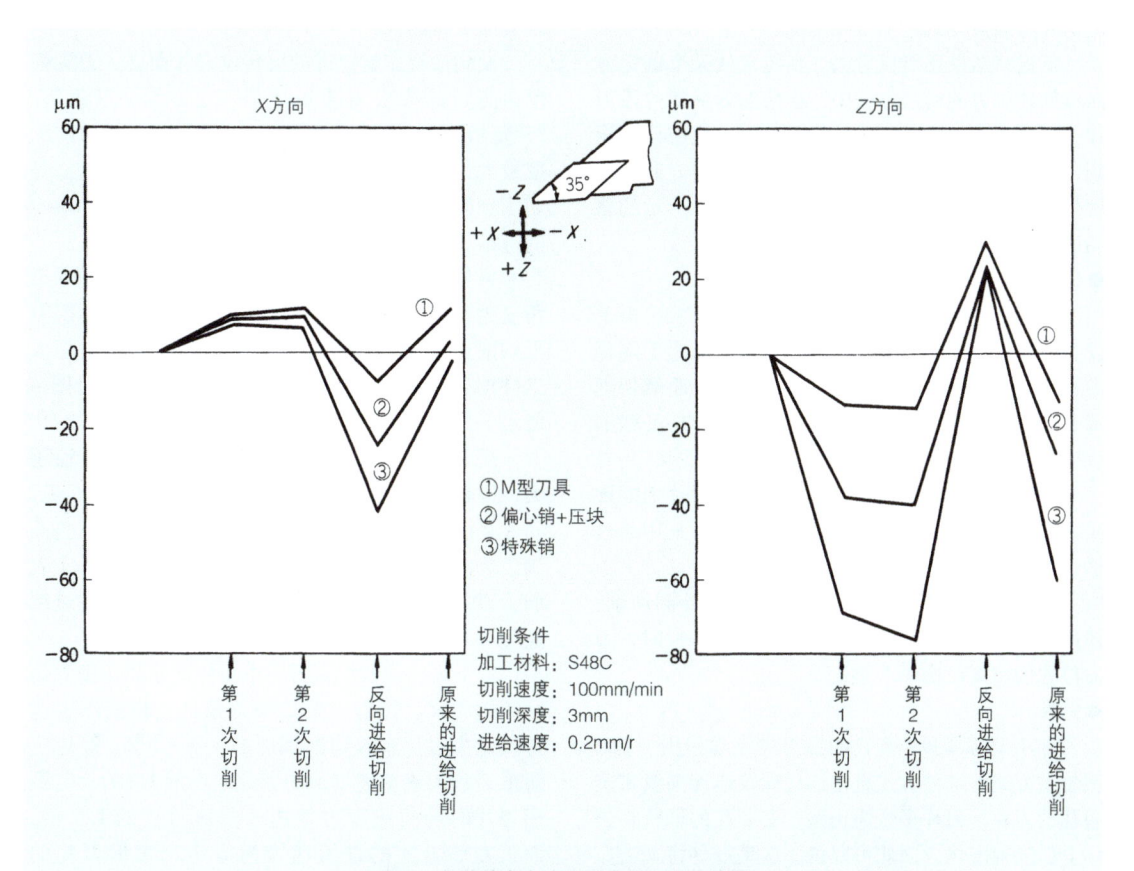

图3　各种装夹方式下刀具的刀尖移动量

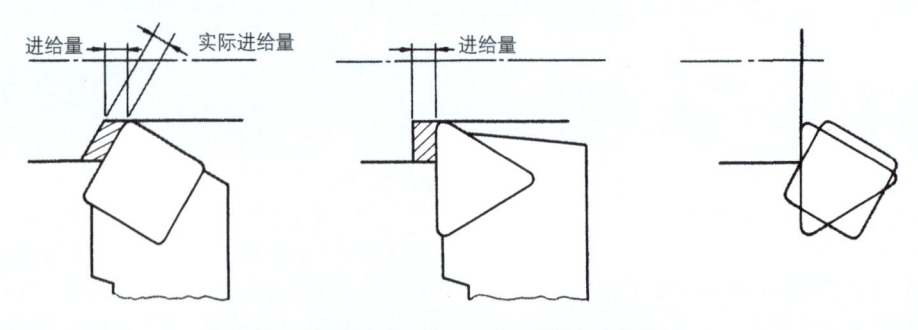

图4 不同主切削刃角的实际进给量和咬合状态

图2表示的是用刀具对外圆和端面进行切削试验时刀尖的移动量。试验反复进行几次，用箭头表示刀尖的移动方向和移动量。

随着切削参数数值的提高，P型装夹方式刀具刀尖将沿X方向后退0.02mm，与此不同，M型装夹方式即使在要求更高的情况下，也能保持稳定。

图3也同样进行了刀尖移动量的试验，可以看出，M型装夹方式仍然是稳定的。

从这些结果还可以看出，在经常从某个确定方向施加切削力的切削方法中，在切削的最初阶段刀片会发生移动，之后则保持稳定。同时也应该认识到，在外圆、端面和仿形加工这种切削力方向发生变化的切削中，刀尖可能发生图2和图3所示的移动量。

● C型

C型是用压块夹紧无孔刀片的装夹方式。由于没有安装孔，因此刀片强度高，并且还适用于陶瓷刀具等的装夹，夹紧力也很大，可以进行断续切削等恶劣条件下的切削，还可以进行负型或正型的设计。

对于切屑的处理，可通过更换装在刀片上的硬质合金断屑块来调节断屑器的宽度，或者采用通过滑动压块进行调节的方法。

带压块的夹具应用广泛，不仅用于外圆切削，还用于螺纹切削、切槽和切断等。夹紧刀片时，刀尖位置的精度仅次于E型。

● S型

在小型刀具和小直径的镗刀中经常采用一种S型装夹方式，这种方式直接通过螺纹连接夹紧带安装孔的刀片。刀片多数为正型，安装孔的形状在国际上已经标准化，因此可以说，这是一种将来会广泛采用的刀片装夹方式。尽管在操作上有一些困难，如螺钉错位等，但由于其刀片装夹精度高，并且因切削引起的刀尖移动量小，因此具有较大的优越性。

刀片的选择

刀具的刀尖形状受到工件形状和干涉等限制，但是单从外圆切削来看，可以说刀片的楔角越大，刀尖强度就越大。

换句话说，就标准的可转位刀片而言，刀尖强度由高到低依次为圆板牙形、正方形、三角形、55°菱形和35°菱形。其中，35°菱形刀片的切削深度最大为3mm，进给速度最多为0.2mm/r，这已是切削极限。圆板牙形刀片则可以进行超过1mm/r的进给。

另外，在不发生刀具振动的前提下，主切削刃角度越大，实际的切屑厚度越小，同时由于切削力沿切削刃分解，因此切削刃强度越高。刀片在切入工件时的冲击力也相应减小，以上关系如图4所示。

至于刀片的刀尖圆弧半径，刀尖圆弧半径越大，则越有利于防止切削热和切削力集中在刀尖，刀片强度越高。较大的刀尖圆弧半径还有利于提高加工表面质量。换句话说，为了获得一样的加工表面，刀尖圆弧半径较大的刀片可以采用较大的进给速度。

接下来，让我们来看一下刀片尺寸和切削参数之间的关系。作为一般的推荐条件，切削深度通常设定为刀片有效切削深度的1/3～1/2。等边三角形刀片的进给速度值为刀片厚度的1/10，80°菱形刀片的进给速度为等边三角形刀片的1.5倍，而正方形刀片的进给速度为等边三角形刀片的2倍。

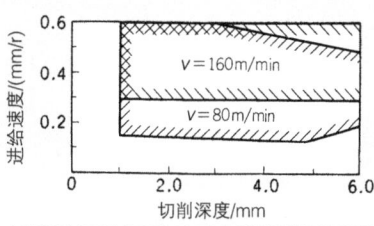

刀片：WNMM432TN57 T802 刀夹：MWLNR2525 M4
被加工材料：SCM21 切削速度：v=80, 160m/min
a) 切削速度的影响

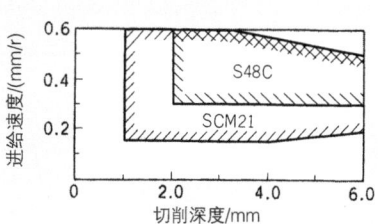

刀片：WNMM432TN57 T802 刀具夹头：MWLNR2525 M4
被加工材料：S48C, SCM21 切削速度：v=100m/min
b) 被加工材料的影响

图5 有效切屑处理范围的变化

反之，在通过加工已确定切削深度和进给速度的情况下，可根据上述推荐的条件确定刀片尺寸。

刀尖圆弧半径推荐取进给速度的2倍，发生刀具振动时，应选取直径较小的一侧。

切屑处理

选择刀片的另一个重要方面是断屑槽。控制切屑使其具有不缠绕刀具和工件的合适形状，这对于实现一个工人可同时操作多台车床或者实现无人化数控车床是非常重要的。切屑处理对刀具寿命和加工表面等也有很大影响。

最近，随着刀片压模制造技术的发展，各刀具制造企业开发出各种凸凹复杂组合的断屑槽形状，在刀具制造企业的目录中，对于每种断屑槽，都给出了推荐的切屑条件范围和 $d-f$ 图，可以参考这些进行选择。

$d-f$ 图以切削深度和进给速度为参数，用线来表示切屑处理的有效范围，切屑连续不断形成带状切屑或卷曲过大被切成碎屑飞散的条件除外。

但是，目录中给出的范围完全可以作为标准切削参数。图5a 表示由于切削速度不同产生的有效切屑处理范围的不同，在高速切削中，由于切削热的增加，切屑容易延展，因此切屑处理范围变窄。图5b 表示由于被加工材料的不同产生的有效切屑处理范围的不同，S48C的切屑厚度变薄，低进给侧的极限变窄。

可见，切削速度、被加工材料及其硬度和切削方法不同导致切屑形状不同。首先用典型的断屑槽切削，如果出现问题，再基于对切屑的仔细观察，进而选择合适的断屑槽。

对于镗刀，即使切屑被切成适当的长度，但由于离心力，它们也将沿着孔的内表面环绕刮擦，这将导致刀片破损和加工表面质量变差，必须要利用压缩空气或切削液去除切屑。

对于刀具，由于在断屑槽的设计上花了很多功夫，切屑处理变得更加容易，但目前还没有对切槽和螺纹加工进行深入研究。在切槽加工中采用分步进给，在螺纹加工中，有必要在切削面上采取一些措施，如沿螺纹一侧的斜面方向切入，使另一个斜面成为主切削刃，这样就可以更容易地控制切屑。

振动

产生振动的原因大致有以下3种：
① 机床刚度不够。
② 工件刚度不够，安装刚度不够。
③ 刀具刚度不足。

其中，仅考虑在刀具方面可以采取的措施。

第1种方法是改变切削参数。转速的设置要避开机床的共振点（通常，转速越低，不发生振动的稳定区域越宽）。最好采用较小的切削深度和进给速度，但是如果进给速度太小，例如 0.05mm/r，反而会更容易发生振动，应试着稍微增加进给速度。

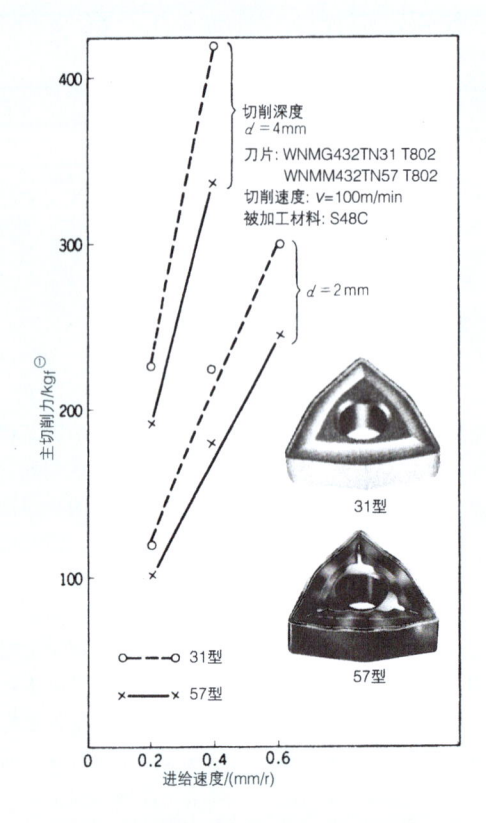

图6 由断屑槽形状引起的主切削力的差别

振动在工件形状细长和薄壁的情况下更容易发生,因此应尽量减小背向力和切削过程中背向力的变动,这与前面提到的增加刀尖强度的变化趋势相反,即:

① 减小副偏角。
② 减小刀尖圆弧半径。
③ 增大前角。
④ 减小预珩磨角(主切削平面)。
⑤ 减小背前角(可提高质心高度)。

即使使用相同的负型刀片,也会由于断屑槽形状的不同导致主切削力产生很大差异。如图6所示为主切削力的比较,可见,断屑槽形状的不同会产生20%的差别。

即使考虑了上述因素,对于镗刀和用于加工内孔的切槽刀和螺纹车刀,由于加工部位较深,刀具伸出量(L)相对于刀具刀柄的直径(D)较长,容易发生振动。通常,根据切削参数,镗刀可加工范围为 $L/D = 2.5 \sim 4$。硬质合金材料的纵向弹性模量为 $55000 \sim 60000 kgf/mm^2$,比钢(钢的弹性模量为 $21000 kgf/mm^2$)高很多,因此不论对提高静刚度还是动刚度都非常有效。对于刀柄部位使用硬质合金材料的镗刀,可以使 $L/D = 5 \sim 8$。镗刀硬质合金刀柄的抗振性如图7所示。

⊖ $1 kgf = 9.80665 N$。

⊖ $1 kgf/mm^2 = 9.80665 MPa$。

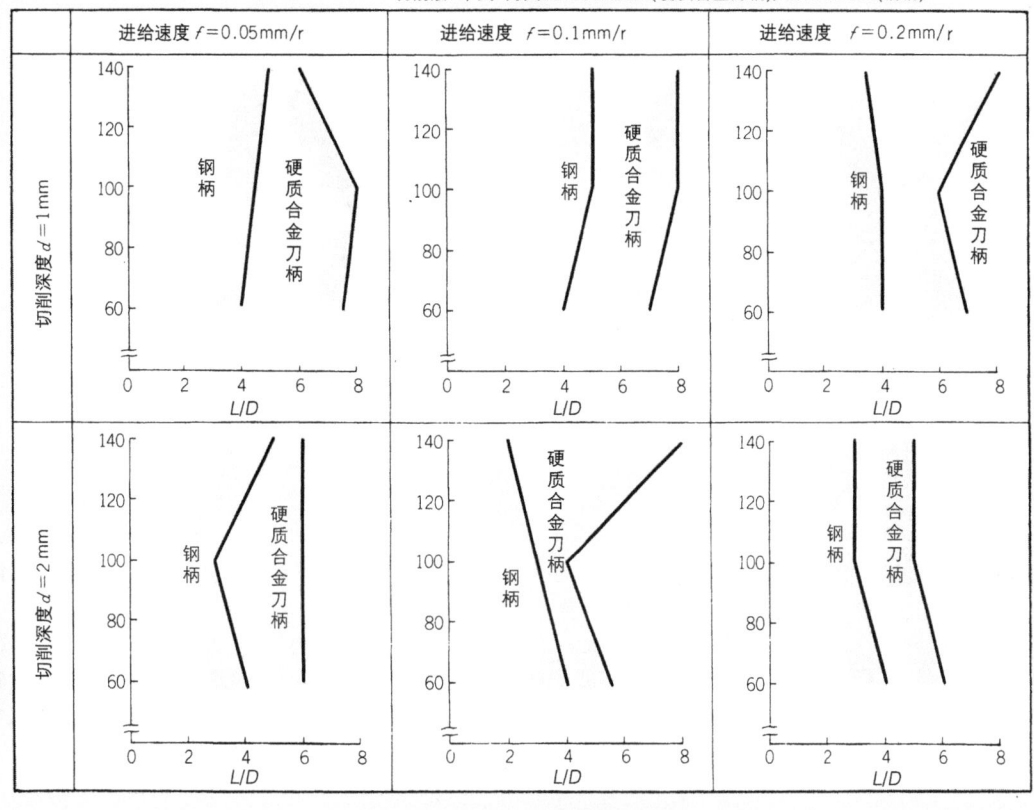

机床：NC 六角车床　刀片：TPGA221 TL(材料N308)　被加工材料：S48C(170HBW)
切削液：干式　刀具：STFPR16SC(硬质合金刀柄), STFPR0016(钢柄)

图7　镗刀硬质合金刀柄的抗振性

车削外圆的刀具，多数通过机床和夹持器的尺寸来确定其刀柄尺寸，而刀具伸出量任意设定。刀具要有足够的刚度，以使刀尖的弯曲变形量小于0.02mm。刀尖弯曲变形量计算公式如下：

外圆用　　$\delta = \dfrac{4adfL^3}{Ebh^3}$

内孔用　　$\delta = \dfrac{64adfL^3}{3\pi ED^4}$

式中，δ 是刀尖弯曲变形量（mm）；E 是刀柄材料的弹性模量（kg/mm²）；a 是切削应力（kgf/mm²，见下表）；f 是进给速度（mm/r）；d 是切削深度（mm）；b 是刀柄宽度（mm）；L 是刀具伸出量（mm）；D 是刀柄直径（mm）；h 是刀柄高度（mm）。

被加工材料	a/(kgf/mm²)	被加工材料	a/(kgf/mm²)
低碳钢	190	铸铁	93
中碳钢	210	炼铁	140
高碳钢	240	可锻铸铁	120
低合金钢	190	青铜	70
高合金钢	245	黄铜	70

刀片材料种类

下面以容易产生刀片破损和振动等问题的台阶轴切削加工为代表探讨一下解决方案。

在台阶轴切削加工中，台阶部位的切屑流动不规则，还会因切屑刮擦工件导致刀片破损。未参与切削的切削刃缺口也具有相同的切削特征。因此，断屑槽的选择变得尤为重要。

有关切削方法，当从内侧圆周向外侧圆周进给刀具加工台阶轴时，容易发生切屑处理不当及刀具振动，因此，切入量建议取为切削刃长度的1/3～1/2。相比较而言，由外侧圆周向内侧圆周进给刀具的加工方式比较好。第3个要注意的是刀具材料的选择。相比普通切削加工，在台阶轴切削加工中要选择韧性高、不易破损的刀具材料。硬质合金刀片根据韧性的高低具有不同的等级，而涂层刀片的韧性也会因所使用的母材不同而异。

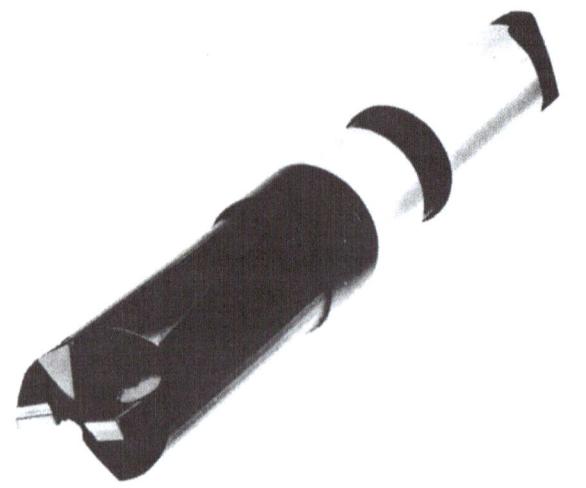

照片1　可转位式硬质合金钻头

照片3　可转位式硬质合金钻头的切削残余部分

硬质合金钻头的特性和使用方法

硬质合金钻头包括整体硬质合金麻花钻、硬质合金刀头整体麻花钻、可转位式硬质合金钻头（照片1）和硬质合金钎焊钻头（照片2）等。

在这些钻头中，主要用于数控车床的钻头是可转位式硬质合金钻头和硬质合金钎焊钻头。

整体硬质合金刀头麻花钻从材料费本身来看，比较昂贵，主要用于可转位式钻头和钎焊钻头不能胜任的直径小于 $\phi 10mm$ 的小孔径钻削。

因此，在普通的数控车床中并未广泛使用，但是最近开发了车削中心，能够将旋转刀具安装在转塔刀架的刀位上。与此同时，随着小孔径钻孔加工的增加，预计未来需求还会增加。

与高速钻头相比，硬质合金钻头具有能进行高速加工的优点，但是反过来说，很高的速度又不利于加工，并且更容易发生崩刃，特别是在钻孔的情况下，崩刃会导致刀具破损。而当用数控车床进行自动加工时，刀具破损将迅速导致刀夹破损。

因此，除非能将切削液从钻头中心送到切削部位，确保在冷却的同时稳定地去除切屑，否则说硬质合金钻头不能进行加工也不过分。特别是在钢材加工中必须要充分加以注意。

由于上述原因，在数控车床中，适合采用带有油孔的可转位式硬质合金钻头和硬质合金钎焊钻头。

可转位式硬质合金钻头的特性

可转位式硬质合金钻头用销锁紧带有安装孔的刀片，这种安装方式不利于排屑等方面。

直径越小，强度问题越大。现在最小直径为 $\phi 16mm$，直径大的话，标准是 $\phi 45mm$，可以订购的最大直径为 $\phi 90mm$。

在使用方法方面，可以采取和可转位式刀具一样的使用原则，不用重新刃磨刀具，工具的管理也比较轻松。

此外，根据被加工的材料选用不同的刀具，如铸

照片2　硬质合金钎焊钻头

铁选用标准硬质合金，钢选用涂层硬质合金。此外，通过选择断屑槽也可以在一定程度上控制切屑处理。

从加工能力来看，见表1的标准切削参数所列，硬质合金可转位式钻头的加工能力可达到高速钢钻头的5~6倍。通常所指的高速其实是指高进给速度，但在加工不锈钢这种具有高韧性的材料时，由于存在排屑问题，经常采用稍微降低进给量并提高切削速度的处理方法。

表1 可转位式硬质合金钻头的标准切削参数

条件		钻头直径/mm						
		φ17~φ19		φ20~φ25		φ26~φ32		φ33~φ45	
		切削速度/(m/min)	进给速度/(mm/r)	切削速度/(m/min)	进给速度/(mm/r)	切削速度/(m/min)	进给速度/(mm/r)	切削速度/(m/min)	进给速度/(mm/r)
被加工材料	低碳钢（SS441、SCM420H等，180HBW以下）	125~200	0.06~0.10	125~200	0.07~0.12	125~200	0.08~0.14	125~200	0.10~0.16
	碳素钢·合金钢（S45C、SCM440等，180~250HBW）	100~160	0.07~0.12	100~160	0.08~0.14	100~160	0.10~0.16	100~160	0.12~0.20
	碳素钢·合金钢（S45C、SCSiM等，250~300HBW）	80~125	0.06~0.10	80~125	0.07~0.12	80~125	0.08~0.14	80~125	0.10~0.16
	不锈钢（SUS410、SUS304等）	100~160	0.06~0.10	100~160	0.07~0.12	100~160	0.08~0.14	100~160	0.10~0.16
	铸铁（FC25、FCD45等）	80~125	0.10~0.20	80~125	0.10~0.25	80~125	0.10~0.30	80~125	0.10~0.35

由于存在排屑的问题，加工深度只能达到直径的2~3倍，但用数控车床中的卡盘装夹工件则可达到70%的加工深度。

此外，如图1所示，对于高速钢钻头难以很好进行的不稳定加工，在使用可转位式硬质合金钻头后也可以相对容易地进行。

使用时需要注意的是，虽然一般称为钻头，但是数控车床加工中工件也处于旋转状态，因此工件的旋转中心和钻头的中心必须对齐。在使用硬质合金钻头的情况下更要特别注意。此外，用可转位式硬质合金刀具进行通孔加工时，如照片3所示的圆盘将保留到最后。因此，在多个安装的情况下，无法加工第2个孔，钻头会发生破损。请一定加以注意。

硬质合金钎焊钻头的特征

钎焊钻头也有刃磨等问题，更适合大批量加工。

见表2中的标准切削参数所列，其加工能力约为高速钢钻头的5~6倍。与可转位式硬质合金钻头相比可知，它采用了更高的进给速度。标准情况

表2 硬质合金钎焊钻头的标准切削参数

被加工材料（硬度）	切削速度/(m/min)	进给速度/(mm/r)
低碳钢（180HBW以下）	50~90	0.3~0.5
碳素钢·合金钢（180~250HBW）	50~80	0.25~0.45
碳素钢·合金钢（250~350HBW）	40~70	0.2~0.4
碳素钢·合金钢（350~400HBW）	30~50	0.15~0.3
不锈钢	25~40	0.25~0.4
铸铁	60~90	0.4~0.8

下切削深度是直径的4倍，专门定制时可达到直径的8~10倍。

虽然钻头因制造厂家的不同而不同，但是横刃长度几乎都减小到0，顶多为1mm，使用这种方法可大大降低切削阻力。可以说这是一种开拓性的钻头，大幅提高了硬质合金钻头加工钢材料的钻削性能。

切削参数因所用机床的不同而不同，因此找到最佳的切削参数，并正确地进行重新刃磨是刀具使用中的重点。

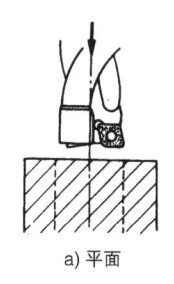

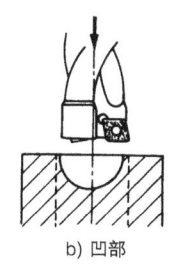

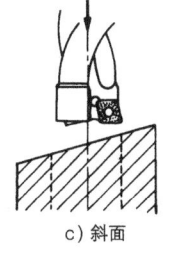

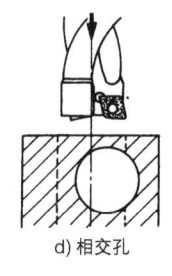

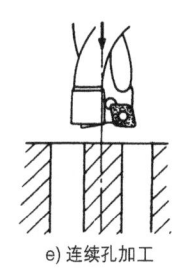

a) 平面　　b) 凹部　　c) 斜面　　d) 相交孔　　e) 连续孔加工

图1 可转位式硬质合金钻头可以在各种不同的状态下加工

镗刀

对镗削用刀具（包括刀夹）的要求是高刚度和排屑性。刀柄的厚度受孔径限制，而且由于镗刀的伸出量特别长，因此与外圆切削相比，镗削是一种非常不利的加工。

因此，镗刀有致命的弱点，刀具受到很小的切削阻力就容易弯曲，发生振动，加工精度变差，影响刀具寿命。另外，切屑堆积在加工完成的孔中，可能划伤加工表面。

基于以上这些问题，有必要考虑镗刀的形状、刀尖角度和安装方式等。

所使用镗刀的尺寸应在小于要加工的孔直径范围内尽可能大，这是为了最大限度地提高刀具刚度，以防止由于较大的刀具伸出量引起的刀具振动，此外，必须要考虑切屑的处理和排出。

保证切屑流动排出非常重要，如果切屑卡在内部，则很难从刀具中排出，从而降低精度并划伤加工表面。因此，工件要保证有足够的空间使切屑顺利排出，同时，前刀面形状的设计也非常重要。

市场上出售的可转位式刀具的刀柄有2种材质，分别是钢材和硬质合金。但就刚度而言，硬质合金明显更胜一等，并且可以有更长的伸出量。

另外，刀夹分为正刀夹和负刀夹。其断面分别如图1所示，可以看出，正刀夹与负刀夹相比，其刀片安装部位的截面面积（图中阴影部分）小，刚度也小。

接下来，让我们看一下刀尖的形状。

在刀尖角度中，副偏角和前角是影响圆柱度的重要因素。

副偏角对于圆柱度的作用如图2所示。在图2a的情况下，刀具背离工件，因此，孔的加工深度越大，孔的直径就会变得越小；在图2b的情况下，由于刀具切入工件，因此孔的直径随着加工深度的增加而增大，以上两者加工的孔都为锥孔。

通常，副偏角为0°~6°，它取决于要加工孔的深度和刀具颈部的刚度，因此在实际加工之前有必要进行试切。

通常，图2a中的刀尖强度高，因此适用于切削深度大的加工，图2c中的刀尖形状切削阻力最小，是可以防止振动的有效手段。

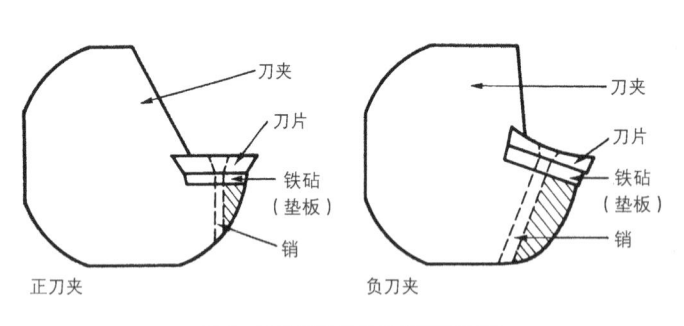

图1 正刀夹与负刀夹的断面比较

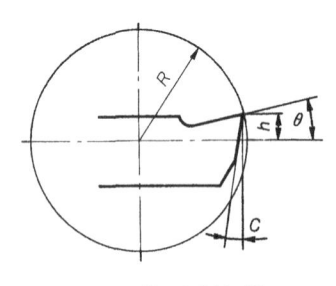

图3 前刀面的倾斜

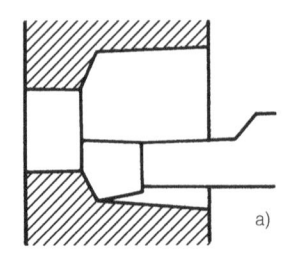

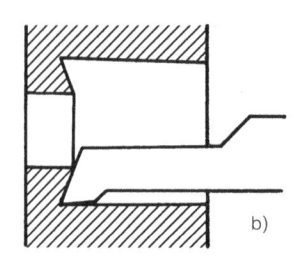

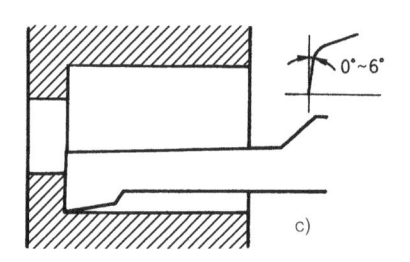

图2 刀尖形状及其对孔尺寸的影响

表 1　后角 C 的值　　（单位：°）

孔径/mm	h = 0mm 被加工材料 I	h = 0mm 被加工材料 II	h = 0.25mm 被加工材料 I	h = 0.25mm 被加工材料 II	h = 0.7mm 被加工材料 I	h = 0.7mm 被加工材料 II	h = 1.5mm 被加工材料 I	h = 1.5mm 被加工材料 II
10	10	13	9	12	4	6	—	—
15	10	13	9	12	6	9	2	4
20	10	13	9	12	6	9	2	5
25	10	13	8	11	6	9	2	5
50	8	11	7	10	6	9	4	7
75	7	10	6	9	6	9	5	8
100	6	8	6	9	6	9	5	8
125	6	8	6	9	6	9	5	8
150	6	8	5	8	6	9	5	8

注：被加工材料 I = 钢、可锻铸铁、铸钢、铸铁、黄铜。
　　被加工材料 II = 铝、铜、镁、铸铁、锌合金、塑料。

如果前角大，则刀具有切入的倾向；如果前角为负角，由于刀具将背离工件，因此加工的工件也将有锥度。

减小主切削刃角可以提高加工表面质量。另外，虽然刀尖圆弧半径越大越好，但是由于两者都与振动存在微妙的关系，因此通过试切获得合适的值是非常有必要的。

原则上，应取较大的前角和后角。实际加工中，刀具的前角和后角根据刀尖相对于孔中心线的高度而定。

在图 3 中，使前角为 0° 的前刀面倾斜角 θ 为

$$\sin\theta = \frac{h}{R}$$

式中，h 是工件中心线和刀尖的高度差（mm）；R 是镗孔半径（mm）。

因此，当以前角 α 进行切削时，刀具的前刀面倾斜 $(\theta + \alpha)°$。

关于后角 C 的值见表 1。要尽量取较大的后角，以使后刀面的底部与孔的内表面不接触。

镗刀也越来越多地采用可转位式刀具，但是目前仍然很难达到 H7 和 H6 这种较高的精度要求。不过，似乎很少有工件需要这种精度，因此可以说，可转位式刀具应用量还有不断增加的趋势。

在市场上出售的用于镗削的可转位式刀具出现了各种各样的类型。照片 1 是刀头可更换的，只需更换刀头就可以进行镗孔、内孔加工、内槽加工、内螺纹加工等。

照片 2 是具有微调功能的刀具，这种刀具用 7 种刀架覆盖了 $\phi13 \sim \phi120$mm 的加工范围。

此外，刀片的装夹方式可结合加工内容任意选择，如在钢材切削中考虑到排屑可采用螺旋方式，为了断续切削可采用夹持方式。

照片 2　可以微调的刀具

照片 1　刀头可更换的可转位式刀具

卡盘和软爪的成形

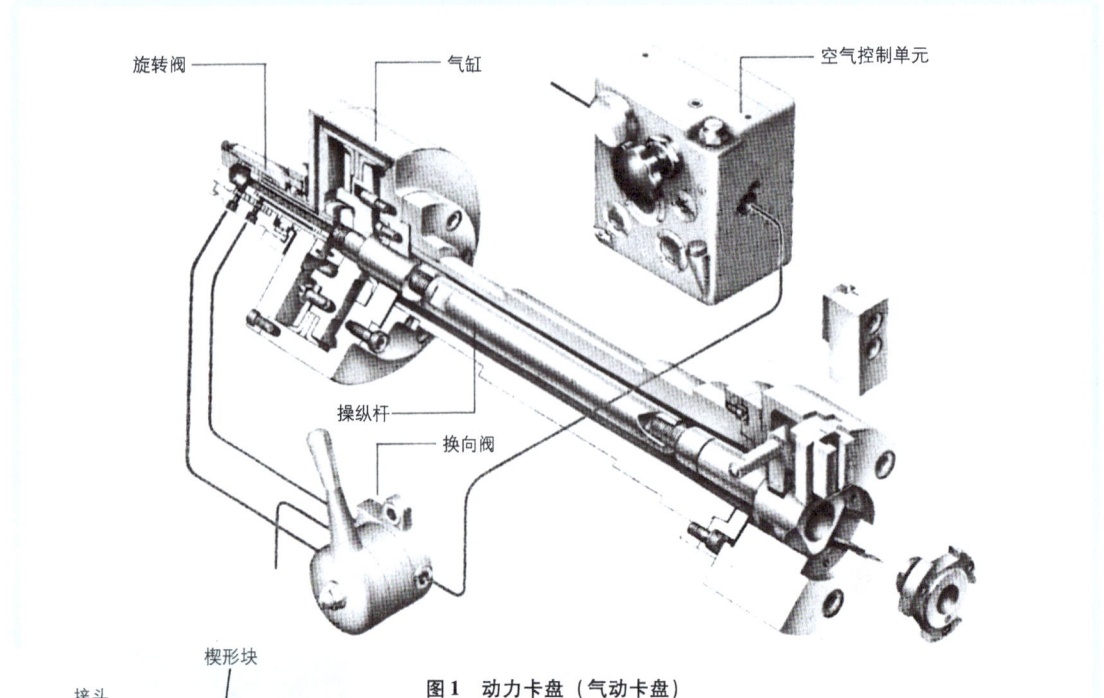

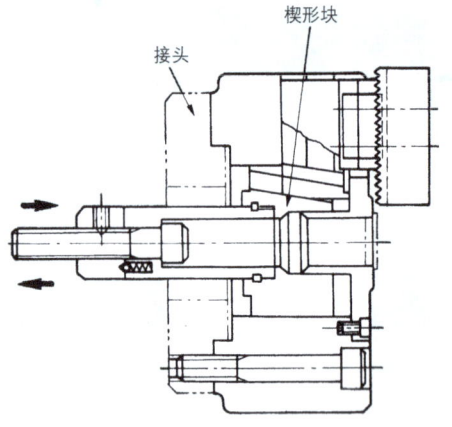

图1 动力卡盘（气动卡盘）

图2 楔形块式开关方式

即使完成数控编程，制成穿孔纸带，加工中要使用的车刀和钻头等工具也已准备好，但如果固定工件的夹具没有准备好，加工仍然无法进行。

可是，数控车床的卡盘几乎都是利用气压、油压或者电动机自动进行卡爪的，即所谓的动力卡盘。

图1就是其中一例，它是一个利用气压的气动卡盘。用安装在主轴后端的气缸推拉操纵杆，使卡爪打开或关闭。旋转阀用于给旋转中的气缸提供气压。

如图2所示为最常用的"楔形块式"开关方式。通过对操纵杆的推拉，使楔形块压紧或松开，从而实现3个卡爪的开关。

此外，还有冠形和隔膜形等。也有用于棒材工件的使弹簧夹头开合的类型。上述这些卡爪都是自动开关的。

3个卡爪一旦自动联动地开关，如果不能使卡爪成形为与工件毛坯外圆紧密贴合的圆弧状，就无法进行加工。卡爪的成形加工相较于机械本体、机器及数控功能的自动化，其依赖人工程度过高，与普通车削作业无异。

对于1个品种只加工2~3个、1天要进行多个品种的加工准备的工厂来说，这种人工操作是非常麻烦的。并且目前看来，该作业可能还将持续一段时间。

购买数控车床时，一般配有3套软爪，但这是远远不够用的。1台数控车床至少应该配有数十套软爪和十几种硬爪。

如果不准备这么多，价格昂贵的机床的使用率就无法提高。

通过轧制氧化和锻造这样的塑性加工方式得到的高硬度部分的硬爪，经过淬火，成形也困难，因此通常直接购买使用。其磨损很小，卡爪的上端

48

部也不打开。

制作软爪时要使用比工件软的材料。钢制工件使用低碳钢材料的卡爪，轻合金和铜合金工件使用铜或铝合金材料的卡爪。最近，为防止刮伤，还出现了塑料卡爪。

软爪贴合着工件外圆进行加工，照片1中所示的软爪成形为2段台阶状，可以装夹2种类型的工件。

为了将软爪成形为所需形状，需要借助一个初始夹持物。该夹持物通常为环状（心轴）物，应尽量采用与工件相同的材质，并且很关键的一点是要用与拧紧工件时同样大小的力拧紧环状物。

如图3所示为软爪的加工方法。加工软爪时最重要的是卡爪与工件的接触面，如果该表面粗糙，则卡爪将会很快磨损，工件会被刮伤，还会造成偏心。另外，为了准确地装夹工件，还要在加工的拐角处设置退刀槽。

可以说，软爪的成形就是夹具的"正"加工。

照片2 便于软爪成形的卡盘配件

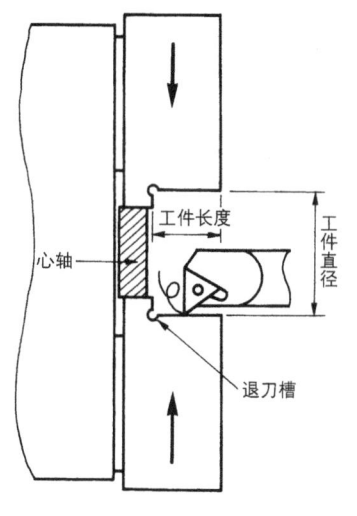

图3 软爪的加工方法

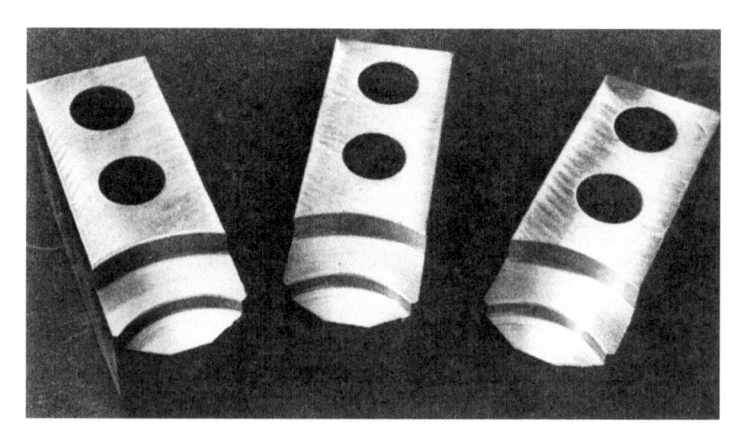

照片1 成形的软爪示例

软爪成形作为数控车削加工的准备阶段是非常费时的，照片2所示的是一个使用多台数控车床的汽车零件生产企业开发的工具，该企业要在连续的数日内交付数十种产品，最难的是要在所谓的看板制度下频繁地重新进行加工准备，为此根据现场的灵感设计出如照片2所示的工具，现已投放市场（川下机工卡盘配件）。

从照片中可以看到，一个环形的圆盘上沿圆周均匀分布有3个朝向圆心的涡旋槽，每个涡旋槽起始于距离圆环外侧1/3处，并朝向中心。另外，在每个槽中各插入一个止动销，能够沿槽自由晃动。

由于涡旋槽是平缓曲线，即使拧紧卡盘，止动销也不会松动。另外，由于该槽为涡旋状，可以实现卡爪行程的调整和3个止动销的自由定位。

要调整拧紧量，只需把该装置向左右转动一下就可以。简而言之，通过使用该装置，无须心轴或环状物，即可在1min内完成软爪成形的准备。

数控车床加工的效率取决于如何减少编程时间和准备时间。制作好的软爪应与心轴一样进行编码管理，以便马上做好准备，无须再在软爪成形上花费时间。

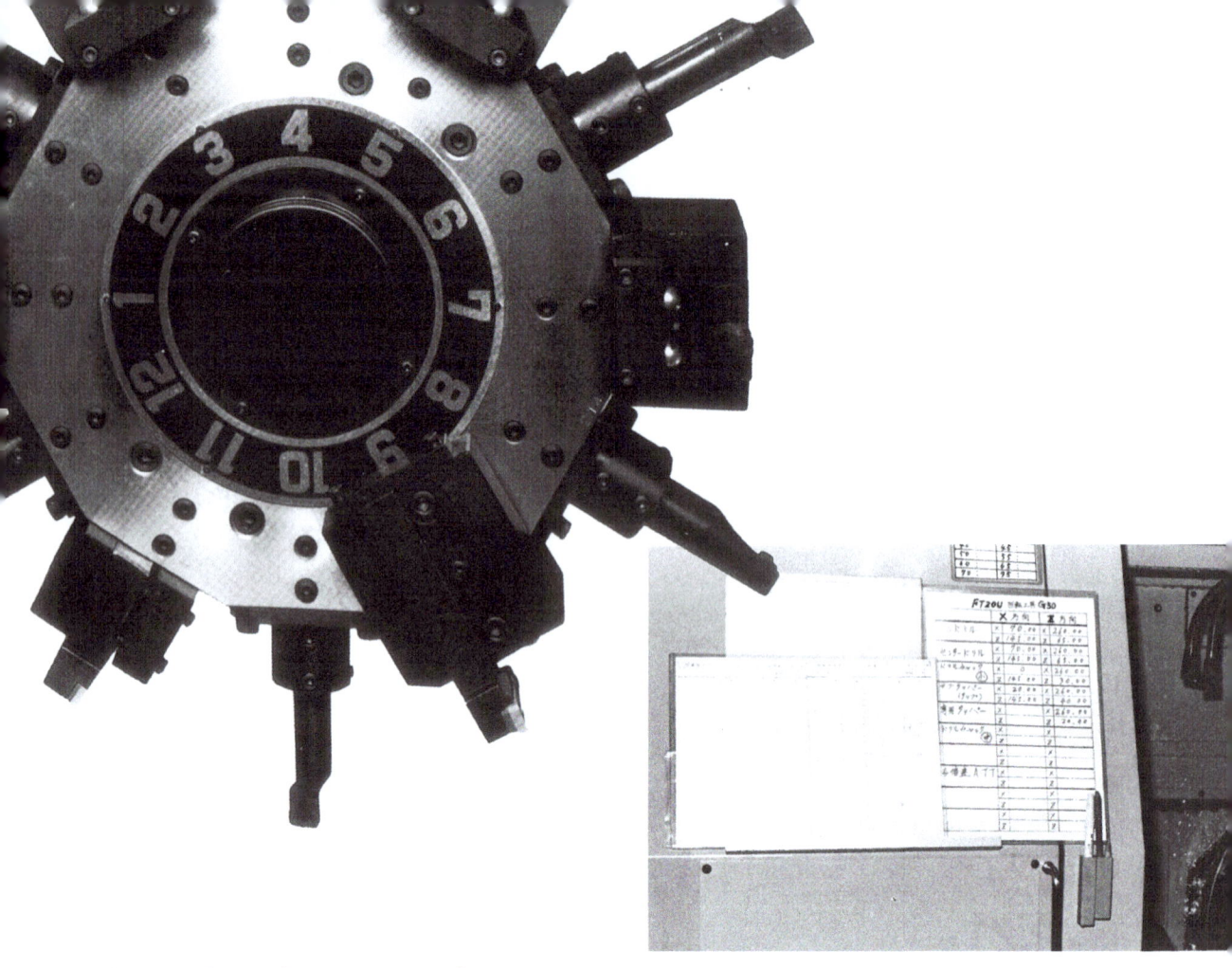

初始设置和加工操作的标准化

自1979年第二次石油危机以来，为满足用户的多样化需求，产品开发的竞争日益激烈，产品生产周期也变得越来越短，生产方式由以前的大批量生产变为多品种、中小批量生产，批量的减少必然会使准备次数增加。

准备时间所占的比例因各企业的作业不同而异，但是不可否认的事实是它占的比例很大。

引入省力型机器后，毋庸置疑将节省劳动力，一个人可操作2台、3台或更多的机床，工人对某台机床进行编程或者进行准备工作期间，其他机床就会停机，甚至所有机床都有可能随之停机。

为了减少停机时间，也可以进行分工，让专人分别负责数控编程和操作机床，但是这种做法有时也无法实现。因此，只能依靠操作者的技能。但无论对于多么优秀的操作者，这都是很难的技能。

为此，有必要设置一个准备系统，使操作者可以专心地操作机床，同时有必要实现标准化以尽可能地减轻操作者身心两方面的疲劳。

下面列出加工准备的必要内容。

表1　固定加工一览表（12边形刀架用）

刀架号 No	加工分类	分类	加工条件	偏置量编号 No	坐标系设定（G50）	
1	外圆粗加工	A	纵（Z向）进给切削用	1	X 10000	Z 13000
		B	横（X向）进给切削用		X 10000	Z 13000
		C	可转位式刀片△		X 10000	Z 13000
		D	可转位式刀片◇		X 10000	Z 13000
2	内孔粗加工	A	刀具伸出量30	2	X 17000	Z 8500
		B	刀具伸出量50		X 17000	Z 6500
		C	刀具伸出量70		X 17000	Z 4500
		D	刀具伸出量90		X 17000	Z 2500
3	特殊加工用		左手刀，宽槽等	另外的表	另外的表	
4	特殊加工用		左手刀，宽槽等	另外的表	另外的表	
5	内退刀槽加工（兼内孔精加工）	A	刀具伸出量30	5	X 17000	Z 8500
		B	刀具伸出量50		X 17000	Z 6500
		C	刀具伸出量70		X 17000	Z 4500
		D	刀具伸出量90		X 17000	Z 2500
6	外圆粗加工			6	X 10000	Z 13000
7	内螺纹加工	A	刀具伸出量30 P0.5~0.75	7	X 17000	Z 8500
		B	刀具伸出量50 P0.5~0.75		X 17000	Z 6500
		C	刀具伸出量30 P1.0~1.5		X 17000	Z 8500
8	外螺纹加工	A	刀具伸出量30 P0.5~0.75	8	X 10000	Z 13500
		B	刀具伸出量30 P1.0~2.0		X 10000	Z 13500
9	内外倒角	A	刀具伸出量30φ20以下	9	X 13000	Z 8500
		B	刀具伸出量30φ20以上	14	X 13000	Z 8500
10	钻孔			10	X 26000	Z 10000
11	切断刀			11	X 10000	Z 12000
12	旋转刀具（面铣）	A	刀具伸出量30φ10	内孔（16）	X 26000	Z 6500
		B	刀具伸出量φ12	外孔（15）	X 26000	Z 6500
		C	刀具伸出量50φ12		X 26000	Z 4500
		D	刀具伸出量70φ20		X 26000	Z 2500

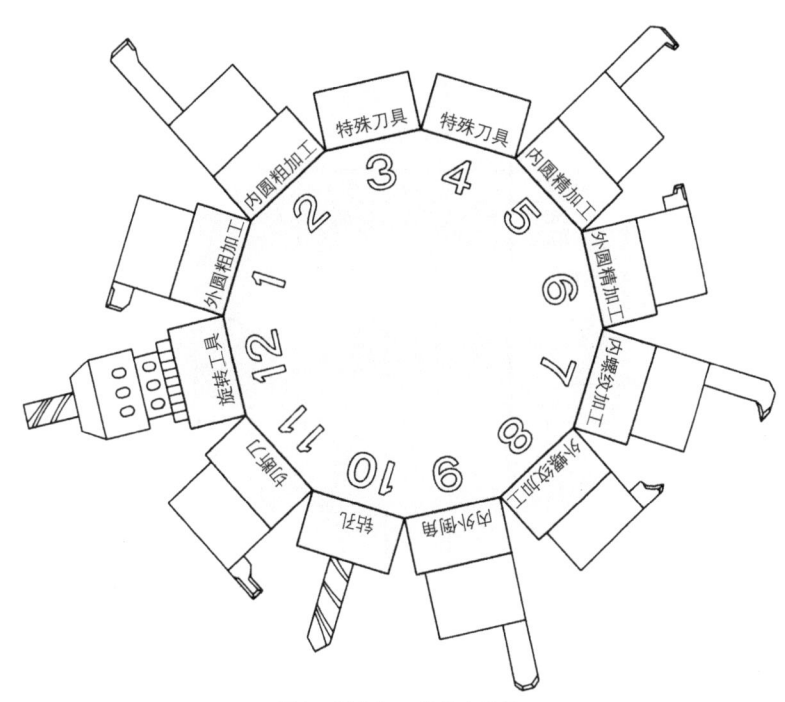

图1　固定加工的基本设置

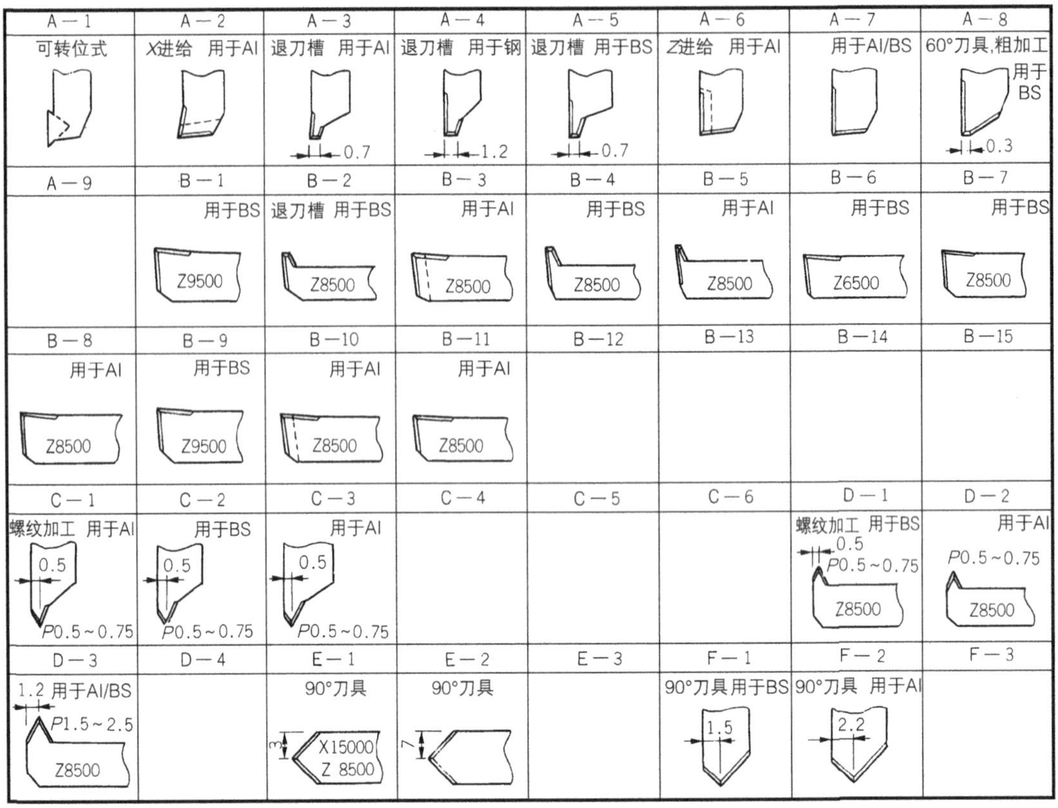

图 2　标准刀具一览（加工材料，记号及形状）

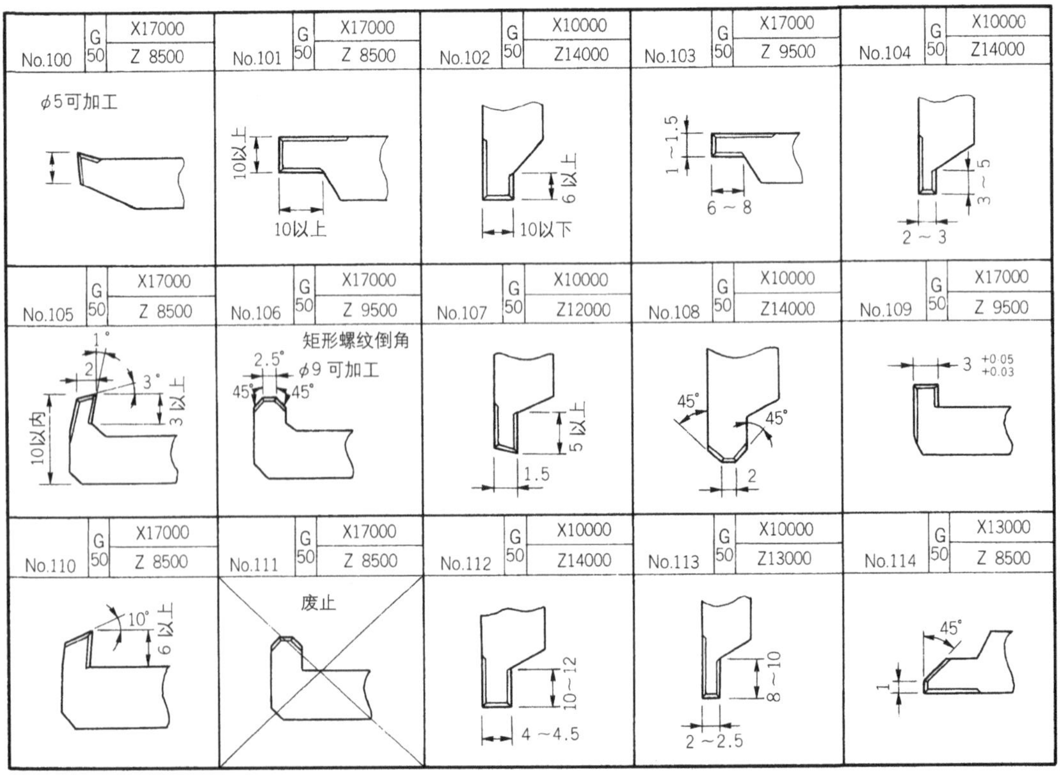

图 3　特殊刀具一览

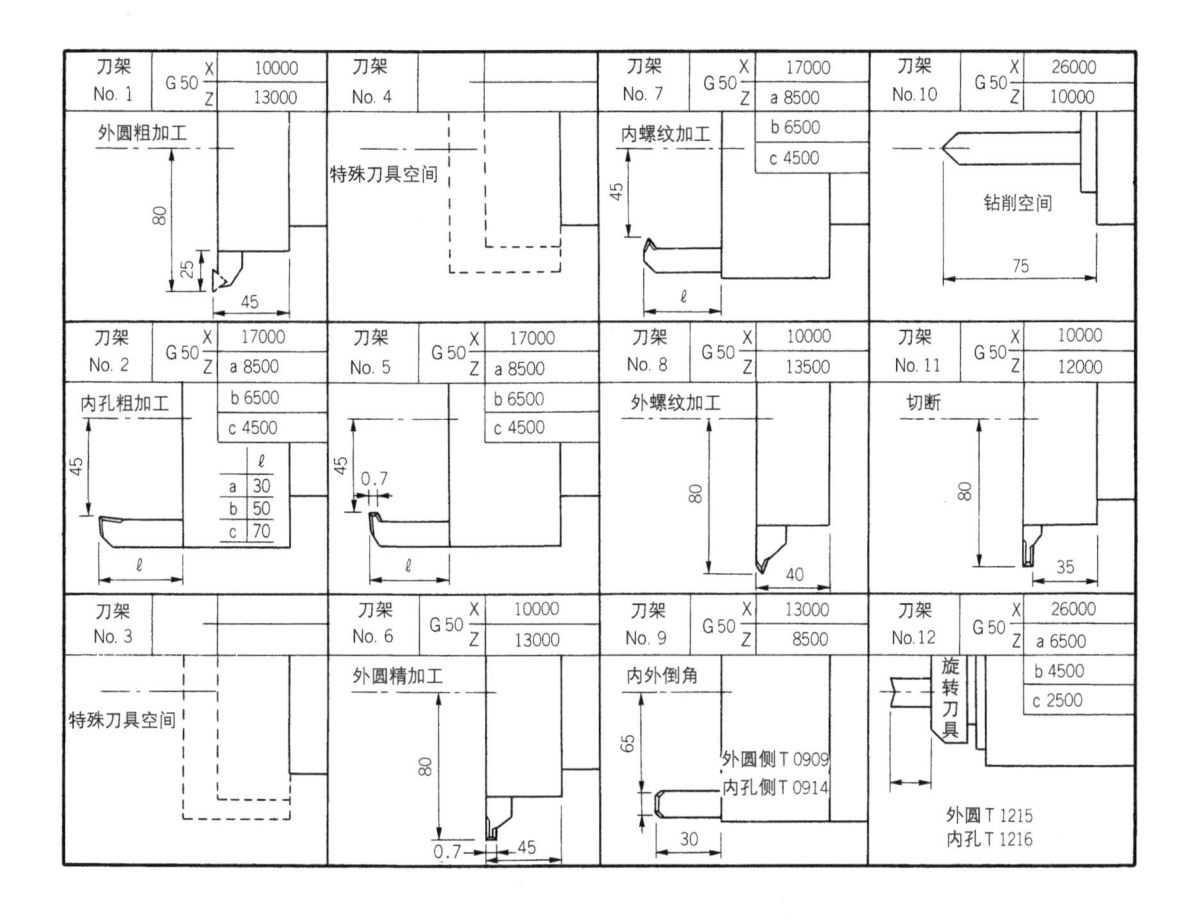

图 4　各刀架的刀具尺寸

① 检查图样。
② 检查加工工序。
③ 垫块，刀具（车刀、钻头、丝锥等）。
④ 编程。
⑤ 加工（第一个）。

主要包括以上这些，其中非常重要的一点是，为减少内部设置（如果不停机就不能进行的操作），应尽量采用外部设置（机床运行中就可以进行的设置）。

其中，步骤①～④可以进行外部设置，而对于步骤⑤，对其实现标准化操作以减少内部设置时间，这变得越来越有必要。

不过为实现标准化而进行的小组活动、改善小组、项目团队的组建等，不应是领导制订和强加的，最好是操作者之间互相交谈和探讨，以发现最合适的，并加以执行和坚持。

● **初始设置**

数控是将以前依赖人工的机床操作通过数字信息实现自动进行。因此，为了完成工件的加工，要根据加工图样按照顺序将必要的信息指令（刀具种类、刀具移动距离、转速、进给速度等）编写到程序中。在此过程中，编程人员要选择刀具和设置坐标系（G50）。

每次计算都要考虑坐标、倒角、α倒角及刀具的选择，这些都要花费很多时间，给编程人员带来很大压力，并且容易导致操作人员的误操作。由此，产生了进行初始设置的必要性。

如表1和图1所示，根据车刀的形状和用途确定坐标系（G50），刀杆也根据车刀的形状和加工内容来确定。特殊车刀在另一个图中描述，也是一样的。图中也标注了车刀宽度和长度等，发生破损时也容易重新制作。

图2是标准刀具一览，图3是特殊刀具一览。另外，图4表示各刀架的刀具尺寸，如图1和表1所示，T1是外圆粗加工车刀，用于纵向进给、水平进给或可转位式刀片，偏置量编号为 No.1，G50 设为 X10000，Z13000。

表2 操作标准表

操作标准表		刀架	No.1/φ	46	10 kgf/cm²	编写		检查
订单·工序			# 2		第1工序	时间	1min 37s	

T	刀具编号 No.	φ/l	刀补号		G50	备注
10	φ20 钻孔	42.0	10	X	26000	
				Z	10000	
1	1-C	42.5	1	X	10000	
				Z	13000	
2	2-20-50	21.5	2	X	17000	
		40.5		Z	6500	
3	275		3	X	13000	
			13	Z	8500	
5	5-20-50	21.5	5	X	17000	
		40.5		Z	6500	
6	基准车刀		6	X	10000	
				Z	13000	
7	7-18-30	19.0	7	X	17000	}21×0.5 螺纹
		18.5		Z	8500	
8	8-A	16.0	8	X	10000	}32×0.75 螺纹
				Z	13500	外径φ30₋₀.₀₁₅比较测量
11	切断刀		11	X	10000	
		41.5	12	Z	12000	
				X		
				Z		
				X		数据
				Z		in
				X		
				Z		

对于内孔车刀,由于工件长度和直径都不一样,要根据工件长度和直径来确定。

车刀伸出量 l = 30mm 时,G50 设为 X17000,Z8500,车刀伸出量 l = 50mm 时,G50 设为 X17000,Z6500。

如果采用上面这种常规设定,在编程时可以省去 G50 的额外计算,刀具的选择也可以很容易地进行。对于操作者也一样。

其最大的优点是,刀夹的管理可以通过简化变得更加容易。

安装的刀具要和刀夹一起拆下,制作一个补偿量穿孔纸带,针对不同机床分别记入不同的偏置量,将其放入刀夹下方的保管盒中,下次使用该刀夹时,只要安装到由刀夹确定的刀筒中就可以完成设置。

有的机床有时会因为刀夹的安装导致重复精度变差,可以想办法对其进行改善。随之还可能大幅缩短设定时间。

● **缩短准备时间**

缩短准备时间对于我们来说是非常重要的问题之一。特别是最近生产方式多为多品种中小批量生产,从这点上来看,缩短准备时间更是一个首要的问题。

进行准备时,可将其大致分为外部准备和内部准备,首先要致力于减少内部准备时间。

⊖ 1kgf/cm² = 0.0980665MPa。

如上所述，内部准备是一些不停机就无法完成的设置，单次设置和快速设置是内部准备方式。为尽量减少内部准备时间，有必要在机床运行期间执行尽可能多的设置（外部准备）。并且，迅速备齐进行准备工作所需的刀具、夹具、纸带、图样和工序图也是非常重要的。

接下来的工作大家应该都清楚，在开始下一步工作之前必须要做好准备。为此，必须要让每一名操作者都明确刀具、垫块和图样等存放的位置。

为此，有必要制订一个操作标准表。

把填写完的操作标准表（表2）放到保管盒中，另一侧放入图样和工序图。除了按照工序进行分类，还可以按照所使用的机床将不同的图样分别在相应的保管盒中，并且应便于随时取出。以下将介绍该操作标准表。

最上面表示的是夹具类型和尺寸，或整理编号（例如，拧紧垫块 No.3），夹具为弹簧夹头。液压夹紧时要填入使用时的夹紧压力（kgf/cm^2）。并且要填写操作标准表的编写人姓名，以便在出现问题时明确责任，也可以提高操作标准表编写人的责任感。

在第2行中，填写订单名、部件编号、工序和纸带的循环时间。纸带循环时间的作用在于把握加工进度，缩短加工时间。

从第4行开始，填入刀具编号、刀补号、每把刀具和刀柄上标注的编号（后文详细介绍）以及 G50。

若有必要，则可在备注栏中填写加工中的注意事项和测量方法。如图3所示，对于特殊刀具，还要明确填入程序中的刀具点和偏置量。

进行设置时由于错误少，形状也被记录，所以也还可以防止错误地使用形状不同的刀具。

以上是操作标准表的内容，操作标准表的格式应根据工厂的具体情况而定，还应考虑和征询所有相关人员的意见，并在获得同意之后再确定。总之，简单易行是最基本条件。

照片1　紧固垫块的保存架

照片2　刀夹编号

照片3　特殊刀具的保管

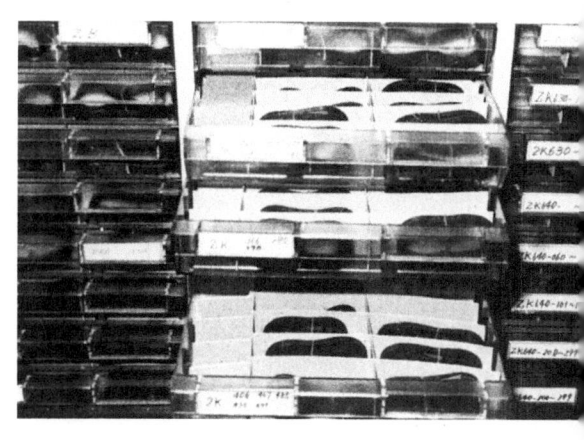

照片4　纸带类保管盒

内容简洁最重要，如果随便填写，失去本来应有的简单明了的条件，反而因为看操作标准表导致误加工或误操作，就失去设置操作标准表的意义了。

将产品外包或转到子公司的生产企业并不少见。如果有一个认真填写的操作标准表，则可以用来进行指导。从这个意义来讲，操作标准表除了作为准备阶段的流程书，还应包括有关加工质量和安全措施的事项。

回到刚才的话题，接下来将针对刚才提到的夹具、垫块等的编号管理方法进行说明。

夹具包括软爪、安装垫块、紧固垫块和螺纹垫块等各种各样的类型，为了使这些夹具的管理清晰

工件名						
部件编号	垫块No.	纸带No.	部件编号	垫块No.	纸带No.
1	20	5			
2	310	25			
4	225	73			
7	132	15			
10	62	76			

图 5　垫块和纸带编号控制表

明了，以紧固垫块为例设计了如照片 1 所示的保存架，分别打上连续的编号，标明所在位置。软爪、松开垫块和螺纹垫块也同样设有各自的保存架。

这样一来，如果在操作标准表上填写了紧固垫块编号 No. 100，则可以马上在该保存架对应的编号位置找到想要的垫块。

下面对刀具的编号进行说明。如照片 2 所示，在刀夹上也分别标注编号，如下面给出的示例。

2 - 12 - 25 表示刀具为 T2，该刀具可以加工直径大于 $\phi 12mm$ 且深度小于 25mm 的内孔。

这种刀具管理方法不仅能用于新零件加工时选择刀具，发生刀具破损时，由于操作标准表中记录了刀具的直径和长度，可方便地再制成近似相同的新刀具。用带有切削刃的硬质合金刀具进行镗孔加工时，刀柄的成形很麻烦。尽量采用可转位式刀片，虽然这会增加一些成本，但向刀具制造企业订购所需的定制刀具也是一个理想的选择。

如照片 3 所示，特殊刀具也应使用连续编号进行管理，将编号标注在刀夹上即可。然而，在多品种生产方式下，有必要准备大量的刀具和刀夹，管理时较困难。最好收集数据，使用相对频繁的特殊刀具尽量逐个对刀夹进行管理。

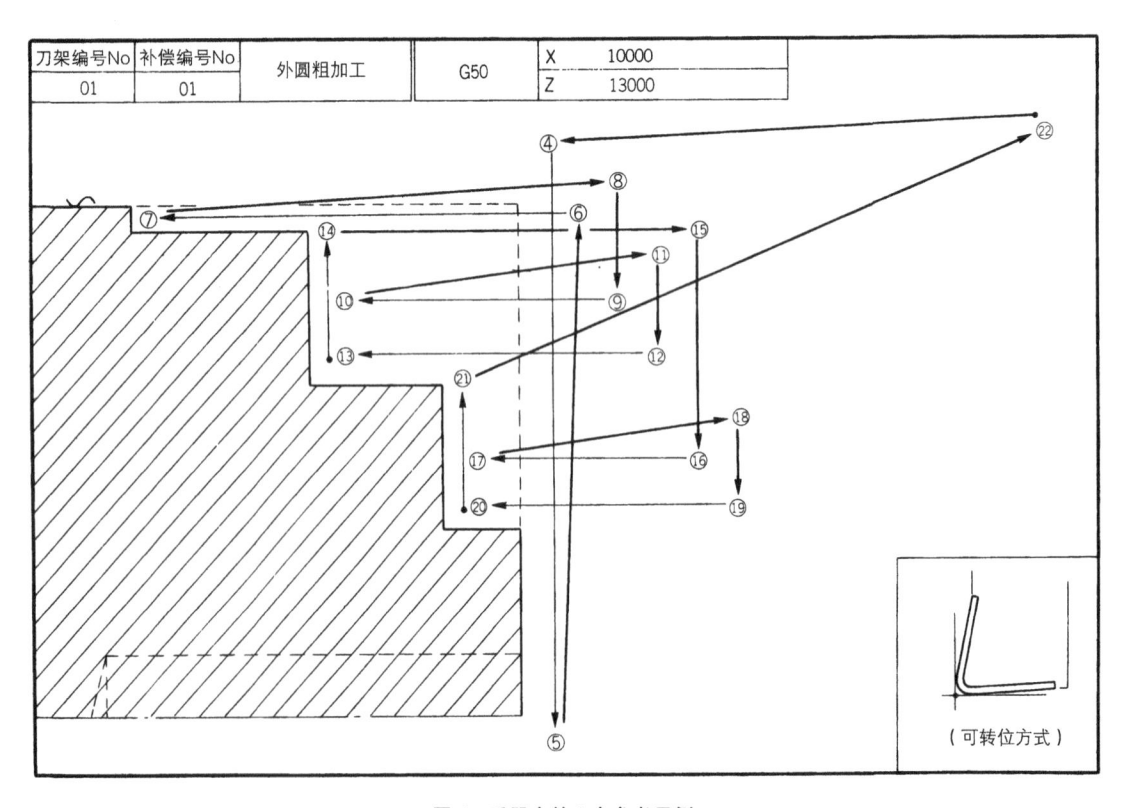

图 6　手册中的 1 个参考示例

对于纸带的管理，建议购买合适的立式保管盒（照片4），放在一起集中管理，分出间隔，不重叠地存放纸带，同样也标上连续的编号，以便随时找到需要的纸带。

紧固垫块、纸带和刀具都是通过编号明确所在位置来进行管理的，但是，此方法也时也会失效。

当编号数量较少时，用眼睛就可以快速找到目标，管理时较容易，但是当数量逐渐增加时，例如，日常生产中经常发生加工件外包或停产，如果没有采取适当的应对措施，要寻找适合该工件的垫块就会变得非常困难，而不必要的垫块却永远留在架子上。从管理的角度来看也是不希望数量无限制增加的。

查看操作标准表虽然可以弄清楚，但是根据使用目的，还有必要制订如图5所示的另一个表。

垫块和纸带制成之后，应立即填写到操作标准表中。这样能快速找到由于订单废止而造成的不必要的填充块和纸带，处理也变得容易。

随着时代发展带来的生产方式的变化，操作标准表也随之不断改变，因此，建立不满足于现状、能不断改进并具有灵活性的体制是不可或缺的。

● 编程的统一

进行加工就必须进行数控编程。很少出现只安排1人负责1台数控车床进行所有作业的情况。通常来说，是有多台机床，多名工人针对同样的工件，各自只负责其中的部分加工。

编写程序因人而异，不同的人具有不同的习惯和个性，即使是加工同样的工件也没有同样的程序，这种情况很普遍。

商品化的自动编程软件及企业自行开发的自动编程软件，有的取得了良好的效果，还有的配备了交互式控制装置，但实际上细节部分的加工只能由人工完成。

因此，手工编程时应尽量减少习惯和个性，若能使编程员编写出近似的程序，就可以解决该问题。

操作员进行准备工作时，最难的就是刀具的动作。刀具从起始位置快速进给接近工件时，无论多熟练的操作者都会感到紧张。

以内孔加工为例，有的人从里端直径开始精加工，有的人从外端直径开始精加工，这表现出了不同的特点。如果由后者进行前者的准备工作，就会误以为从外端直径开始加工，当刀具突然快速进给到里端时会被吓一跳。即使是现成的纸带，也会出现紧张感，仅凭这一点就无法缩短准备时间。解决方案有如下几个：

①培训专职编程员。
②由专人担任操作员。
③统一程序。

①和②可以得到同样的结果，这似乎是最好的解决方案，但从提高工人的积极性和防止懈怠的角度来看，③是不能不考虑的。人的能力有别，习惯也是一个大问题。在小组活动中，通过讨论进行手工编程变得越来越有必要。

手工编程要在征得所有人同意的基础上确定（刀具移动距离、粗加工切入量、螺纹切削次数等）。确定必要的事项之后再进行手工编程，即使是能力较低的人也可以编写出与技能较高的人相同的程序。参考示例如图6所示。

虽然外部准备也很重要，但是关键的内部准备也必须缩短。

在任何时候，只有借助不同人的想法和个性，才能取得进步，统一并不意味着消除个性。由全员决定的所有的标准化也一样，重要的是要强调个性，并且随时都可以改进。

数控车削

从加工图样的检查到编程、运行和

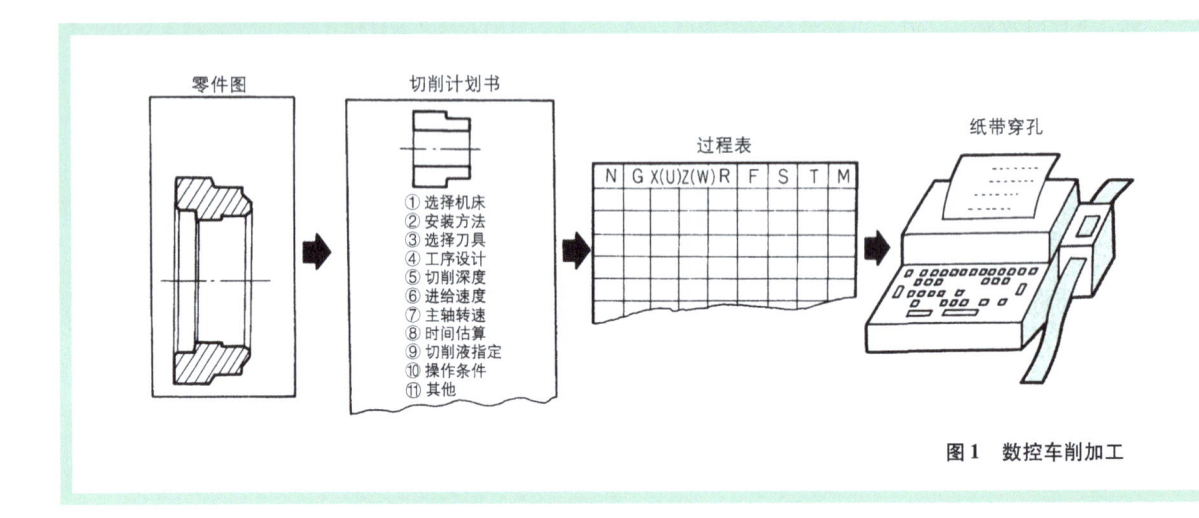

图1 数控车削加工

使用数控车床加工某个零件时，通常按照图1所示顺序进行。在此，按照该顺序从零件图到加工结束进行说明。

●关于图样

虽然图样分为毛坯图和零件图，但通常在毛坯图上添加零件图。在开始编程之前，程序员应在另一张纸上描画出毛坯形状，或在零件图上用细双点画线标记加工余量（图2）。

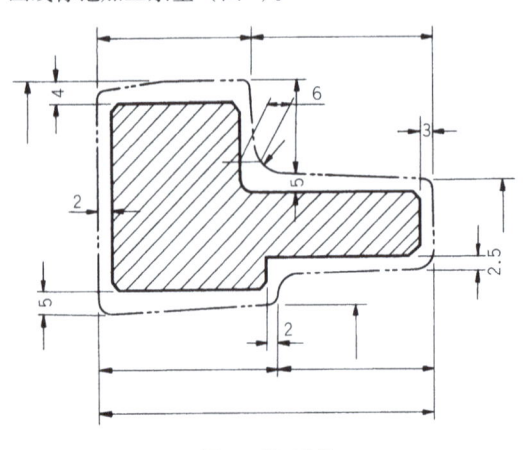

图2 毛坯形状

然后，从加工的角度检查零件图。需要注意以下6点：

①确认材料和硬度。
②确认是否是用标准刀具难以加工的形状。
③毛坯形状是否可以用标准卡爪安全地夹持？
④精加工的最高表面粗糙度要求是多少？
⑤加工精度需要达到的JIS等级，或尺寸上标注的公差是多少？
⑥编程时是否需要缺少必要的尺寸？

其中，②需要考虑是否使用特殊刀具，③需要考虑是否使用特殊的卡爪或进行去除切削。其他各项是确定切削参数和切削刀具时的选择因素。

●刀具布局和工时分析

刀具布局和工时分析是编程的基础，在开始编程之前，要研究如何以最小的成本完成工件的加工，然后进行总结做成切削计划书。

这对于需要重复生产的工件是必要的，特别是为了缩短准备时间及加强与操作人员的沟通，大体使用图3所示的格式会非常方便。以下针对其内容进行说明。

的加工顺序

加工完成

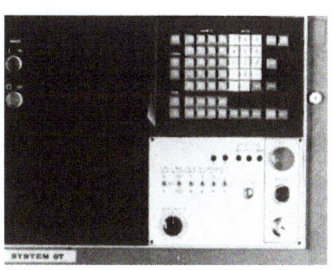

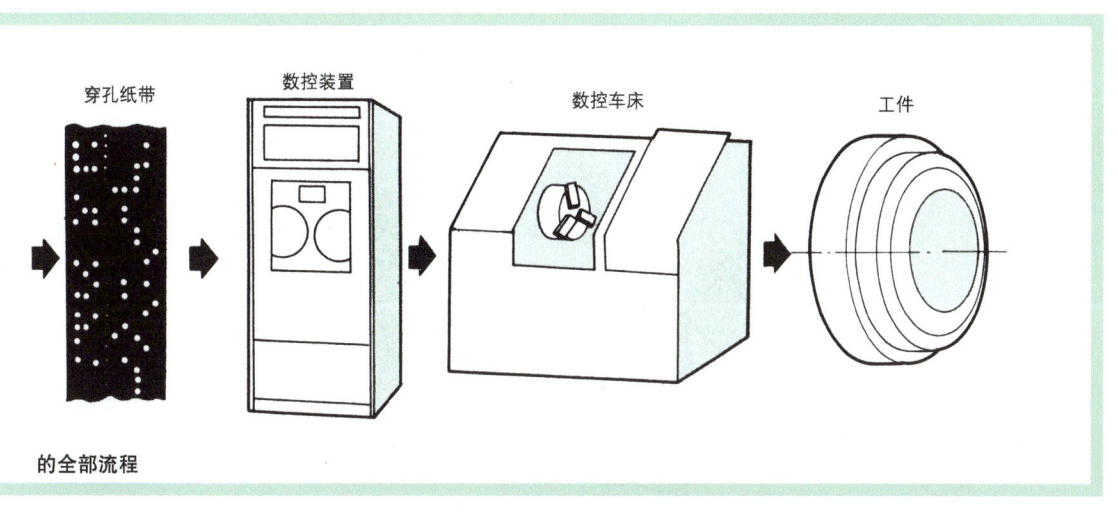

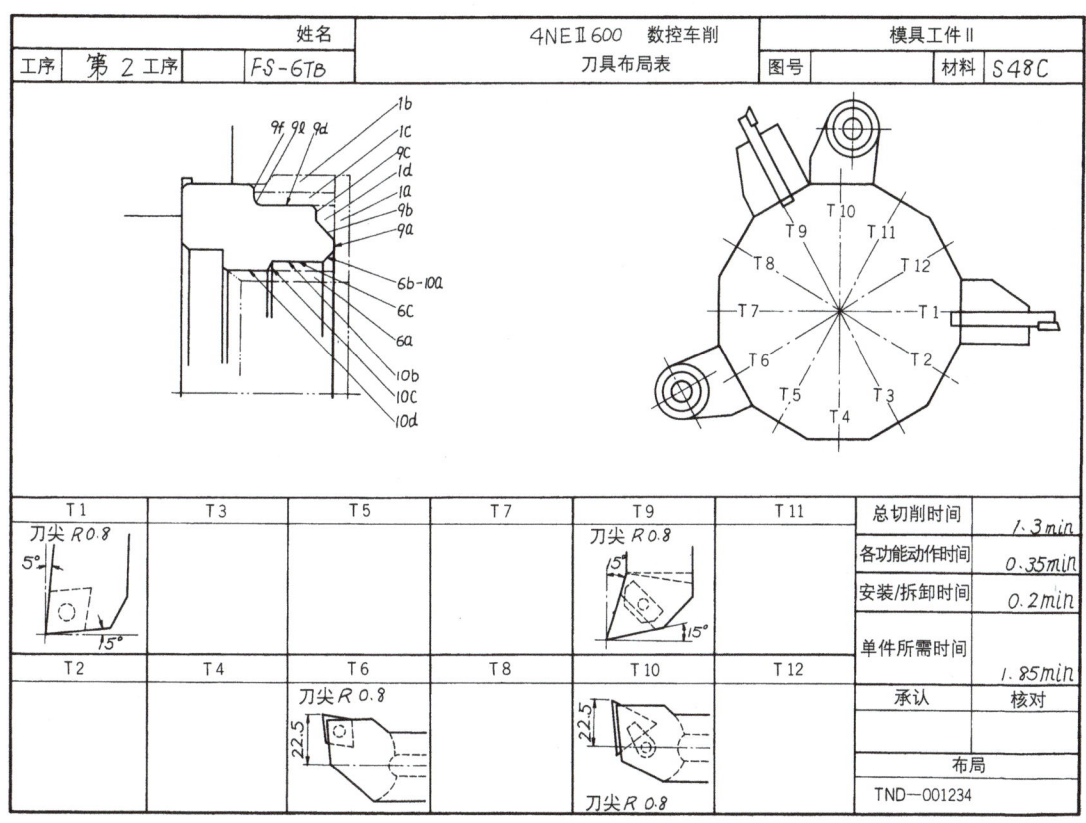

的全部流程

工序	第 2 工序	FS-6TB	4NEⅡ600 数控车削 刀具布局表	图号		模具工件Ⅱ	材料	S48C
姓名								

T1 刀尖R0.8 5° 15°	T3	T5	T7	T9 刀尖R0.8 15°	T11	总切削时间	1.3min
T2	T4	T6 刀尖R0.8 22.5°	T8	T10 22.5° 刀尖R0.8	T12	各功能动作时间	0.35min
						安装/拆卸时间	0.2min
						单件所需时间	1.85min
						承认	核对
						布局	
						TND-001234	

图3 刀具布局表示例

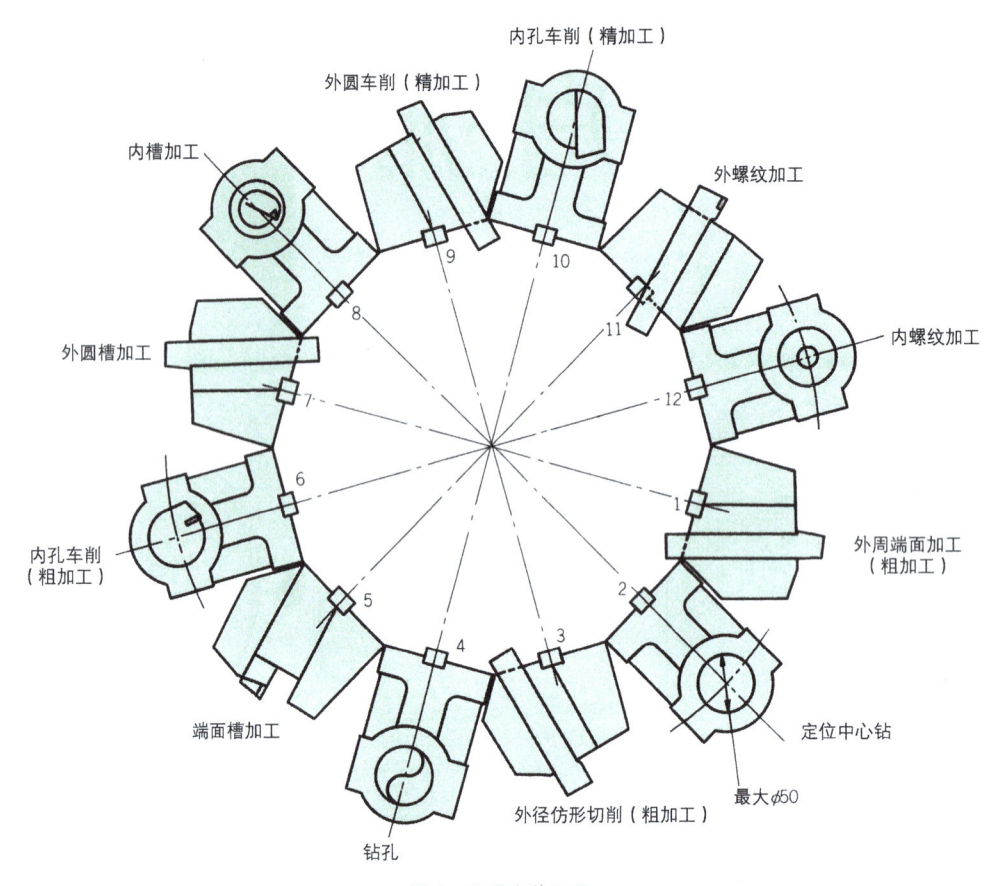

图 4 刀具安装位置

位置标注：
- 内槽加工
- 外圆车削（精加工）
- 内孔车削（精加工）
- 外螺纹加工
- 外圆槽加工
- 内螺纹加工
- 内孔车削（粗加工）
- 外周端面加工（粗加工）
- 端面槽加工
- 定位中心钻 最大 φ50
- 钻孔
- 外径仿形切削（粗加工）

表 1 工时分析示例

顺序	刀具选择、T面补偿	加工类型	直径 mm	转速 r/min	切削速度 m/min	进给速度 mm/r	切削深度 mm	切削时间 min	需要的工具 刀具	需要的工具 刀夹
		装卸							φ255 液压夹头（软爪）	
1a		端面（粗加工）	110~45	恒转速	120	0.3	32.5	0.22	外圆粗加工用车刀 PCLNR2525M12 刀片 CNMM120408	外圆端面用基准刀夹
1b	T0101	外圆（粗加工）	93	400	117	0.4	25	0.16		
1c		外圆和R3（粗加工）	85~93	400	107~117	0.4	27	0.18		
1d		端面和C4（粗加工）	85~70	400	107~88	0.4	6.5	0.04		
6a		内孔（粗加工）	55	650	112	0.4	30	0.12	φ32mm 镗杆 R136.31S-32-121 刀片 CNMM120408	镗孔用基准刀夹 φ32 挡座 伸出量100mm
6b	T0606	C2（粗加工）	64~60	650	130~123	0.3	5	0.03		
6c		内孔和端面（粗加工）	60~53	650	123~108	0.4	18	0.07		
9a		端面（精加工）	58~70	恒转速	200	0.2	7.5	0.03	外圆精加工用车刀 R880-171.38S/17 刀片 TNMG160408	外圆端面用基准刀夹
9b		C4（精加工）	70~78	恒转速	200	0.2	5	0.02		
9c	T0909	端面和C1（精加工）	78~85	恒转速	200	0.2	5	0.02		
9d		外圆（精加工）	85	恒转速	200	0.2	11	0.08		
9e		R3（精加工）	85~91	恒转速	200	0.15	4.7	0.05		
9f		端面和C0.5（精加工）	91~97	恒转速	200	0.15	5	0.07		
10a		C2（精加工）	70~60	恒转速	200	0.2	5.5	0.04	φ32 镗杆 R136.9S/52 刀片 TPMR160308	镗孔用基准刀夹 φ32 挡座 伸出量100mm
10b	T1010	内孔（精加工）	60	恒转速	200	0.15	13	0.08		
10c		端面和C1（精加工）	60~55	恒转速	200	0.2	3	0.03		
10d		内孔（精加工）	55	恒转速	200	0.2	11	0.05		

（1）工序设定和加工顺序

首先，根据零件图确定从哪一侧开始作为第一个工序加工，记录加工时的装夹状态。操作者看到这个图就清楚卡爪的形状，夹持宽度和干涉位置，进而可以准备卡爪的整形。图3中指引线指示的编号是刀具编号，附加的英文字母表示的是加工顺序。

（2）刀具的永久设定

如图4所示为刀具安装位置。当使用立式刀架时，要注意加工外圆和加工内孔用的基准刀夹要交替安装，以免相邻刀具的卡爪和夹持体之间发生干涉（不要发生碰撞）。这些刀夹上可安装任何一种类型的刀片，与加工完全没有关系，仅取决于编程人员当时的心情，但是对于操作人员来说，必须在每次更换工件时重新准备。

当然，准备时间的增加不适用于多品种小批量生产模式，而固定设置在准备作业变更时是固定不变的，以尽可能减少要更换的刀具数量。

刀片的形状和安装位置显示在布局下方。

（3）工时分析

进行编程时要根据工件材料和夹持状态来确定加工时的切削参数（表1）。

①顺序：数字表示刀具编号，英文字母表示加工顺序。

②刀具选择、T面补偿：程序中指定的刀具编号和补偿编号。

③加工类型：加工的类别及粗、精加工。

④直径：用直径表示加工的起点和终点坐标。

⑤转速：指定加工时的转速。

⑥切削速度：也称为圆周速度，由工件材料、硬度和切入量等确定。在指定转速的情况下，有必要计算此时的切削速度，并检查转速是否合适。

切削速度由以下公式计算：

$$v = \frac{\pi \times D \times N}{1000}$$

式中，v是切削速度（m/min）；π是圆周率（取3.14）；D是切削位置（ϕmm）。

作为参考，不同加工材料的切削速度见表2。

⑦恒圆周速度控制：数控车床中一般都有恒圆周速度控制功能。当以一定转速由圆周开始向中心方向加工端面时，加工表面的精加工程度无法保持一致，也会影响产品价值。这是由于切削速度将随着刀尖的移动发生变化（越接近中心，切削速度越慢）。

表2 不同材料的切削速度

材料	粗加工（切削深度3~5mm）	精加工（切削深度<0.5mm）
S48C	120m/min	200m/min
FC20	100	150
FCD45	80~100	120
SNC3	90~120	150~180
SUS300	40~50	60~70
SKD2	40~50	60~70
BC1	130~150	250
AC2A	300~350	300~500

设置恒圆周速度控制功能之后，控制装置会根据刀尖的当前位置实时计算切削速度，并实时控制转速以保证恒定的切削速度，这样，无论直径大小如何，都可以获得均匀一致的加工表面。

为此，有必要使转速能连续变化，主轴伺服电动机目前使用直流伺服电动机或可调速交流伺服电动机，虽然具有可任意调速的优点，但存在对加工不利之处，即其额定输出下的可变速范围存在局限（图5）。

精加工情况下没有问题，但是在粗加工情况下，切削速度会随加工直径的增加而增大，因此必须降低转速。从图5可以看出，如果选择200r/min的转速，则输出功率约为1.8kW，不能承受粗加工。这种情况可以通过更换头部变速箱内的齿轮来解决，使其具有高速区域和低速区域（图6）。

在上例中，如果选择低速区域（M40），即使在200r/min的转速下，也可以输出11kW的功率。

编程人员使用恒圆周速度控制功能进行粗加工时，计算出最低转速，并根据图6判断是选择高速范围还是低速范围。

恒圆周速度控制中转速N的计算方式如下：

$$N = \frac{1000v}{\pi D}$$

进而，切削功率kW可以根据切削参数按下面的公式计算。

$$kW = \frac{K_s \times f \times t \times v}{6120 \times 0.8}$$

式中，K_s是切削应力近似值（见表3，kg/mm^2）；f是进给速度（mm/r）；t是切削深度（mm）；v是切削速度（m/min）；0.8是机械效率。

⑧ 进给速度：精加工时选择表 4 中用三角形符号表示的进给速度，而在粗加工时，相比表面粗糙度，更有必要根据工件的夹持状态、切削深度、刀具总寿命和切屑处理等方面来选择最佳的进给速度。

⑨ 进给长度：表示包括空行程在内的内外径和端面加工的实际进给总长度。

⑩ 切削时间：以分钟为单位表示进给所需的时间。

⑪ 总切削时间：累加通过工时分析得到的切削时间。

⑫ 各功能动作时间：从起动到结束的全部运行时间去减去实际切削时间，但如果其中增加了快进、刀架检索及可选功能，则所有这些时间也都需考虑在内。

表 3　切削应力近似值

材料	K_s	材料	K_s
S48C	195	AC2A	80
FC20	140	SUS	300

表 4　进给速度　（单位：mm/r）

刀尖 R	表面粗糙度			
	▽	▽▽		▽▽▽
	35S	25S	12S	最大到 6S
1.2mm	0.6	0.4		
0.8	0.4	0.25	0.15	0.10
0.4		0.15	0.10	0.06

⑬ 安装和拆卸时间：手动装卸工件时间，如果根据工件重量进行排序的话会很方便。另外，若使用棒材进给装置、上料机/卸料机、机器人等，则要提前测算一个动作周期所需的时间。

⑭ 单件所需时间：总切削时间，各功能动作时间，安装和拆卸时间的总和，也是计算加工成本的依据。

● 编程

根据零件对图样和刀具布局进行指令的组合被称为编程，将加工必要的信息，根据一定的规则（纸带格式），用代码化的符号（8 个孔的组合）正确记录在作为信息载体的纸带上。由于不可能一边看图样，一边穿孔，因此需要先将必要的信息（命令）写在纸上。

在纸上记录的信息没有特定的格式，但使用如图 7 所示的表单会很方便，该表单为过程表单。

关于编程，不同数控装置的地址和信息的组合方法也有所不同，因此有必要仔细参考使用说明书和编程手册。

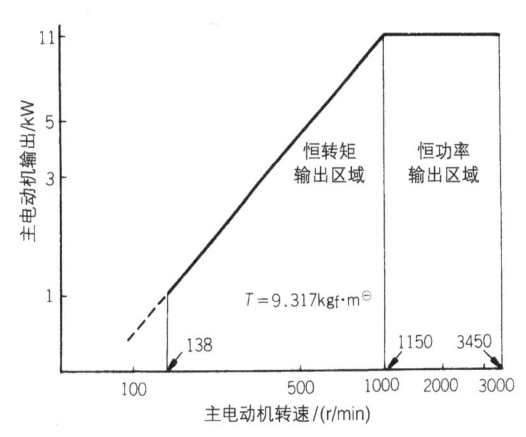

图 5　直流伺服电动机的输出特性

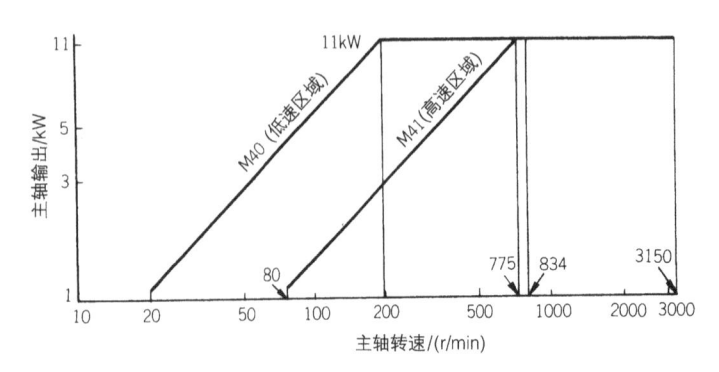

图 6　主轴速度范围

─ 1kgf·m = 9.80665N·m。

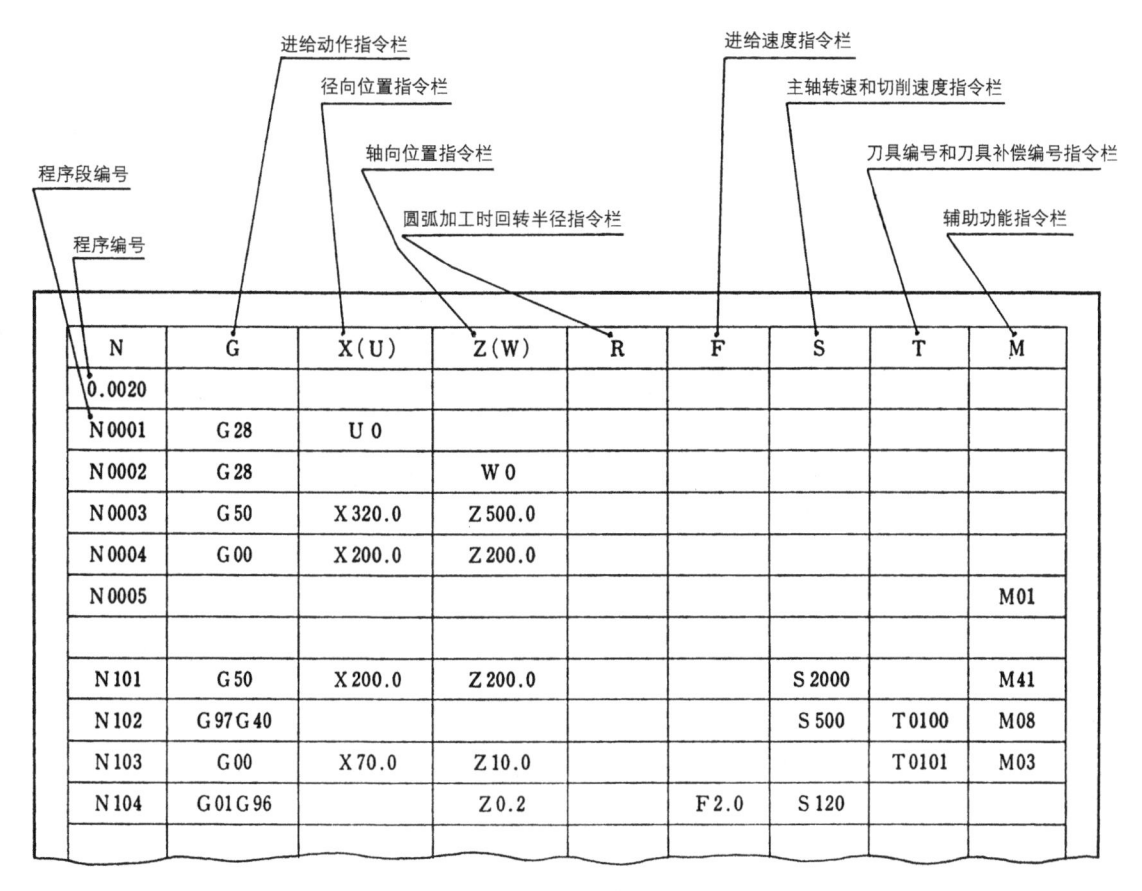

	N	G	X(U)	Z(W)	R	F	S	T	M
程序编号	0.0020								
	N 0001	G 28	U 0						
	N 0002	G 28		W 0					
	N 0003	G 50	X 320.0	Z 500.0					
	N 0004	G 00	X 200.0	Z 200.0					
	N 0005								M01
	N 101	G 50	X 200.0	Z 200.0			S 2000		M41
	N 102	G 97 G 40					S 500	T 0100	M08
	N 103	G 00	X 70.0	Z 10.0				T 0101	M03
	N 104	G 01 G 96		Z 0.2		F 2.0	S 120		

列标题（从左至右）：
- N：程序段编号
- G：进给动作指令栏
- X(U)：径向位置指令栏
- Z(W)：轴向位置指令栏
- R：圆弧加工时回转半径指令栏
- F：进给速度指令栏
- S：主轴转速和切削速度指令栏
- T：刀具编号和刀具补偿编号指令栏
- M：辅助功能指令栏

图7 过程表单

●纸带的制作

编程完成之后进入纸带的制作阶段。将信息输入到纸带的装置为纸带制作机，通常称作穿孔机。

输入功能、编辑功能和纸带制作功能等会根据厂家的不同而有所不同，但目的都是为了按照指令将信息通过穿孔记录到纸带中，使用标记有数字、英文字母和特殊符号的按键进行输入。

最近的穿孔机多数都如照片1所示，采用可在CRT显示屏（显示管）上进行显示的方式，首先在CRT显示屏上输入信息，在输入过程中及结束后还可利用编辑功能纠正错误，最后利用穿孔命令使穿的孔平行于打印的字。此外，最近可以与数控车床进行输入和输出的分离式阅读穿孔机有所增多。

照片1 纸带穿孔机示例

●机床运行的准备

（1）油量的检查

机床运行之前首先要检查液压油、润滑油、切削液的油量。各油槽中都带有油量液位刻度，如果位于最低指示线以下，则需要补充油。补充的油要根据推荐进行选择，注意要避免与其他种类的油混用，也不要超过最高指示线。

（2）切削液

切削液包括油性和水溶性2种，从机床维护角度来看更适合选择油性切削液，但油性切削液即使不出烟也会挥发，因此无论是从经济角度还是从卫生角度都具有优势的水溶性切削液逐渐变为主流。

水溶性切削液包括2种类型，可根据用途进行选择。

①乳化液类型：该类型切削液的主要成分是乳化剂和矿物油，稀释后具有变白变浑浊的特征，并且具有极好的润滑性，因此适用于重切削。

②可溶性类型：该类型切削液由于加入了表面活性剂或矿物油，稀释后呈半透明或透明状，相比乳化液类型具有更好的冷却和防锈性能，适用于径向切削。

对于耐热合金、不锈钢和低碳钢等难加工材料，要选择添加了许多极压添加剂的高润滑性切削液，其中水溶性切削液的存在腐蚀问题，特别是室温上升时腐蚀速度更快。

这种腐蚀是由细菌引起的，一旦从滑动部件溢出的润滑油被水覆盖，细菌繁殖就会加快并散发恶臭。解决方法是仔细清除表面上的油，并且不要长时间停止循环。

（3）切削刃的检查

在加工之前，有必要进行刀具刀片的检查。检查切削刃是否接近磨损极限，是否出现破损或龟裂。

如果发现存在上述问题，则要立刻更换刀片的刀尖。如果忽略了这一点，那么在加工过程中就可能会发生严重的意外事故。

（4）试运行

与汽车在加速之前要先慢开一段时间类似，机床也要在开始加工之前先试运行一段时间。这样做是为了给旋转部件和滑动部件补充润滑油，达到一定的温度使其充分混合，从而保证机床的加工精度。

在车床中，影响加工精度的因素不仅有因温升而引起的机床各部分的热位移，而且还与在哪一点进行工件外圆的切削有关。例如，当在垂直平面内加工工件时，主轴垂直方向的变位对加工精度有直接影响，而当在水平面内加工工件时，滚珠丝杠的伸长率会影响加工精度。

因此，在试运行时，不仅需要旋转主轴，还应移动滑动部件。

在数控车床中制作用于试运行的带孔纸带，将其输入到内存中，并在机床开始加工之前试运行1h。用于试运行的程序示例见表5。

表5　试运行的程序示例

```
O1234
N1 G28 U0
   G28 W0
   G50 X320.0 Z500.0 M41
   G00 S800 T0100 M03
        X200.0 Z200.0
N2 G01 X50.0 Z100.0 F2.0
        Z300.0
   G00 X300.0
        Z100.0
   G01 X50.0 F1.0 S1500
   G00 X200.0
        Z200.0
 / P2 M99
N3 G28 U0 W0 S500 M05
                M30
%
```

●原点位置设定

（1）设定前的准备

在加工新工件时，必须根据布局进行准备作业，具体需要完成的准备工作如下：

①更换卡爪。

②如果是软爪，则应对其进行切削或修正。

③在指定位置安装必要的刀片。

④加工内孔用的刀片按比例确定大致的伸出量。

完成这些准备后，装夹工件并使其处于可实际加工的状态，然后操作人员进行返回原点的操作并进行刀具补偿。

（2）原点位置的算法

计算原点位置（图8）是要求出处于机床原点位置的基准刀具（假设为1号外圆粗加工车刀）的刀尖到毛坯上假定的工件前表面（X轴）的距离。需要在绝对编程方式（X, Z）下进行指令，具体说明如下（图9）：

①用基准刀具手动切削毛坯端面，切削深度可以任意设定，但用量要小。

②在沿Z方向不移动刀架的情况下，将CRT显示屏上显示的Z坐标清零。

③切换为返回原点模式,并将刀架返回至机床原点（假设 Z 坐标显示为 273.76）。

④主轴停止,用游标卡尺测量距离加工端面的厚度（假设为 37.5mm）。

⑤计算从加工端面到内侧的哪个位置应为 X 轴。

在第 1 个工序中,为 37.5mm −（图样尺寸 + 第 2 个工序的加工余量）,因此,如果图样尺寸是 35.0mm,加工余量是 1.0mm,则 37.5mm −（35.0 + 1.0）mm = 1.5mm。

在第 2 个工序中,加工余量为 0,则 37.5mm − 35.0mm = 2.5mm。

⑥从机床原点到 X 轴的距离,在第 1 个工序中为 273.76mm + 1.5mm = 275.26mm,在第 2 个工序中为 273.76mm + 2.5mm = 276.26mm。

⑦输入纸带后用编辑功能重新输入该 Z 值。

⑧至于 X 值,由于旋转中心和机床原点在机床系统中是固定的,因此不同的机床有各自不同的确定的值。因此,在编程时写入该值,并通过刀具补偿来修正与实际值的差。

● 刀具补偿

刀具补偿有 2 种类型,分别为刀具位置补偿和刀具半径补偿。

刀具位置补偿按照指令对切削刀尖位置与刀尖的实际安装位置之间的误差（安装误差）进行补偿。

刀具半径补偿是对刀具的运动轨迹进行控制,以按照图样加工出斜线和圆弧。

(1) 基准刀具的位置补偿计算方法

刀具的安装误差通过 X 和 Z 方向分量的移动进行补偿。X 轴方向的补偿量称为 OFX（偏置 X）,Z 轴方向的补偿量称为 OFZ。

进行位置补偿时,重要的是要在实际加工时使用的坐标系中进行计算,在按下面的形式计算时补偿值的符号（+、−）要原封不动地输入。

$$\boxed{\text{CRT 显示值}} - \boxed{\text{实测值}} = \pm \boxed{\text{补偿值}}$$

①将刀架移到机床原点设定坐标系。利用 MDI（Manual Data Input）功能输入 G50　X320.0　Z276.26,执行该指令后,在 CRT 显示屏上显示指令值（图 10）。

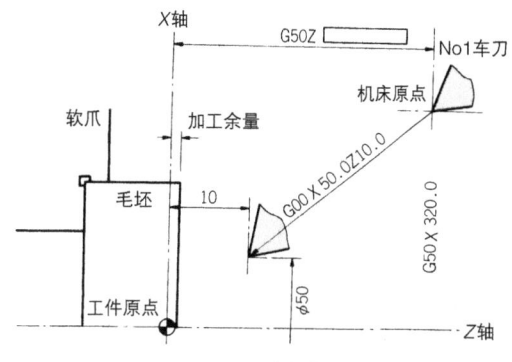

图 8　原点位置

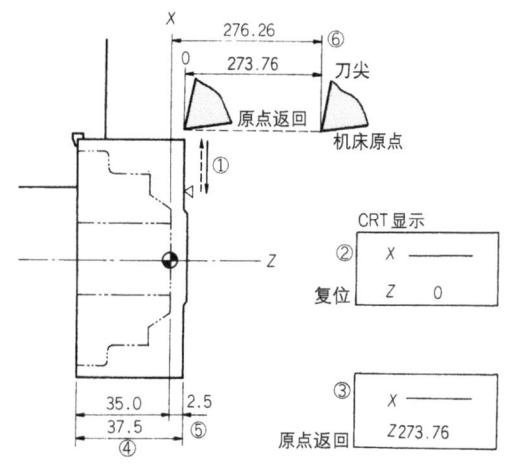

图 9　原点位置的算法

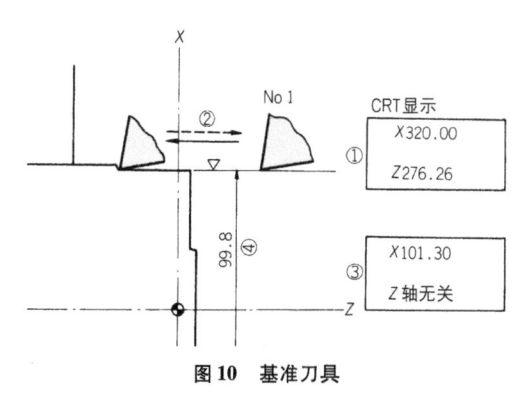

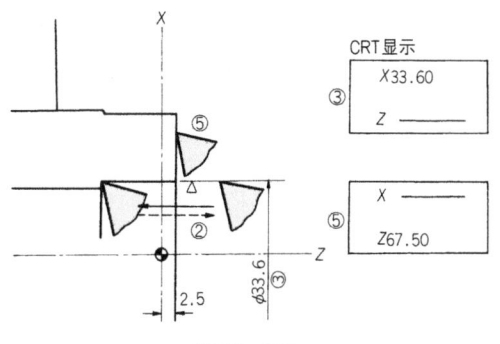

图 10　基准刀具

图 11　镗刀

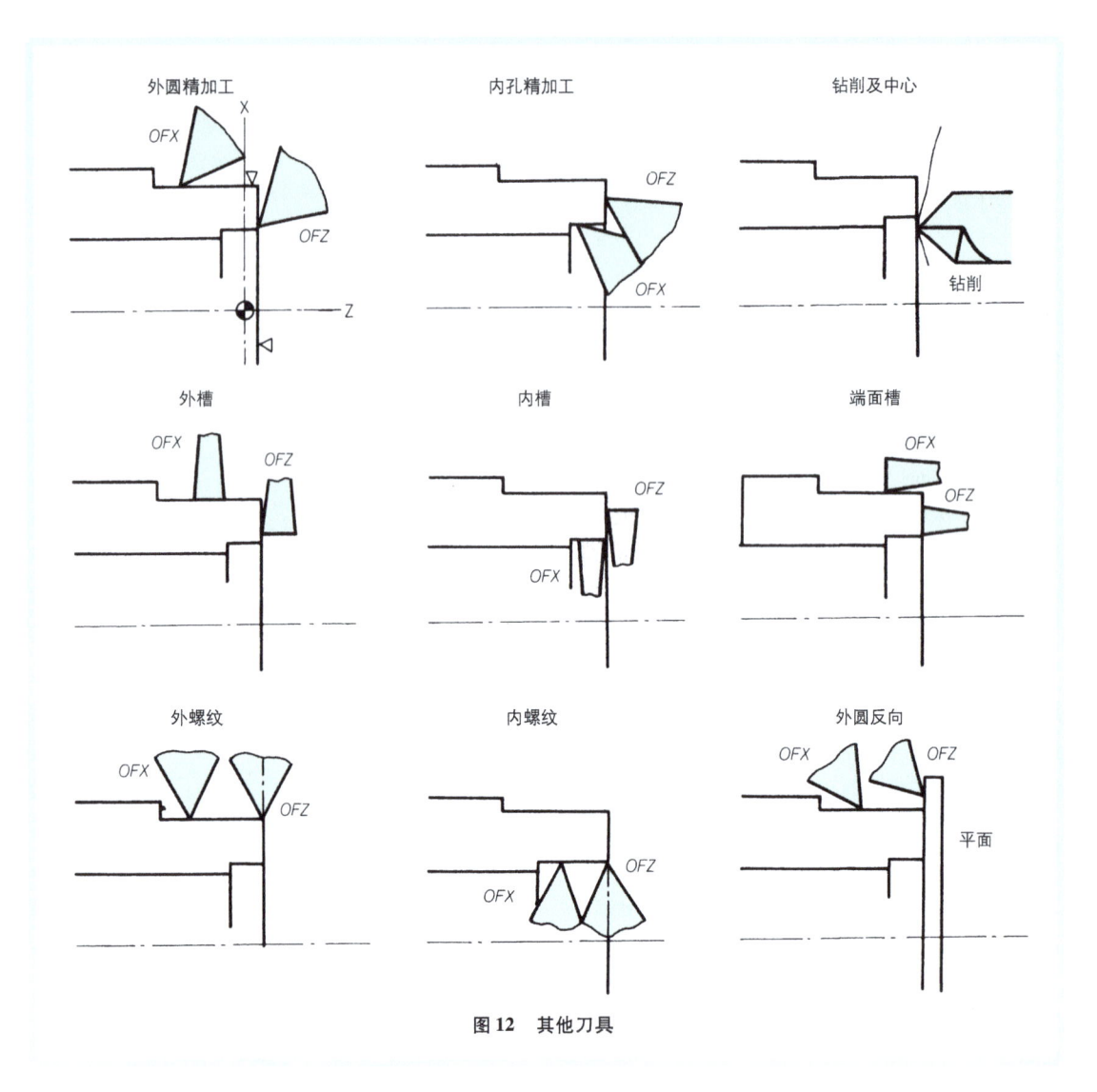

外圆精加工　　　　　　内孔精加工　　　　　　钻削及中心

外槽　　　　　　　　　内槽　　　　　　　　　端面槽

外螺纹　　　　　　　　内螺纹　　　　　　　　外圆反向

图12　其他刀具

②用基准刀具以任意余量切削外圆,并沿Z向退刀,读取显示的X坐标值(假设为101.30mm)。
③主轴停止,测量外径(假设为99.8mm)。
④101.30mm－99.8mm＝1.5mm。
⑤将OFX＝15输入到补偿寄存器中。
⑥OFX求得包括安装误差在内的原点设定值,因此仅当坐标系设定使用276.26时,OFZ＝0。

对于内孔加工刀具(镗刀),按照以下顺序进行补偿(图11):
①没有孔的情况下,使用加工孔的刀具(通常为钻头)手动加工孔。
②用镗刀以任意的直径和5mm的切削深度进行孔加工,X方向固定,Z方向退刀,读取CRT显示屏上显示的X坐标值(假定为33.60)。
③停止主轴测量直径(假定为60.2)。
④OFX＝33.60－60.2＝－26.6

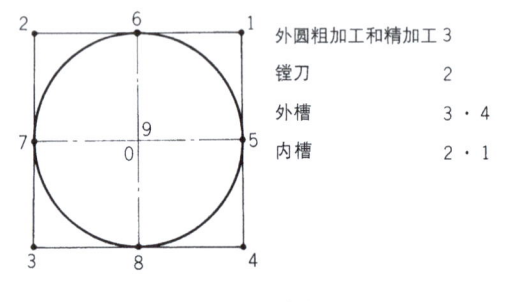

外圆粗加工和精加工	3
镗刀	2
外槽	3·4
内槽	2·1

图13　刀尖点编号

⑤接下来,使切削刃与端面接触并读取CRT显示屏上显示的Z坐标值(假定为67.50)。
⑥OFZ＝67.50－25＝65.0。在这种情况下,Z的实测值为用从X轴到端面的距离求原点位置时的值。

表6 拨动开关功能

功能		内　　容
试运行	开	纸带或内存中的进给速度指令无效，按手动进给速度进行动作
纸带检查	开	增加空运行功能，主轴旋转停止
选停	开	读M01后停止，主轴停止旋转，切削液关闭，按起动按钮重开
	关	M01无效，运行继续
机床锁定	开	在当前位置锁定刀架的移动
	关	按指令移动
段忽略	开	忽略带有"/"的程序段，进入下一个程序段
	关	执行带有"/"的程序段
快速进给倍率	%	可以将进给速度切换为5%、25%和100%
单段	开	纸带或内存运行时，每执行完一个程序段都停止
	关	连续运行

对于螺纹车刀、切槽刀、钻头等其他刀具，由于其外径、内径和端面的测量值已知，在不切削的状态下用刀尖接触各面，读取CRT显示屏上显示的坐标值来获得刀具补偿值。各个刀具的作用位置如图12所示。

（2）刀尖圆弧半径补偿的输入

进行刀尖圆弧半径补偿前，先按照图13中的编号输入刀尖R的尺寸和刀尖点的位置。在输入位置补偿后，用OFR、OFT将补偿值输入到需要补偿的刀具。

OFR是刀尖移动时进行交点计算必需的，OFT表示补偿方向。

● **纸带检查**

输入补偿之后按理应该进入运行，但首先还要检查基于纸带信息的动作是否正确，主要包括以下几点：

①刀尖路径是否有异常？
②输入的补偿值是否存在较大误差？
③是否存在与卡爪的干涉？
④刀尖移动过程中其他切削刃是否与工件和卡盘发生干涉？

在操作面板上设置的开关类型如图14所示，表6为各功能的说明。

另外，需要进行以下的准备工作：
①拆下工件，将卡盘设为"关"。
②有顶尖时，将顶尖置于后退位置。
③确认指针位于内存信息的开始位置。
④由于在执行纸带检查功能时切削液处于关闭状态，因此无须关闭防溅罩（前门）。

完成上述检查设置后，将模式开关切换到内

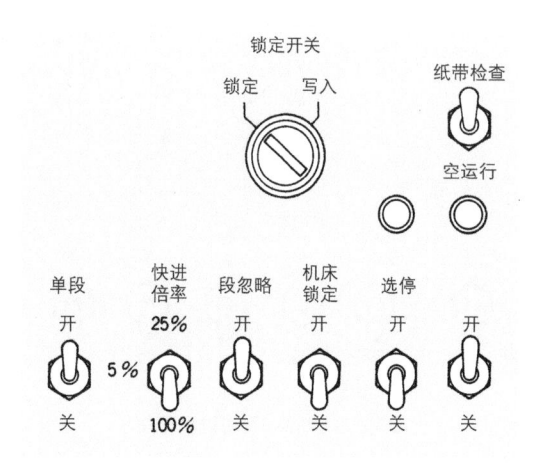

图14　纸带检查时的拨动开关

存，按开始按钮，然后对程序段进行逐一检查。

如果在检查过程中显示警报，或者感到动作异常，则请立即执行以下操作：
①按暂停（进给保持）按钮，停止动作。
②按复位按钮取消报警，清空缓存器。
③手动使刀具退回到可检索的位置。
④切换到编辑功能，读取出现异常的程序段，并进行修正。
⑤调出处于停止状态的刀具的起始位置，然后重新开始检查。

● **试加工**

纸带检查完之后，装夹第一个工件进行试切。这么做是为了检查切削参数及修正补偿量以保证得到要求的图样公差。

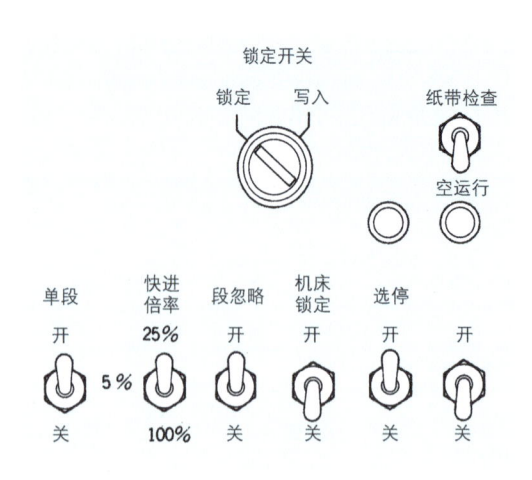

图15 试切时的拨动开关

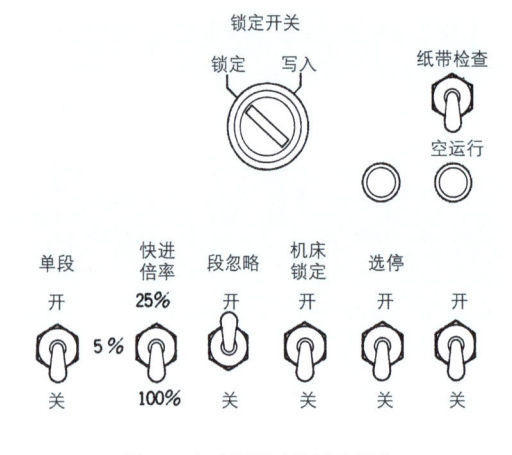

图16 自动运行时的拨动开关

(1) 开始前的准备

① 是否正确地装夹了工件?

② 读取补偿量,对补偿量进行修正,以使粗加工和精加工的外径均增加 0.2mm,而内径减小。在端面方向则全部增加 0.1mm。修正补偿量时,如果用 U、W 输入,则该补偿量被加到当前值中。

③ 确认进给、延迟、倍率(进给调整)拨盘设为 100%。

④ 确认当前的夹紧压力是否正常。

⑤ 试切时拨动开关的设置必须如图15所示。

(2) 切削中的检查注意事项

① 切削刃停在工件前时,补偿是否大致正确?

② 逐一在单段运行停止的位置检查下一个程序段的动作是否正确(G00 和 G01 的区别),进给量是否合适(如果将 F0.2 设为 F2.0 会出现很严重的问题)等。

③ 切屑是否可以很好地断屑?

④ 进给速度是否太快(可尝试用倍率进行调节)?

⑤ 切削速度是否合适?

用一把刀具完成切削后,用辅助代码 M 使主轴停止旋转并关闭切削液,无论粗加工还是精加工都要测量,读取补偿量,并使用 U 和 W 补偿对其进行补偿,以便保证在粗加工的情况下得到常规的精加工余量,在精加工的情况下,得到图样公差。

修正补偿量后,在粗加工的情况下,只需按下开始按钮即可进入下一个加工。在精加工的情况下,如果还有加工余量,请再次返回刀具原点进行再一次的加工。并且需进行以下操作,将修正补偿量后的段忽略开关设置为"关",然后按开始按钮,则下一个带有"/"的程序段开始执行,返回到刀具原点重复相同的加工之后再次用 M01 停止,在测量确认后,如果将忽略用开关设置为"开",则将忽略"/"并移到下一把刀具。

试切完成后,卸下工件,对照零件图检查尺寸,并改变使用补偿再修正和编辑功能的切削参数或部分程序来完成试切。

● **自动运行**

从第 2 个工件开始就切换到自动运行。如图16所示切换操作面板上的开关。自动运行期间,请注意以下几点:

① 有时升温并稳定在一定温度可能需要很长时间。特别是在重切期间产生的切屑的热量具有很大影响。因此,在进行高精度加工(JIS 7 级以上)时,在达到稳定的精度之前必须每次都要进行测量,稳定之后再进行抽样检查。

② 定期检查刀片的磨损程度。在重复生产的情况下,如果能在布局中把换刀前的加工个数作为经验值进行记录将会非常方便。

③ 仔细清除切屑。

④ 要有足够的切削液,保证能覆盖到整个工件上。

第3部分　数控编程方法

坐标轴和坐标系

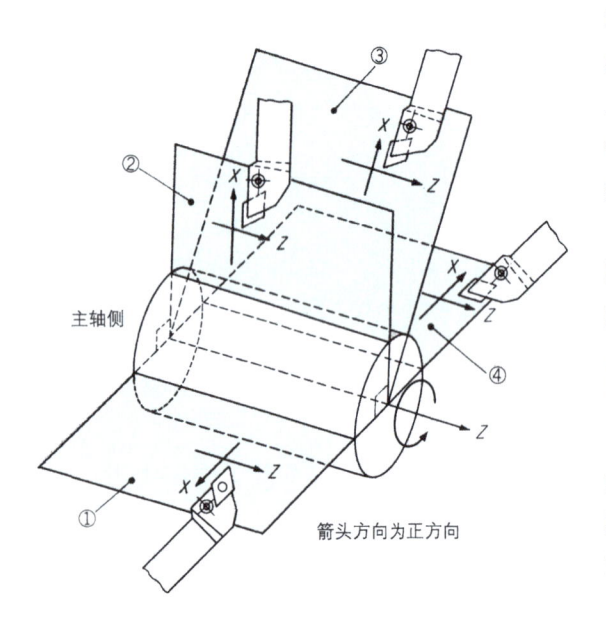

图1 X 轴和 Z 轴的确定方法

1 坐标轴和标准坐标系

基于刀具运动，为了对加工作业进行编程而确定的坐标系称为标准坐标系，它是根据固定在工件上的笛卡儿坐标系来确定的。

(1) 坐标轴

①Z 轴：平行于主轴，如图1所示，其正方向为从主轴看刀具的方向。

②X 轴：垂直于 Z 轴的平面内刀具的运动方向，其正方向是刀具远离主轴旋转中心线的方向。与 Z 轴正交的平面有无数个，如图1所示，数控车床可以在图中①至④中的任意一个平面内进行切削。另外，关于刀架的安装位置，①在前面，②~④在对向侧。并且分为①水平型、②垂直型、③倾斜型、④对向水平型这几种类型。

③Y 轴：如图2①~④所示，当拇指指向 X 轴方向，中指指向 Z 轴方向，则按照笛卡儿坐标系的规则，食指的方向即为各种类型 Y 轴的正方向。这些坐标系都是标准坐标系。

(2) 标准坐标系和编程

对于数控车床，在标准坐标系中对刀具的运动进行编程，但是由于刀具不在 Y 轴方向上运动，因此不使用地址 Y。另外，由于工件是回转体，只要刀具的移动量和移动方向相同，就可以在图1中的任意平面上进行切削类似的工件。因此，对于所有类型的数控车床，程序都是相同的。

在本章中，数控车床的刀具运动与普通车床相同，所以很容易理解，在此，针对图1①中的水平型（刀架水平安装型）进行说明。

2 刀具移动指令

在编程中，有2种可以指令刀具运动轨迹的方式。例如，以 O 点为中心沿正向和负向画出等间隔刻度的数条直线，如果想将位于11点的指针移动到 -7，则可以通过以下方式实现：

(a) 移至位置 -7。

(b) 向左（负方向）移动18。

在编程中，(a) 为绝对编程，(b) 为相对编程，在数控车削中多采用绝对编程，但是有的时候采用绝对编程和相对编程结合的混合编程方法可能会更方便。

(1) 指令的方法

①绝对（绝对值）编程方式：设置适当的坐标系（确定基准点，直线上的 O 点），在该坐标系中指定坐标位置，将刀具移至该位置。

在这种情况下的地址字为 X 和 Z，在数控车床中 X 后面的数字为直径值。

$$X\cdots\cdots Z\cdots\cdots CR$$
$$\text{绝对值} \quad \text{绝对值}$$

②相对（增量值）编程方式：指令相对刀具当前位置的移动量。在这种情况下的地址字为 U（X 轴方向）和 W（Z 轴方向），U 后面的数字也是直径值。

$$U\cdots\cdots W\cdots\cdots CR$$
$$\text{相对值} \quad \text{相对值}$$

③绝对/相对混合编程方式

在一个程序段内也可以混合使用绝对编程和相对编程方式。

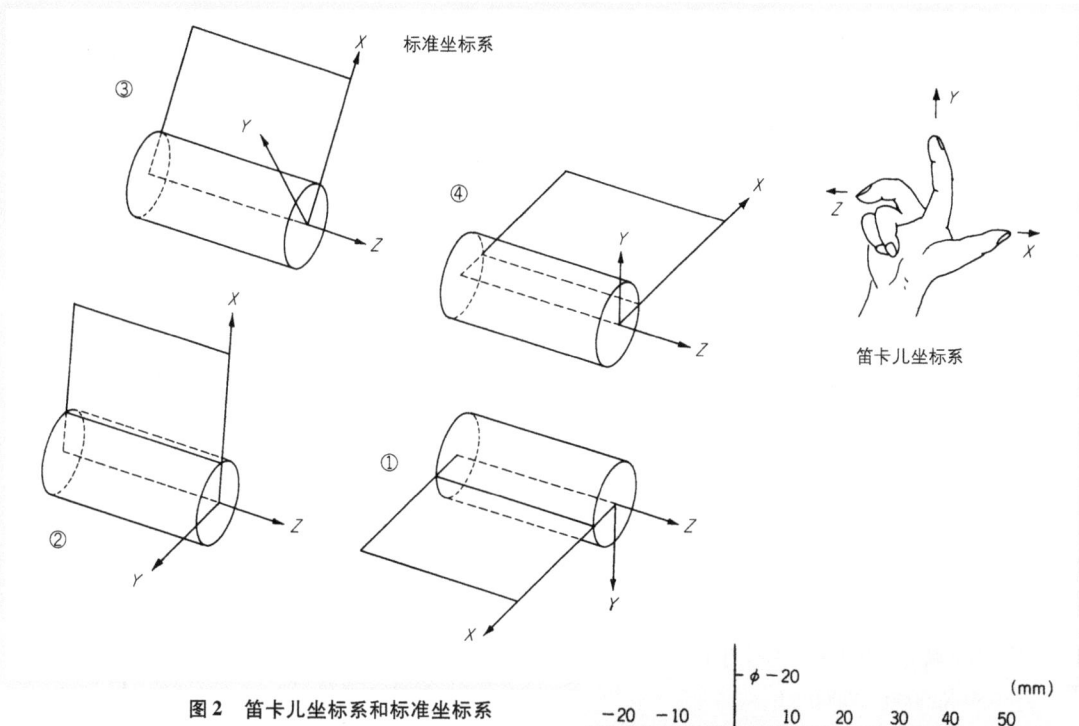

图 2 笛卡儿坐标系和标准坐标系

X……W……CR
绝对值　　相对值
U……Z……CR
相对值　　绝对值

④最小设定单位

穿孔纸带的最小位移单位称为最小设定单位，可以是 0.01mm 和 0.001mm。另外，在指令中小数点和单位可以省略。

（2）移动指令示例

如图 3 所示，将刀具从 P_0 点开始经 P_1 点移动到 P_2，我们来考虑一下该用哪些指令呢？各点括号内的数值表示坐标值，第一个值表示 X 轴坐标值（直径），第二个数值表示 Z 轴坐标值。当最小设定单位为 0.01mm 时，移动指令如下。

①绝对编程方式

X4000　Z　3000　CR（移动到 P_1）
X1000　Z－2000　CR（移动到 P_2）

②相对编程方式

U－2000　W－2000　CR（移动到 P_1）
U－3000　W－5000　CR（移动到 P_2）

③混合编程方式

X4000　W－2000　CR（移动到 P_1）

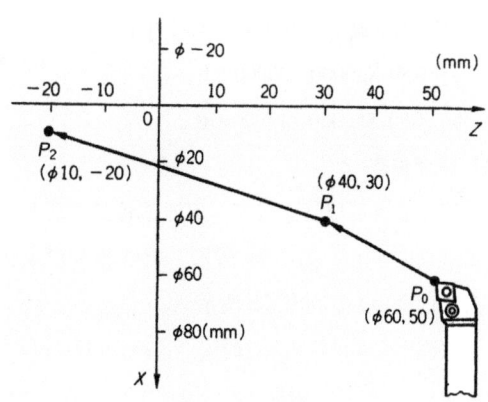

图 3 刀具的移动轨迹

U－3000　Z－2000　CR（移动到 P_2）

或者　U－2000　Z3000　　CR（移动到 P_1）
　　　X1000　W－5000　CR（移动到 P_2）

对于最小设定单位为 0.001mm 的机床，以上程序的数值再加一个 0。

（3）小数点输入

对于允许输入小数点的机床，可以简化程序。但是，不同制造厂家的小数点使用方法也有所不同。也就是说，通过使用小数点，可以省略小数点后的 0，或者说仅当小数点后有 0 以外的数字时，才使用小数点表示。

本章编程只针对最小设定单位为 0.01mm，不使用小数点的情况统一进行说明。

71

程序原点和定位

1 坐标系设定 [G50]

采用相对编程方式时,刀具移动指令以刀具的当前位置为基准,刀具沿指令方向移动指令的位移量;采用绝对编程方式时,刀具移动指令必须要确定程序的基准点(程序原点),否则即使指令了坐标值也无法移动刀具。因此,有必要设定坐标系。

(1) 纸带指令

G50 X…… Z…… CR

通过该指令,可以在数控装置内部(不可见)设定以刀具当前位置为程序原点位置的坐标系,并可以此为基准指令移动坐标值。在图1的情况下可以用以下指令确定程序原点,设定坐标系。

a) G50 X30000 Z20000 CR

b) G50 X53000 Z13000 CR

(2) 程序原点

程序原点可以任意设定,但通常将其设定为精加工端面的中心,如图2a所示,或者将其设定为装夹端面的中心,如图2b所示。

将程序原点设定为a)时安全性高,将程序原点设定为b)时更容易编程(Z轴方向的指令值与图样尺寸一致)。但是,如果熟练后两者都是一样的。

2 定位 [G00]

将刀具从当前位置移动到开始切削的位置附近,或在完成切削之后将刀具移动到初始位置时(刀具与工件不接触的状态),将刀具快速移动,称为"定位"。

(1) 纸带指令

G00 X(或U)…… Z(或W)…… CR

由于该指令是模态指令,因此直到出现与其同一组的其他G代码(G01,G02,G03)之前,该指令一直有效。不同机床的进给速度也不一样,主要使用的快速进给速度见表1。

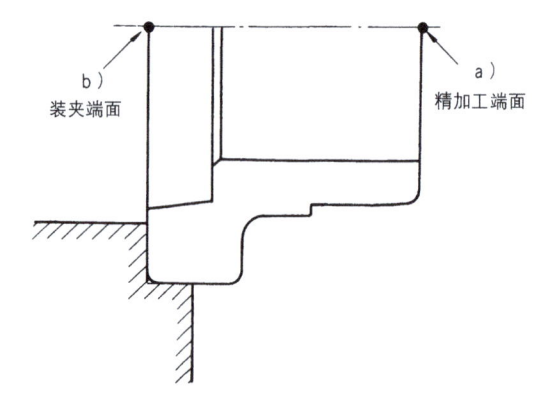

图2 程序原点

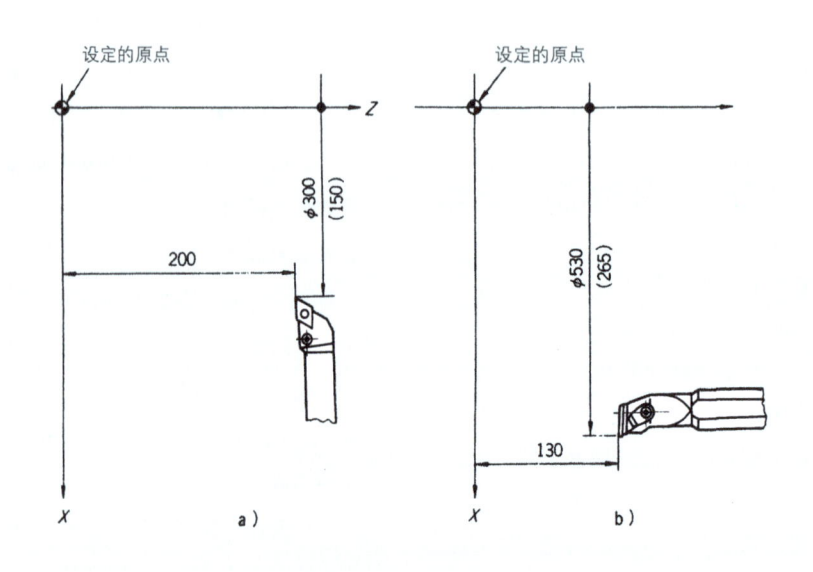

图1 坐标系设定

表1　快速进给速度的示例

	A 公司	B 公司	比率
X 轴/(m/min)	5.0	6.0	1 : 2
Z 轴/(m/min)	10.0	12.0	

（2）定位指令的动作

当使用定位指令同时使2个轴移动时，从起点到终点的路径并不一定是直线。因此，在编程时必须注意要防止刀具与工件或障碍物发生碰撞。

图3显示了从 P 点到 Q 点的定位指令动作。移动时沿与 Z 轴约26°34′的夹角方向，即沿由下式计算得到的角度方向移动，在中途沿 X 轴方向0点进行直线运动。

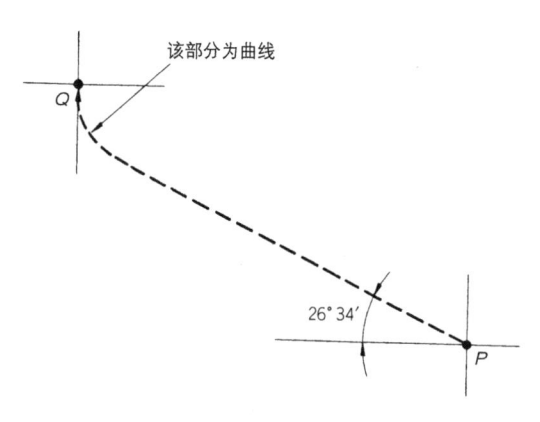

图3　定位指令的动作

$$Q = \arctan\frac{X}{Z} = \arctan\frac{5}{10} = \arctan\frac{1}{2} \approx 26°34′$$

（3）定位指令示例

在如图4所示的定位示例中，钻头快速进给从 P_0 经 P_1 和 P_2，再返回 P_0，程序如下所示：

① 绝对编程方式

G00	X0	Z4000	CR	（$P_0 \to P_1$）
(G00)	X0	Z200	CR	（$P_1 \to P_2$）
(G00)	X50000	Z4000	CR	（$P_2 \to P_0$）

② 相对编程方式

G00	U-50000	W0	CR	（$P_0 \to P_1$）
(G00)	U0	W-3800	CR	（$P_1 \to P_2$）
(G00)	U50000	W3800	CR	（$P_2 \to P_0$）

括号中的部分由于是模态代码可以省略，而带□的部分由于没有移动也可以省略。

在本章中，当刀具快速进给时，用虚线表示。

除了程序原点和定位以外，之后的"直线插补和圆弧插补""螺纹加工方法""刀尖半径补偿"等都是基于最小设定单位为0.01mm的数控装置进行说明的，最近的数控装置最小设定单位几乎都为0.001mm，这种情况下程序中的数值再增加一个0。

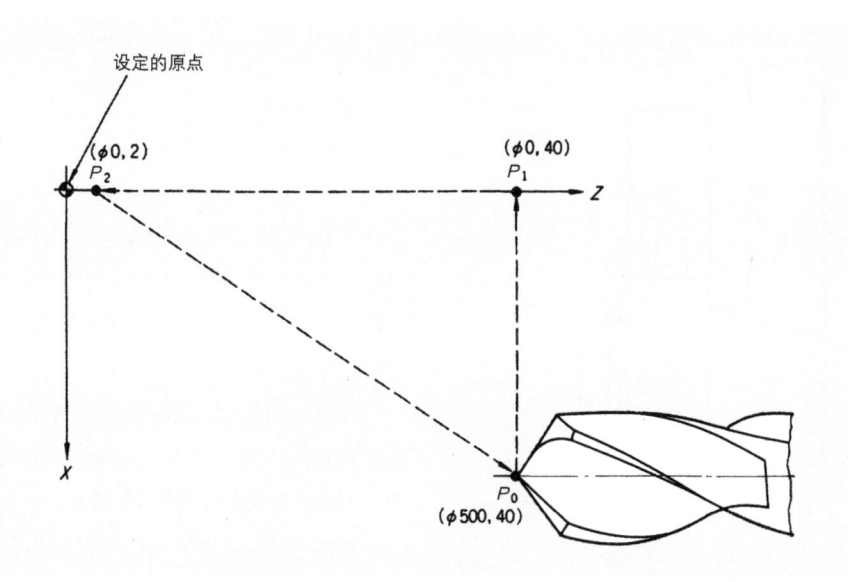

图4　定位示例

直线插补和圆弧插补

1 直线插补 [G01]

连接2点称为插补，用直线连接2点是"直线插补"。通过1点的直线有无数条，但是通过2个点的直线只有1条。因此，在直线插补中指定2个点和进给速度就可以使刀具沿期望的直线以指定的进给速度进行切削（切削进给）。这2点是刀具的当前点（刀具的当前位置）和要移动到达的终点。因此，可以使用绝对编程方式或相对编程方式进行编程，只要指令刀具下一个要移动的点，同时指令进给速度即可。

(1) 纸带指令

G01 X（或U）……Z（或W）……F……CR

F代码为模态代码，一旦指令就一直有效，只有当需要改变进给速度时再重新指令。指令的进给速度还可以在机床操作面板上用倍率开关进行更改（0~200%的范围）。另外，在可以输入小数点的机型上，可以省略进给速度数值中小数点后的0。

(2) 直线插补示例

在如图1所示的直线插补的示例中，将刀具从 P_0 开始沿直线经沿 P_1、P_2 移动到 P_3，进给速度为 0.2mm/r 程序如下所示：

①绝对编程方式

G01 Z −3000 F20   CR   ($P_0 \to P_1$)
     X 8000   CR   ($P_1 \to P_2$)
     X 10000 Z −7000 CR   ($P_2 \to P_3$)

②相对编程方式

G01 W −3200 F20   CR   ($P_0 \to P_1$)
     U 2000   CR   ($P_1 \to P_2$)
     U 2000 W −4000 CR   ($P_2 \to P_3$)

使用小数点时，F代码为"F0.2"。在本章中，当刀具的运动为切削进给时，用实线表示。

2 圆弧插补 [G02，G03]

用圆弧连接2点是"圆弧插补"。如图2a所示，通过2个点的圆弧有无数条，因此，除了如图2b所示的2个点（起点和终点）外，还要确定回转方向和圆心。

(1) 纸带指令

G02 X(U)……Z(W)……I……K……F……CR
G03 X(U)……Z(W)……I……K……F……CR

在圆弧插补的纸带指令中，地址X（或U）、Z（或W）和其后面由数值组成的尺寸字表示圆弧终点坐标值（在相对编程方式中，表示从圆弧的起点到终点的增量值）。

(2) 回转方向

在如图2b所示的圆弧插补中，G02指令使刀具沿着AB弦右侧的圆弧移动（顺时针），G03指令使刀具沿AB弦左侧的圆弧移动（逆时针）。顺时针和逆时针指的是在标准坐标系中，从Y轴的正方向向负方向看，刀具相对于工件的转动方向是顺时针还是逆时针，如图3所示。

在图3a中，②~④的回转方向是相同的，只有①和它们不同，因为①是从平面的里侧往外侧看。回转方向的确定如图3b所示。

从图4可知，即使回转方向不同，圆弧的加工程序也可能是一样的。

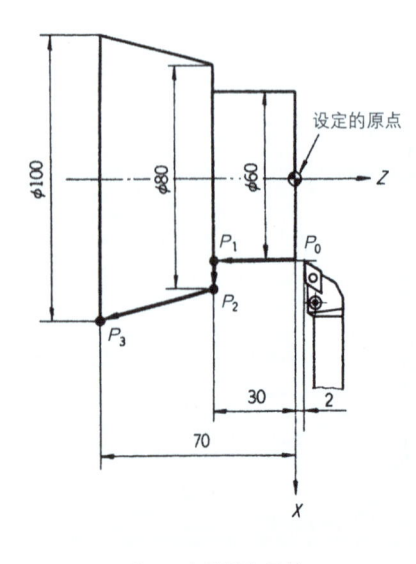

图1　直线插补示例

a) 只给出2点的情况

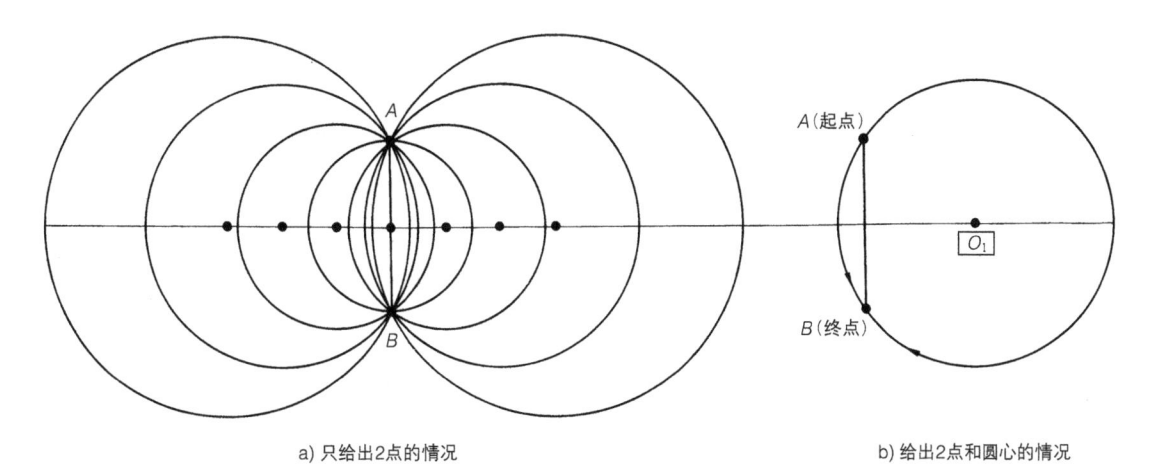

b) 给出2点和圆心的情况

图2 圆弧

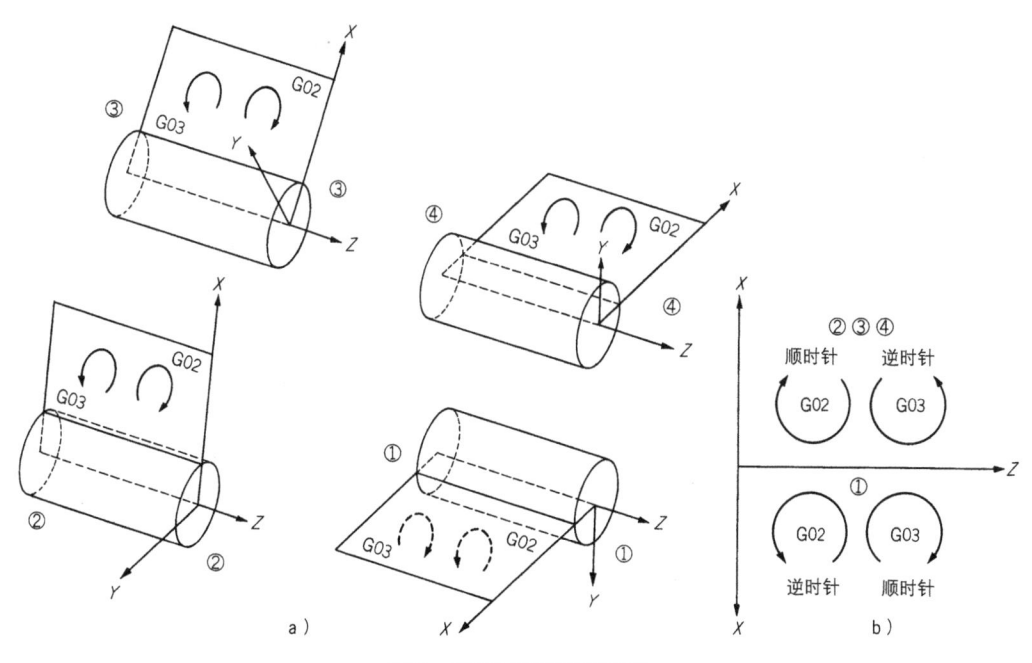

a)

b)

图3 标准坐标系和圆弧插补

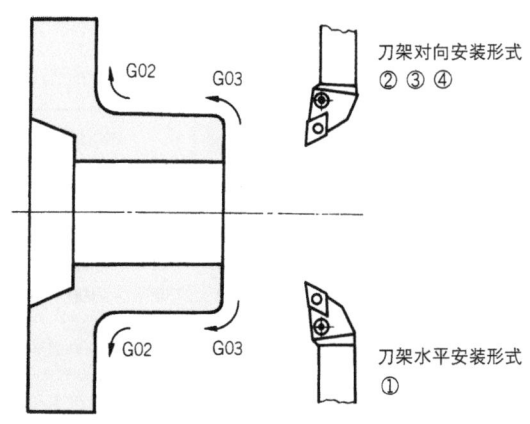

刀架对向安装形式 ②③④

刀架水平安装形式 ①

图4 包含圆弧的工件

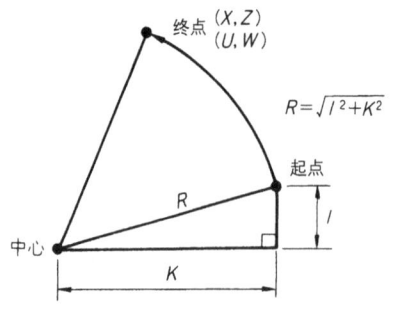

图 5 圆弧插补的指令方法

（3）圆心坐标

如图 5 所示，在圆弧插补纸带指令中，由地址 I、K 和其后面的数字构成的尺寸字表示圆心坐标，分别对应于 X 轴和 Z 轴。无论绝对编程方式还是相对编程方式，这些数值均为从圆弧起点到圆心的增量值（I 值是半径值）。

如果 I 或 K 的值为 0，则可以省略。有的机型可以用圆弧半径来指令圆心坐标，此时指令如下：

G02 X(U)…… Z(W)…… R…… F…… CR
G03 X(U)…… Z(W)…… R…… F…… CR

在以上指令中，地址 R 后面的数字表示圆弧半径（用正数）。对于可以输入小数点的机型，由 I、K 和 R 构成的尺寸字也可以使用小数点。

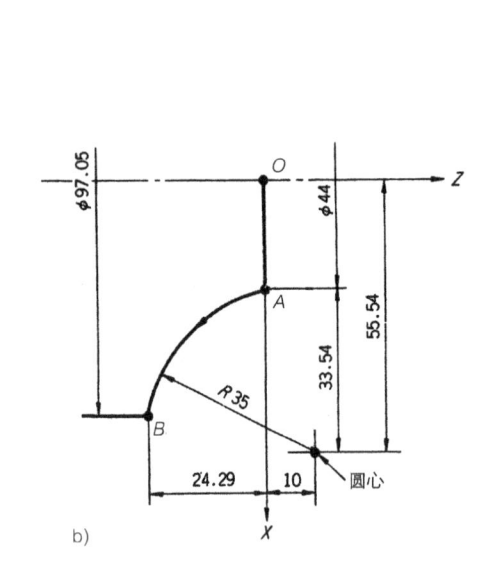

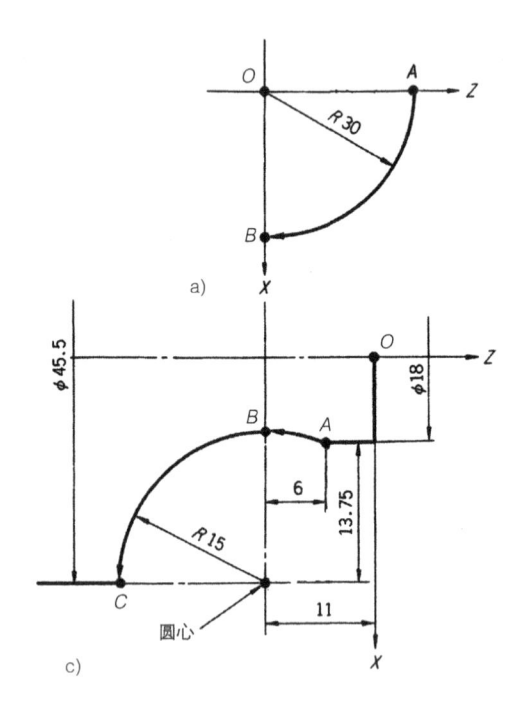

图 6 圆弧插补示例

表 1 圆弧插补的程序

		绝对编程方式	相对编程方式	备注
用 I K 指 令	(a)	G03 X6000 Z0 I0 K-3000 F25 CR	G03 U6000 W-3000 I0 K-3000 F25 CR	□部分可以省略
	(b)	G02 X9705 Z-2429 I3354 K1000 F25 CR	G02 U5305 W-2429 I3354 K1000 F25 CR	
	(c)	G02 X4550 Z-2600 I-600 K1375 F25 CR	G02 U2750 W-2100 I-600 K1375 F25 CR	
用 R 指令	(a)	G03 X6000 Z0 R3000 F25 CR	G03 U6000 W-3000 R3000 F25 CR	
	(b)	G02 X9705 Z-2429 R3500 F25 CR	G02 U5305 W-2429 R3500 F25 CR	
	(c)	G02 X 4550 Z-2600 R1500 F25 CR	G02 U2750 W-2100 R1500 F25 CR	

(4) 圆弧插补示例

图6a和图6b是从A点到B点进行圆弧插补的示例，图6c是从A点（通过B点）到C点进行圆弧插补的示例。圆弧插补的程序见表1，其中，进给速度为0.25mm/r。

3 程序的创建顺序

程序是由各种功能和刀具移动指令组成的，不同机床生产厂家和不同型号机床的程序格式会有所不同。程序创建的一般顺序如下：

①初始CR。
②转速（或圆周速度）指令，读取刀具。
③坐标系设定，打开切削液。
④定位，刀具位置补偿，主轴旋转。
……
⑤切削程序。
……
⑥定位，取消刀具位置补偿，（关闭切削液）。
⑦M01（或M00、M02）。

图7为根据上面的顺序创建的端面和外圆精加工数控程序。

在今后的程序中，将省略初始CR和EOB CR，但是编程人员要知道程序开始的位置和换行的位置有CR。

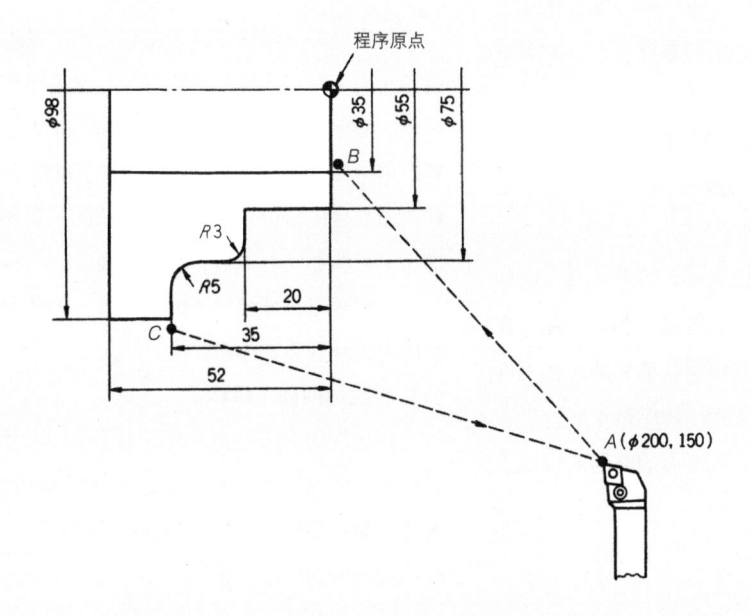

	恒圆周速度控制	恒圆周速度控制取消
②	G96S150T0500M39	G97S900T0500M39
③	G50X20000Z15000M08	
④	G00X3300Z200T0505M03	
⑤	G01Z0F50	
	X5500F20	
	Z-2000	
	X6900	X6900S700
	G03X7500Z-2300K-300	
	G01Z-3000	
	G02X8500Z-3500I500	
	G01X10000	X10000S500
⑥	G00X20000Z15000T0500M09	
⑦	M02	

图7 端面和外圆精加工数控程序

77

暂停和固定循环

1 暂停 [G04]

Dwell 表示"停留"。发出该指令后，刀具进给暂停指定的时间后，再根据下一个程序段的指令开始移动。

(1) 纸带指令

G04 X（或 U）$t \times 100$ CR

在该指令中，t 是希望暂停的时间，单位为 s。在允许输入小数点的机型中，可以用小数直接指令暂停的时间（s）。例如，如果要暂停 1.2s，则指令如下：

G04 X120 CR 或 G04 X1.2 CR

也可以使用地址 U 代替地址 X。

(2) 槽加工时的暂停指令

切槽时，当刀具到达槽底部，如果立刻发出回退指令，则槽底部就不能形成理想的圆。因此，在这种情况下，有必要让刀具停留在槽底部，让工件旋转 1 圈以上，此时就需要使用暂停指令。

槽加工时，工件旋转 n 转所需的时间 t_n 按以下公式进行计算：

$$t_n = \frac{60n}{N} = \frac{0.06n\pi D}{v} \cdots\cdots\cdots\cdots (1)$$

式中，N 是每分钟的主轴转速（r/min）；n 是任意的主轴转数（r）；v 是切削速度（m/min）；π 是圆周率；D 是切削部位的直径（mm）。

在槽加工中，当主轴转速为 340r/min（用切削速度指令时为 80m/min）时，工件旋转 1 圈所需的时间计算如下：

$$t_n = \frac{60 \times 1}{340}s \approx 0.18s$$

或 $t_n = \dfrac{0.06 \times 1 \times \pi \times 75}{80}s \approx 0.18s$

此处，如果保证充足的暂停时间，假设让刀具暂停 0.25s，则利用公式（1）反推，可知工件旋转 1.4r。此时程序如下：

```
G01X7500 F15
G04X25        外径 φ85mm，槽底直径 φ75mm
G00X8900
```
的槽加工。

暂停指令比较有代表性的用途是，在不通孔加工中经常使用此指令增加一个孔底暂停动作，清除根部切屑。

2 固定循环 [G90 = = 切削循环]

固定循环可将通常必须由数个程序段进行指令的动作用一个程序段来进行指令，使程序变得非常简单。固定循环包括单一固定循环和复合固定循环。单一固定循环有切削固定循环和螺纹固定循环，而复合固定循环包括外圆和端面的粗加工、精加工，切槽和钻孔等各种固定循环。

切削固定循环包括直线切削固定循环和锥度切削固定循环这 2 种类型。

(1) 直线切削固定循环

在直线切削固定循环中，按照图 1a 所示的移动路径，虚线表示快速进给，实线表示切削进给。另外，如有必要，也可以按照图 1b 中 I、III 和 VI 所示的各种循环进行移动。

G90 X(或 U)……Z(或 W)……F……CR

上述指令中的尺寸字表示 C 点的坐标值（或 A 点到 C 点的增量值），F 代码指令切削进给速度。

(2) 锥度切削固定循环

锥度切削固定循环按照图 2a 所示的移动路径，虚线表示快速进给，实线表示切削进给。另外，如有必要，也可以按照图 2b、图 2c 中 I、III 和 VI 所示的各种循环进行移动。

G90 X(或 U)……Z(或 W)……I……F……CR

与直线切削固定循环一样，上述指令中由地址 X 和 Z（或者 U 和 W）构成的尺寸字表示 C 点的坐标值（或 A 点到 C 点的增量值），地址 I 构成的尺寸字表示锥度的起点 B 和终点 C 的半径差（用半径值指令），F 代码指令切削进给量。

有关螺纹切削固定循环指令［G92］在下一页说明。

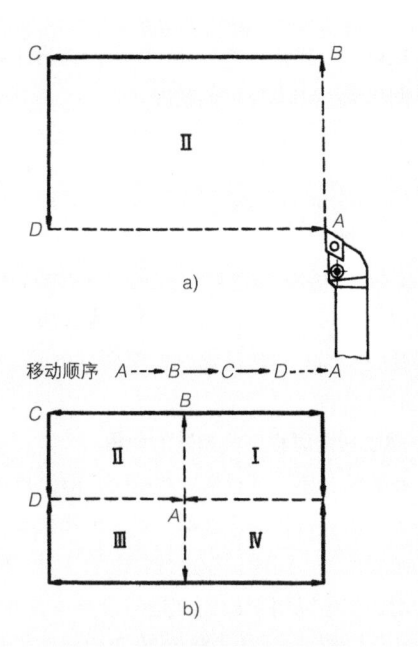

图 1　直线切削固定循环

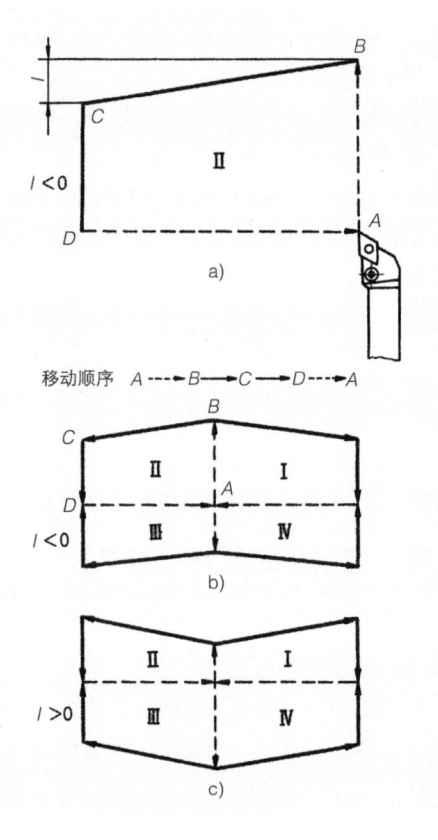

图 2　锥度切削固定循环

③ 程序段删除 ［/］

delete 表示"删除"。当将主操作面板上的程序段删除开关设为 ON 时，带有"/"（分隔号）的程序段信息将被忽略，而当程序段删除开关设为 OFF 时，将执行带有"/"的程序段信息。

（1）纸带指令

纸带指令如下所示插入分隔号"/"：

/G01X……Z……F

/G00X……

（2）程序段删除的使用示例

如图 3 所示，加工具有严格尺寸精度要求的零件时，在进行首次加工的中途停机，检查 $\phi 50$mm 和 32.5mm 这 2 个尺寸，补偿与精加工尺寸的差值（使用刀具位置补偿）之后再进行切削。如果得到了要求的加工尺寸，则将主操作面板上的程序段删除开关设为 ON，在第 2 个工件以后的加工中忽略并不执行该程序段。

螺纹加工时使用程序段删除指令非常方便，具体内容将在下一页举例说明。

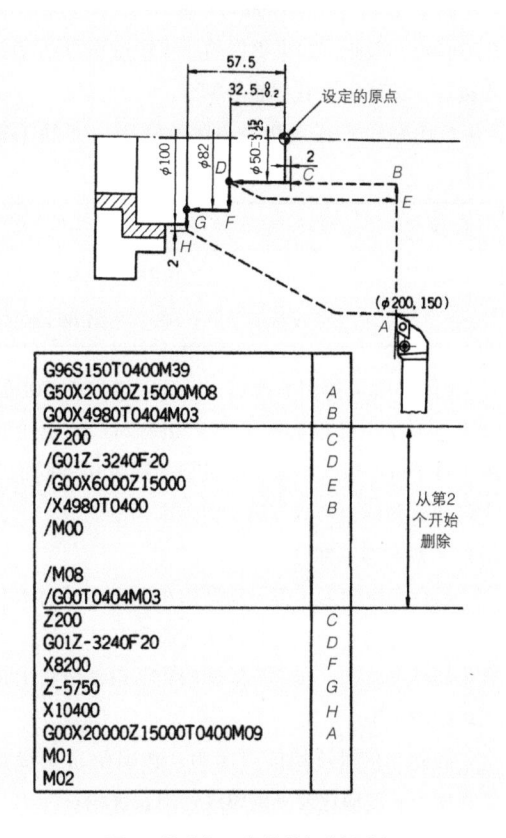

G96S150T0400M39	A
G50X20000Z15000M08	B
G00X4980T0404M03	
/Z200	C
/G01Z-3240F20	D
/G00X6000Z15000	E
/X4980T0400	B
/M00	
/M08	
/G00T0404M03	
Z200	C
G01Z-3240F20	D
X8200	F
Z-5750	G
X10400	H
G00X20000Z15000T0400M09	A
M01	
M02	

从第 2 个开始删除

图 3　精密加工部位的切削示例

79

螺纹加工方法

1 螺纹加工 [G32]

根据 G32 指令进行螺纹切削时，螺纹的螺距直接用 F 代码（或 E 代码）指定，可以加工圆柱螺纹和圆锥螺纹。另外，如表 1 所示，在加工螺纹时根据螺距将切削深度分为几次进行切削。

(1) 纸带指令

G32 X(U)······Z(W)······F(E)······CR

通过该指令，刀具从 A 点到 B 点一边移动一边切削螺纹，如图 1 所示。在该指令中，由地址 X（或 U）、Z（或 W）及其后面的数字组成的尺寸字表示终点 B 的坐标值（在相对编程方式中指从起点 A 到终点 B 的增量）。

(2) 螺距带有小数的螺纹

像 1 英寸有 7 个螺纹（$P = 25.4\text{mm}/7 = 3.62857\cdots\text{mm}$）这样，即使螺距是一个循环小数，F 代码只能指令 0.01mm（1 英寸 7 个螺纹时为 3.63mm）。因此，如果想得到加工精度更高的螺纹连接件，请使用 E 代码指令螺距。

F 代码和 E 代码指令与螺纹螺距之间的关系如下：

代码	指令	螺纹螺距
F 代码	F1 ~ F50000	0.01 ~ 500.00mm
E 代码	E1 ~ E5000000	0.0001 ~ 500.0000mm

因此，如果使用 E 代码，则可以指定 0.0001mm（1 英寸有 7 个螺纹的螺距为 3.6286mm）的螺纹螺距。对于可以输入小数点的机型，螺纹切削时的 F 代码和 E 代码也可以使用小数点来指令。

(3) 不规则螺纹部分

数控车床中为了在刀具开始和停止运动时不对机械系统造成冲击，均有自动加速和减速阶段。所导致的结果就是，在螺纹的开始和结束部位将出现不规则的螺距。

因此，在螺纹切削程序中，必须留出长度余量，指令长度应比要求的螺纹切削长度稍长。

螺纹切削余量在螺纹开始和结束时有所不同，可按照以下公式计算。不过，以下公式是针对电动机时间常数 $t = 0.0333\text{s}$ 的情况。

$$l_1 = 4.3 l_2 = \frac{N \times P}{419} \cdots\cdots\cdots\cdots\cdots\cdots (2)$$

$$l_2 = \frac{N \times P}{60} \times t = \frac{N \times P}{1800} \cdots\cdots\cdots\cdots\cdots\cdots (3)$$

式中，l_1 是螺纹切削开始时的余量（mm）；l_2 是螺纹切削结束时的余量（mm）；N 是螺纹切削时的主轴转速（r/min）；P 是螺纹的螺距（mm）；t 是电动机时间常数（s）。

(4) 螺纹切削时程序段删除的使用

在数控车床上进行螺纹切削时，即使将切削深度分为几次进行切削，也不可能一次就完成满足要求的螺纹加工。因此，在进行首次加工时，可添加一个附加程序以用于确定合适的刀具位置补偿量，添加程序段删除/（请参阅第 79 页程序段删除）。

在第 2 个工件以后的加工中，无须再执行附加的程序，就可以实现满足要求的螺纹连接件加工。

(5) 螺纹加工示例

螺纹加工的程序是在确定切削次数、切削深度和不规则螺纹长度后编制而成的。在如图 2 所示的螺纹加工示例中，如果将螺纹切削时的主轴转速设为 $N = 610\text{r/min}$（100m/min），则不规则螺纹的长度计算如下：

$$l_1 = \frac{610 \times 2}{419}\text{mm} \approx 2.91\text{mm}$$

$$l_2 = \frac{610 \times 2}{1800}\text{mm} \approx 0.68\text{mm}$$

取比计算值稍大且容易区分的值（$l_1 = 3.0$，$l_2 = 0.7$）。G32 指令的螺纹加工程序见表 2。

2 螺纹切削固定循环 [G92]

螺纹切削固定循环也包括圆柱螺纹切削固定循环和圆锥螺纹切削固定循环。

用 G92 指令进行螺纹切削时，根据 M 代码可以指令是否舍尾进位（舍尾进位用 M76 指令，不舍尾进位用 M77 指令）。向上进位的距离 γ 等于螺距 P。

表1 根据螺距得到的切削深度参考值（螺纹） （单位：mm）

螺距 P		1.00	1.25	1.50	1.75	2.00	2.50	3.00	3.50	4.00	4.50	5.00	5.50	6.00
		切削深度（直径值）												
切削次数	1	0.50	0.70	0.70	0.70	0.70	0.80	0.80	0.80	0.80	0.80	0.90	0.90	0.90
	2	0.40	0.38	0.40	0.50	0.50	0.60	0.70	0.70	0.70	0.70	0.70	0.80	0.80
	3	0.20	0.20	0.28	0.30	0.38	0.44	0.54	0.60	0.60	0.60	0.60	0.70	0.70
	4	0.10	0.10	0.20	0.20	0.24	0.40	0.40	0.50	0.50	0.60	0.60	0.60	0.60
	5		0.10	0.10	0.18	0.20	0.30	0.40	0.40	0.50	0.50	0.50	0.50	0.60
	6			0.10	0.10	0.16	0.20	0.26	0.28	0.40	0.40	0.50	0.50	0.50
	7				0.10	0.10	0.10	0.20	0.20	0.30	0.40	0.40	0.40	0.50
	8					0.10	0.10	0.10	0.28	0.30	0.30	0.30	0.40	
	9						0.04	0.10	0.10	0.20	0.20	0.30	0.30	0.30
	10							0.04	0.10	0.20	0.20	0.20	0.20	0.30
	11							0.04	0.10	0.10	0.20	0.20	0.20	0.20
	12								0.04	0.10	0.18	0.20	0.20	0.20
	13								0.04	0.04	0.10	0.18	0.20	0.20
	14									0.04	0.10	0.10	0.16	0.20
	15									0	0.04	0.10	0.10	0.16
	16										0.04	0.10	0.10	0.10
	17										0	0.04	0.10	0.10
	18											0.04	0.10	0.10
	19											0	0.04	0.10
	20												0.04	0.10
	21												0	0.04
	22													0.04
	23													0
总切削深度	H	1.20	1.48	1.78	2.08	2.38	2.98	3.58	4.16	4.76	5.36	5.96	6.54	7.14

注：螺纹大径在负方向舍去尾数进0.1~0.2mm。总切削深度（直径值）约为螺距的1.2倍，切削次数推荐取螺距的4倍左右。

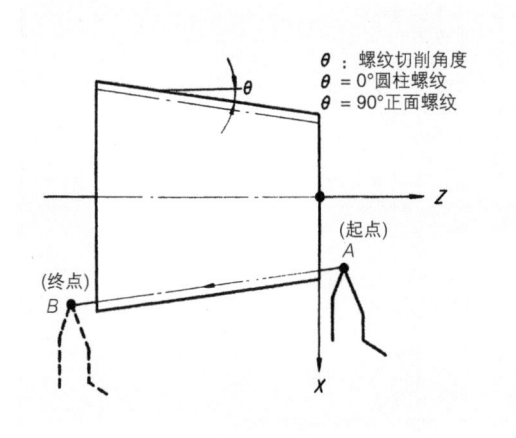

图1 利用G32进行螺纹加工

θ：螺纹切削角度
$\theta = 0°$圆柱螺纹
$\theta = 90°$正面螺纹
（起点）A
（终点）B

（1）纸带指令

①圆柱螺纹切削固定循环

G92 X(U)……Z(W)……F(E)……CR

②圆锥螺纹切削固定循环

G92 X(U)……Z(W)……I……F(E)……CR

根据该指令，按照图3a和图3b指示的路径依次移动，快速进给用虚线表示，螺纹切削进给用实线表示。指令中的各个尺寸字都与第78页说明的固定循环相同，而F代码指令螺距。

（2）固定循环的加工示例

①圆柱螺纹切削固定循环

如图2所示的螺纹加工示例所使用的固定循环程序见表3。与G32指令（表2）相比，该程序已大大简化。

在程序中未指定是否存在舍尾进位（M代码），但在打开电源及复位状态时默认为M77（不舍尾进位）。

②圆锥螺纹切削固定循环

表4给出了使用固定循环加工如图4所示的圆锥螺纹（存在舍尾进位）的程序。如果螺纹切削时的转速为570r/min，则计算出不规则螺纹部分的长度为 $l_1 = 2.72$mm, $l_2 = 0.63$mm，取容易区分的值：$l_1 = 3.0$mm, $l_2 = 1.0$mm。

另外，由于螺纹切削长度为34mm，锥度为1/10，所以半径差为 $34\text{mm} \times \frac{1}{10} \times \frac{1}{2} = 1.7$mm，指令I为 -170。

81

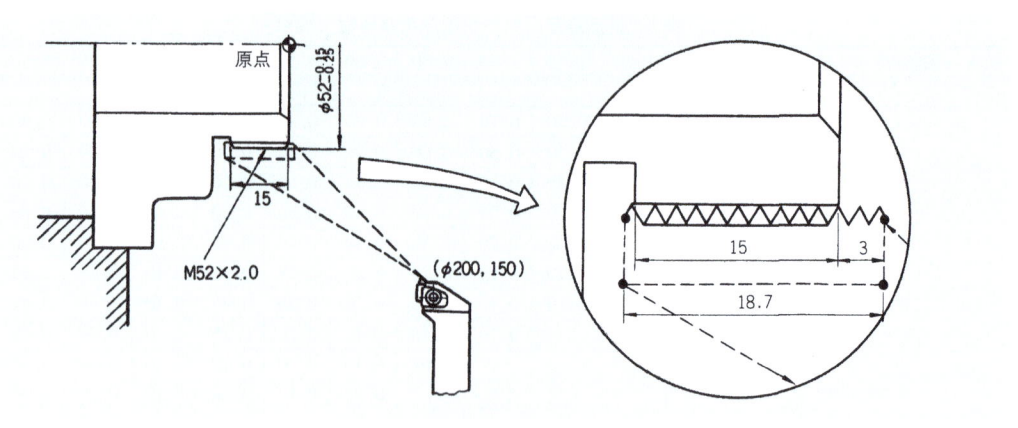

图 2　螺纹加工示例

表 2　G32 指令的螺纹加工程序　　　　　　　　　　　（最小设定单位为 0.01mm）

绝对编程方式	相对编程方式
N100　G97 S610 T0500 M39	N100　G97 S610 T0500 M39
N101　G50 X20000 Z15000 M08	N101　G50 X20000 Z15000 M08
N102　G00 X5110 Z300 T0505 M03	N102　G00 X5110 Z300 T0505 M03
N103　G32 X5110 Z-1570 F200	N103　G32 U0 W-1870 F200
N104　G00 X6000	N104　G00 U1000
N105　Z300	N105　W1870
N106　X5060	N106　U-1050
N107　G32 X5060 Z-1570	N107　G32 U0 W-1870
N108　G00 X6000	N108　G00 U1000
N109　Z300	N109　W1870
N110　X5022	N110　U-1038
N111　G32 X5022 Z-1570	N111　G32 U0 W-1870
N112　G00 X6000	N112　G00 U1000
N113　Z300	N113　W1870
N114　X4998	N114　U-1024
N115　G32 X4998 Z-1570	N115　G32 U0 W-1870
N116　G00 X6000	N116　G00 U1000
N117　Z300	N117　W1870
N118　X4978	N118　U-1020
N119　G32 X4978 Z-1570	N119　G32 U0 W-1870
N120　G00 X6000	N120　G00 U1000
N121　Z300	N121　W1870
N122　X4962	N122　U-1016
N123　G32 X4962 Z-1570	N123　G32 U0 W-1870
N124　G00 X6000	N124　G00 U1000W
N125　Z300	N125　W1870
N126　X4952	N126　U-1010
N127　G32 X4952 Z-1570	N127　G32 U0 W-1870
N128　G00 X6000	N128　G00 U1000
N129　Z300	N129　W1870
N130　X4942	N130　U-1010
N131　G32 X4942 Z-1570	N131　G32 U0 W-1870
N132　G00 X6000	N132　G00 U1000
N133　X20000 Z15000 T0500 M09	N133　X20000 Z15000 T0500 M09
N134　M05	N134　M05
/N135　M00	/N135　M00
/N136　G97 S610 T0500	/N136　G97 S610 T0500
/N137　G50 X20000 Z15000 M08	/N137　G50 X20000 Z15000 M08
/N138　G00 X4942 Z300 T0505 M03	/N138　G00 X4942 Z300 T0505 M03
/N139　G32 X4942 Z-1570 F200	/N139　G32 U0 W-1870 F200
/N140　G00 X6000	/N140　G00 U1000
/N141　X20000 Z15000 T0500 M09	/N141　X20000 Z15000 T0500 M09
/N142　M05	/N142　M05
/N143　M00	/N143　M00
N144　M01	N144　M01
N145　M02	N145　M02
注：圆柱螺纹加工时，一般 □ 部分省略。	

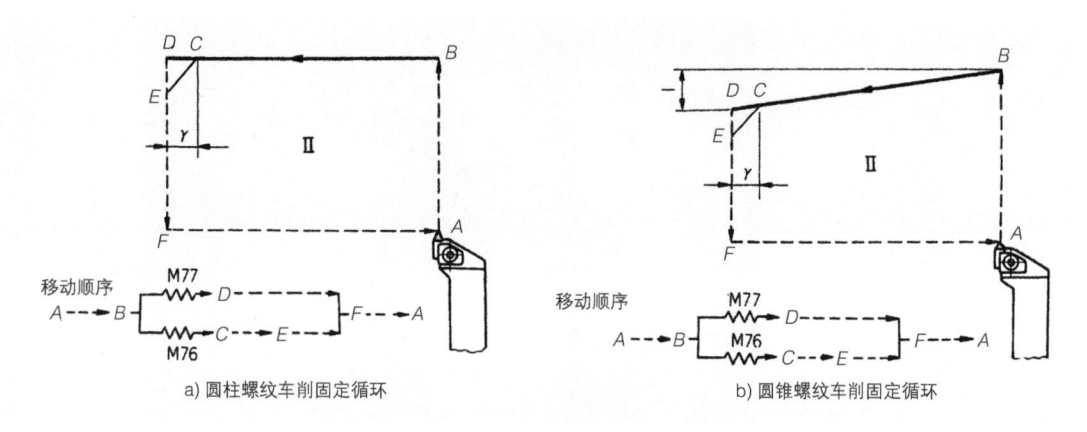

a) 圆柱螺纹车削固定循环   b) 圆锥螺纹车削固定循环

图 3　螺纹加工固定循环

表 3　G92 指令的圆柱螺纹加工　　　　　　　　（最小设定单位为 0.01mm）

绝对编程方式	相对编程方式
N100　G97 S610 T0500 M39 N101　G50 X20000 Z15000 M08 N102　G00 X6000 Z300 T0505 M03 N103　G92　X5110　Z-1570 F200 N104　G92　X5060　Z-1570 N105　G92　X5022　Z-1570 N106　G92　X4998　Z-1570 N107　G92　X4978　Z-1570 N108　G92　X4962　Z-1570 N109　G92　X4952　Z-1570 N110　G92　X4942　Z-1570 N111　G00 X20000 Z15000 T0500 M09 N112　M05 /N113　M00 /N114　G97 S610　T0500 /N115　G50 X20000 Z15000 M08 /N116　G00 X6000 Z300 T0505 M03 /N117　G92 X4942 Z-1570 F200 /N118　G00 X20000 Z15000 T0500 M09 /N119　M05 /N120　M00 N121　M01 N122　M02　　　　　　　　□部分可以省略	N100　G97 S610 T0500 M39 N101　G50 X20000 Z15000 M08 N102　G00 X6000 Z300 T0505 M03 N103　G92　U-890　W-1870 F200 N104　G92　U-940　W-1870 N105　G92　U-978　W-1870 N106　G92　U-1002　W-1870 N107　G92　U-1022　W-1870 N108　G92　U-1038　W-1870 N109　G92　U-1048　W-1870 N110　G92　U-1058　W-1870 N111　G00 X20000 Z15000 T0500 M09 N112　M05 /N113　M00 /N114　G97 S610 T0500 /N115　G50 X20000 Z15000 M08 /N116　G00 X6000 Z300 T0505 M03 /N117　G92 U-1058 W-1870 F200 /N118　G00 X20000 Z15000 T0500 M09 /N119　M05 /N120　M00 N121　M01 N122　M02　　　　　　　　□部分可以省略

表 4　G92 指令的圆锥螺纹加工

（最小设定单位为 0.01mm）

```
N200  G97 S570 T0500 M39
      G50 X20000 Z15000 M08
      G00 X6500 Z300 T0505 M03
      G92 X5400 Z-3100 I-170 F200 M76
          X5350
          X5312
          X5288
          X5268
          X5252
          X5242
          X5232
      G00 X20000 Z15000 T0500 M09
      M05
     /M00

     /G97 S570 T0500
     /G50 X20000 Z15000 M08
     /G00 X6500 Z300 T0505 M03
     /G92 X5232 Z-3100 I-170 F200
     /G00 X20000 Z15000 T0500 M09
     /M05
     /M00
      M02
```

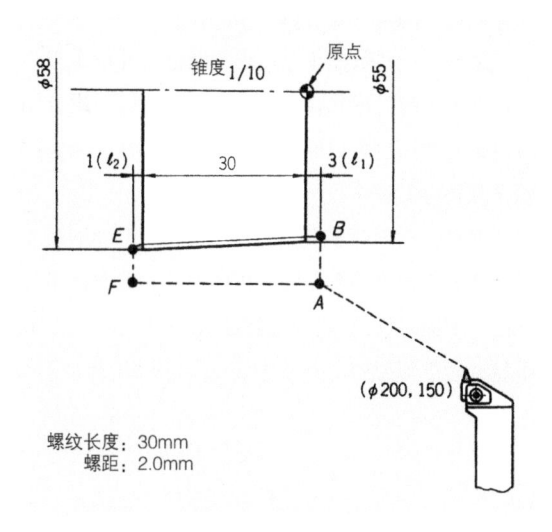

螺纹长度：30mm
螺距：2.0mm

图 4　圆锥螺纹加工

刀尖圆弧半径补偿

迄今为止，用于零件加工的刀具移动指令都是对假想刀尖进行编程，但是在实际切削加工中，为防止崩刃，刀尖都带有圆角，即所谓的具有一定半径的刀尖圆弧半径 R。因此，当对假想的刀尖进行编程时，由于刀尖圆弧半径大小的不同，加工工件的锥度部分时将产生不同于图样要求的尺寸和形状误差。

不仅锥度部分，工件的圆弧部分也将产生同样的形状误差。

因此，为了能加工出满足图样要求的零件，必须要对刀尖圆弧半径进行补偿。

最近，一些数控车床出现了能自动补偿由刀尖圆弧半径引起的形状误差的功能（选项）。或者用自动编程装置也可以非常方便地生成进行了刀尖圆弧半径补偿的程序。

但是，对于简单形状的工件，利用刀尖圆弧半径补偿表更容易编程。为了正确理解刀尖圆弧半径补偿，下面对锥度部分和圆弧部分加工的刀尖圆弧半径补偿进行说明。

锥度部分的刀尖圆弧半径补偿

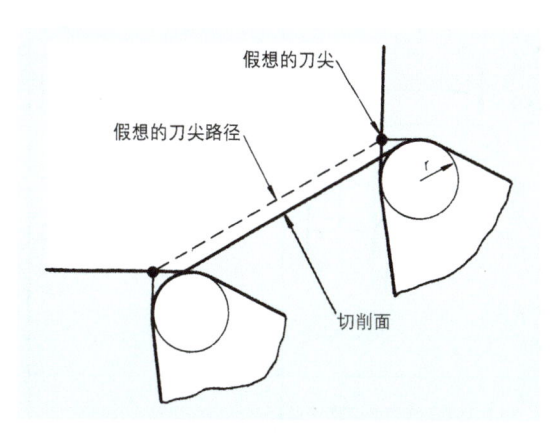

图1 锥度部分假想的刀尖路径和切削面

1 锥度部分加工

为了加工锥度部分（包括倒角），如图1所示，对用虚线表示的假想刀尖路径进行编程，实际切削面用实线表示。为了能按照虚线表示的路径（如图所示）进行加工，必须根据刀尖圆弧半径进行补偿。

加工锥度部分可以使用图2所示的切削方法。在图2中，中心线下方的区域是刀架水平安装的数控车床，中心线上方的区域是刀架水平安装以外的其他数控车床。另外，这些情况下刀尖和锥度部分之间的接触部分详图可以总结为四种类型（Ⅰ、Ⅱ、Ⅲ和Ⅳ象限）。

(1) 补偿方向

刀尖圆弧半径的补偿方向由要加工的锥度部分的前后形状决定，可按如图3所示的方法进行区分。在图3中，为了便于理解，仅用○表示刀具的刀尖部分，沿箭头指示的方向移动。另外，每个图都是锥度部分及其前后形状的简化表示。

(2) 补偿量计算公式

刀尖和锥度部分之间的接触状态（4种）统一在图4放大表示。如图4所示，锥度部分的倾斜角统一假设为"θ"，各象限分别关于 X 轴和 Z 轴对

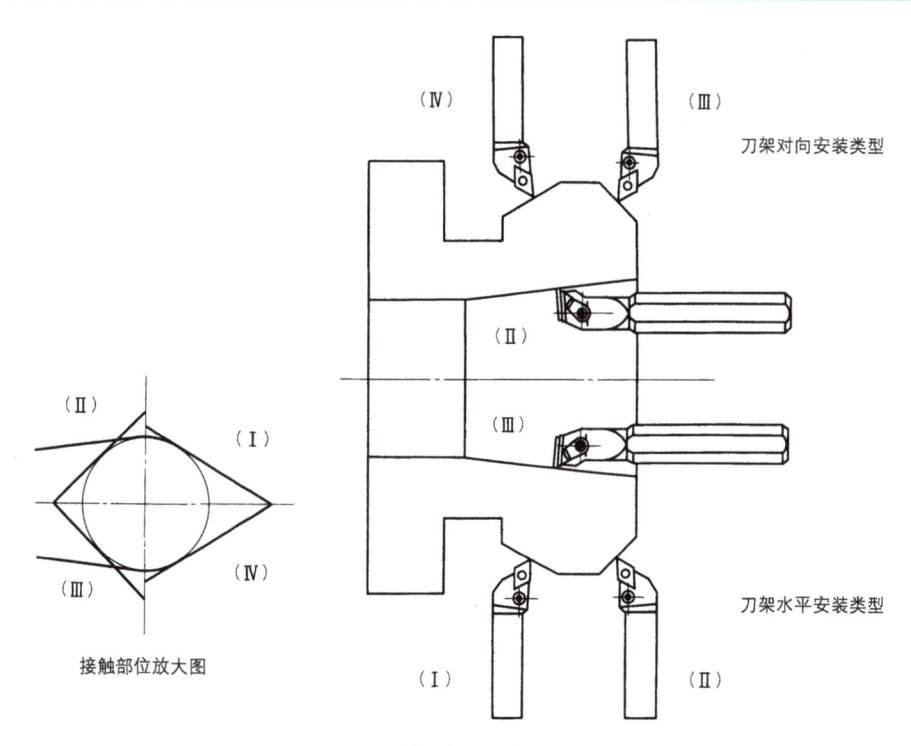

图2 锥度部分切削方法

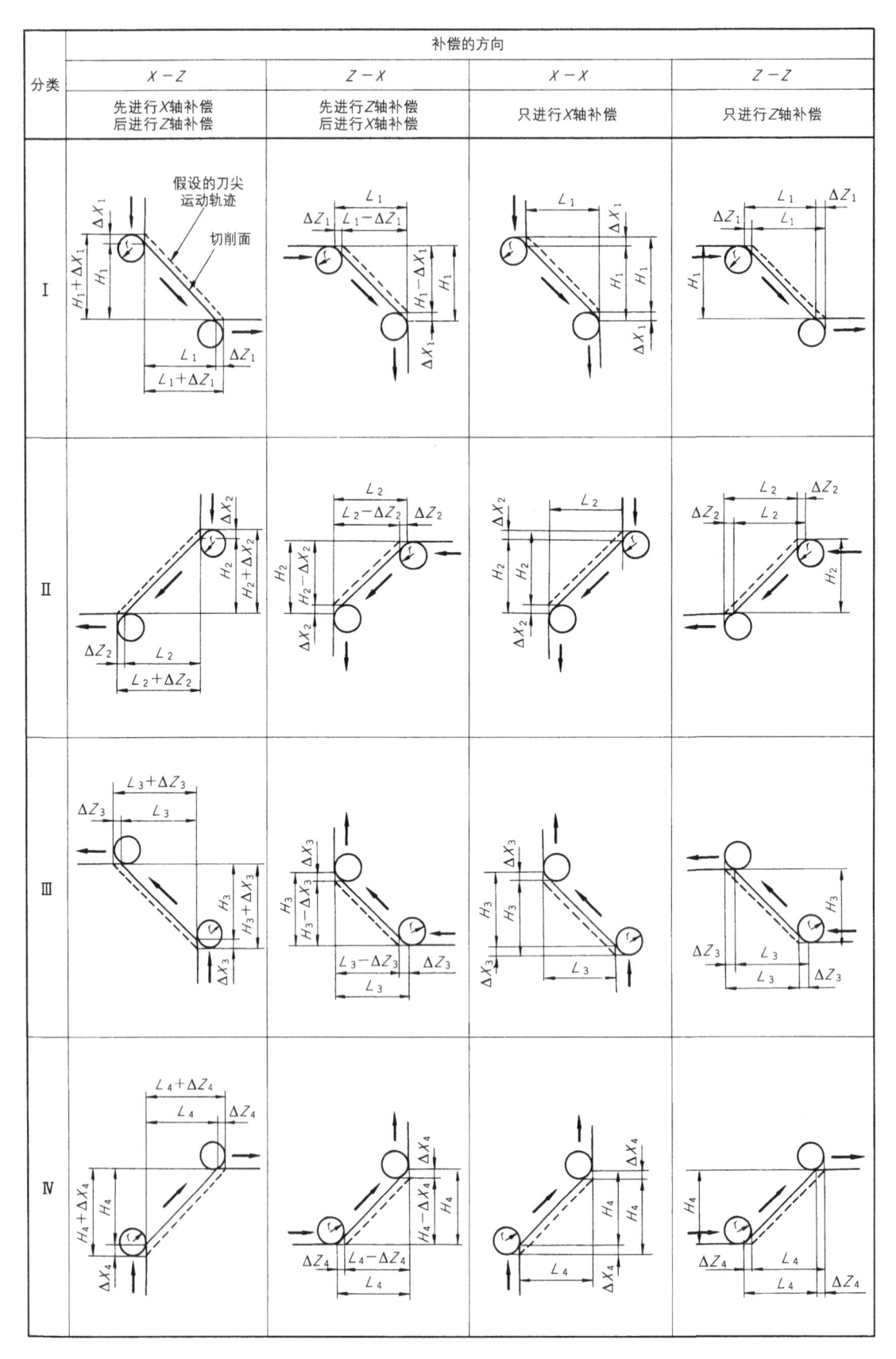

图 3　刀尖圆弧半径的补偿方向

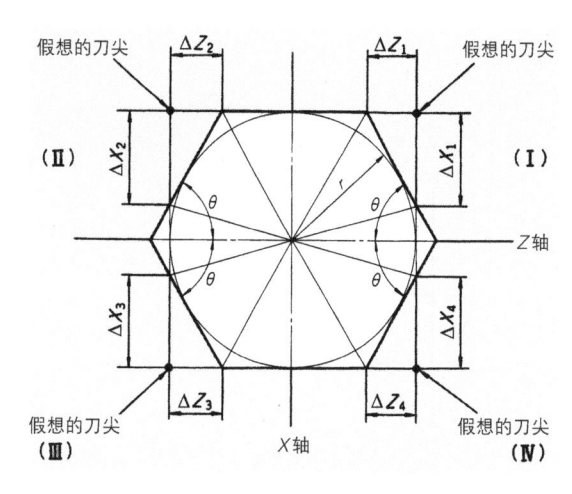

图 4 刀尖和锥度部分的接触状态

$$\Delta X = \Delta X_1 = \Delta X_2 = \Delta X_3 = \Delta X_4 = r \cdot \frac{2\tan(\theta/2)}{1+\tan(\theta/2)}$$

$$= \frac{2r}{1+\cot(\theta/2)} \quad \cdots\cdots\cdots\cdots\cdots (1)$$

$$2\Delta X = 2\Delta X_1 = 2\Delta X_2 = 2\Delta X_3 = 2\Delta X_4$$

$$= \frac{4r}{1+\cot(\theta/2)} \quad \cdots\cdots\cdots\cdots\cdots (2)$$

$$\Delta Z = \Delta Z_1 = \Delta Z_2 = \Delta Z_3 = \Delta Z_4$$

$$= r[1-\tan(\theta/2)] \quad \cdots\cdots\cdots\cdots (3)$$

式中，ΔX（ΔX_1、ΔX_2、ΔX_3 和 ΔX_4）是 X 轴方向上的补偿量（半径值，mm）；$2\Delta X$（$2\Delta X_1$、$2\Delta X_2$、$2\Delta X_3$ 和 $2\Delta X_4$）是 X 轴方向上的补偿量（直径值，mm）；ΔZ（ΔZ_1、ΔZ_2、ΔZ_3 和 ΔZ_4）是 Z 轴方向上的补偿量（mm）；r 是车刀刀尖圆弧半径（mm）；θ 是锥度部分的倾斜角 $\left[\arctan\frac{T}{2}, (°)\right]$，$T$ 是锥度。

称。因此，在每个象限中，X 轴方向上的补偿量（ΔX_1 和 ΔX_2，ΔX_3 和 ΔX_4）、Z 轴方向上的补偿量（ΔZ_1 和 ΔZ_4，ΔZ_2 和 ΔZ_3）分别相等。

补偿量根据图 4 所示的几何关系计算推导的公式（1）、（2）和（3）求得：

(3) 刀尖圆弧半径补偿表

对于可转位式刀片，通常使用的刀尖圆弧半径大小是固定的。此外，许多机械零件的斜面和倾斜部分的倾斜角都是固定的。因此，表 1 和表 2 中汇

表 1 刀尖圆弧半径补偿表摘录（锥度表示） （单位：mm）

锥度 T	$2\Delta X = \dfrac{4r}{1+\cot(\theta/2)}$						$\Delta Z = r[1-\tan(\theta/2)]$					
	$r=1.0$	$r=0.4$	$r=0.5$	$r=0.8$	$r=1.2$	$r=1.6$	$r=1.0$	$r=0.4$	$r=0.5$	$r=0.8$	$r=1.2$	$r=1.6$
1/50	0.020	0.01	0.01	0.02	0.02	0.03	0.995	0.40	0.50	0.80	1.19	1.59
1/25	0.040	0.02	0.02	0.03	0.05	0.06	0.990	0.40	0.50	0.79	1.19	1.58
1/24（B&S 锥度）	0.041	0.02	0.02	0.03	0.05	0.07	0.990	0.40	0.50	0.79	1.19	1.58
1/20	0.049	0.02	0.03	0.04	0.06	0.08	0.988	0.40	0.49	0.79	1.19	1.58
1/10	0.093	0.04	0.05	0.08	0.12	0.16	0.975	0.39	0.49	0.78	1.17	1.56
1/5	0.190	0.08	0.10	0.15	0.23	0.30	0.950	0.38	0.48	0.76	1.14	1.52
7/24（日本国家标准锥度）	0.270	0.11	0.14	0.22	0.33	0.43	0.927	0.37	0.46	0.74	1.11	1.48
1/2	0.438	0.18	0.22	0.35	0.53	0.70	0.877	0.35	0.44	0.70	1.05	1.40

表 2 刀尖圆弧半径补偿表摘录（角度表示） （单位：mm）

倾斜角 θ(°)	$2\Delta X = \dfrac{4r}{1+\cot(\theta/2)}$						$\Delta Z = r[1-\tan(\theta/2)]$					
	$r=1.0$	$r=0.4$	$r=0.5$	$r=0.8$	$r=1.2$	$r=1.6$	$r=1.0$	$r=0.4$	$r=0.5$	$r=0.8$	$r=1.2$	$r=1.6$
10	0.322	0.13	0.16	0.26	0.39	0.52	0.912	0.37	0.46	0.73	1.10	1.46
15	0.465	0.19	0.23	0.37	0.56	0.74	0.868	0.35	0.43	0.69	1.04	1.39
20	0.600	0.24	0.30	0.48	0.72	0.96	0.824	0.33	0.41	0.66	0.99	1.32
30	0.845	0.34	0.42	0.68	1.01	1.35	0.732	0.29	0.37	0.59	0.88	1.17
40	1.067	0.43	0.53	0.85	1.28	1.70	0.636	0.25	0.32	0.51	0.76	1.02
45	1.172	0.47	0.59	0.94	1.41	1.87	0.586	0.23	0.29	0.47	0.70	0.94
50	1.272	0.51	0.64	1.02	1.53	2.04	0.534	0.21	0.27	0.43	0.64	0.85
60	1.464	0.59	0.73	1.17	1.76	2.34	0.423	0.17	0.21	0.34	0.51	0.68

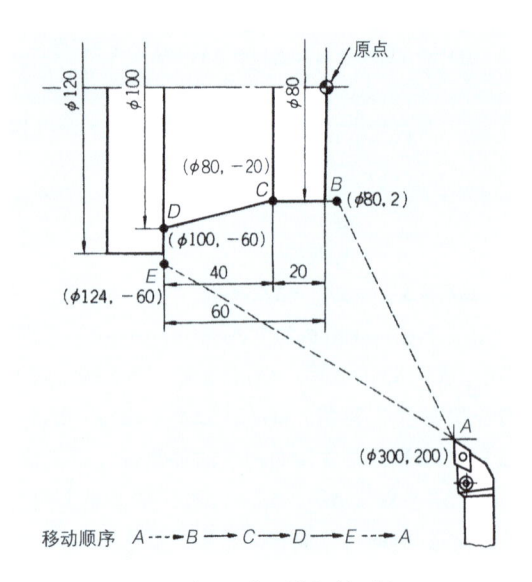

图 5　[Z—X] 型的切削示例

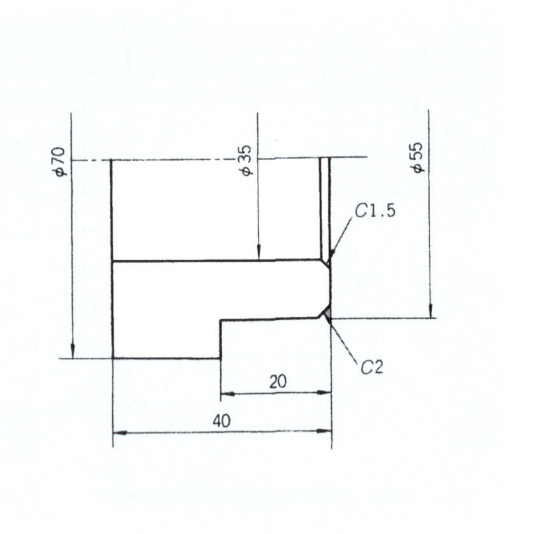

图 6　包含倒角的工件示例

表 3　[Z—X] 型的切削程序

不补偿	[Z—X] 型补偿
G96 S160 T0200 M39	
G50 X30000 Z20000 M08	
G00 X8000 Z200 T0202 M03	
G01 Z-2000 F15	G01 Z-2070 F15
X10000 Z-6000	X9965 Z-6000
X12400	
G00 X30000 Z20000 T0200	
M01	

表 4　包含倒角的切削程序

	不补偿	[X—Z] 型补偿
绝对编程方式	G96 S150 T0400 M39	
	G50 X30000 Z20000	
	G00 X3100 Z200 T040 M03	
	G01 Z0 F10	
	X5100	X5053
	X5500 Z-200	X5500 Z-223
	Z-2000	
	X7400	
	G00 X30000 Z20000 T0400	
	M01	
绝对/相对编程方式混用	G96 S150 T0400 M39	
	G50 X30000 Z20000	
	G00 X3100 Z200 T0404 M03	
	G01 Z0 F10	
	X5100	X5053
	U400 W-200	U447 W-223
	Z-2000	
	X7400	
	G00 X30000 Z20000 T0400	
	M01	

总了与锥度、倾斜角和刀尖圆弧半径对应的补偿量。利用这 2 个表，无须进行复杂的计算就可以很容易地求得补偿量。表 1 和表 2 给出了刀尖圆弧半径补偿表的一部分。

表中没有的与刀尖圆弧半径相对应的补偿量可以通过将 $r=1.0$ mm 的补偿量乘以刀尖圆弧半径来获得。

（4）锥度部分切削示例

按照移动顺序精加工如图 5 所示的工件时，刀尖圆弧半径的补偿方向根据图 3 可知为 [Z—X] 型。假设补偿量为刀尖圆弧半径的一半，$r=0.8$ mm，可以从表 1 中得知 $2\Delta X=0.35$ mm，$\Delta Z=0.70$ mm。[Z—X] 型的切削程序见表 3。

2 倒角

倒角是车床加工中必不可少的加工类型之一。由于该倒角也被认为是锥度部分（倾斜角 45°），因此对数控车床的精加工进行编程时必须要进行补偿。

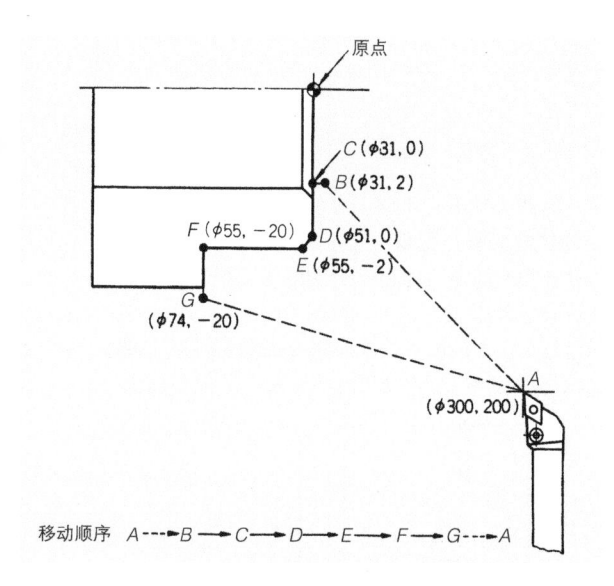

图7 包含倒角的切削示例

图8 仅加工倒角的切削示例

表5 仅加工倒角的切削程序

	不补偿	[X—Z]型补偿	[Z—X]型补偿	[X—X]型补偿	[Z—Z]型补偿
绝对编程方式	G96 S150 T0400 M39				
	G50 X30000 Z20000				
	G00 X4700 Z200 T0404 M03	G00 X4653 Z200 T0404 M03	G00 X4700 Z177 T0404 M03	G00 X4653 Z200 T0404 M03	G00 X4700 Z177 T0404 M03
	G01 X5900 Z-400 F10	G01 X5900 Z-423 F10	G01 X5853 Z-400 F10	G01 X5853 Z-400 F10	G01 X5900 Z-423 F10
	G00 X30000 Z20000 T0400				
	M01				
绝对/相对编程方式混用	G96 S150 T0400 M39				
	G50 X30000 Z20000				
	G00 X4700 Z200 T0404 M03	G00 X4653 Z200 T0404 M03	G00 X4700 Z177 T0404 M03	G00 X4653 Z200 T0404 M03	G00 X4700 Z177 T0404 M03
	G01 U1200 W-600 F10				
	G00 X30000 Z20000 T0400				
	M01				

(1) 包含倒角的切削示例

按图7中所示的移动顺序精加工图6所示的工件时,刀尖半径的补偿方向属于[X—Z]型。如果使用刀尖半径 $r=0.4$mm 的车刀,则根据表2求得的补偿量为 $2\Delta X=0.47$mm, $\Delta Z=0.23$mm(倾斜角15°)。这种情况下的程序如表4所示。

(2) 仅加工倒角的切削示例

按图8中所示的移动顺序对如图6所示的工件仅加工倒角时,通常切削指令从倒角前部延长的B点开始,到倒角后部延长的C点结束,B点和C点选择易于编程且具容易区分的点。另外,由于B点和C点不在工件上,因此,即使它们稍微偏离指令位置,只要保证在倒角部分(45°)的延长线上即可。

这种情况下,刀尖半径补偿有四种类型,即[X—Z][Z—X][X—X]和[Z—Z],假设使用刀尖半径为 $r=0.4$mm 的车刀,则补偿量与前面求得的值相同。这种情况下的切削程序见表5。特别要指出的是,在这种情况下,混合式编程可以简化程序,该示例中的最小设定单位为0.01mm。

89

锥度部分的特殊补偿

仿形加工用的车刀，其副切削刃角为32°或52°。使用这2种刀具进行轻切削加工时，如果倾斜角小于等于30°或50°，则可以切削如图9所示的形状，并且可以分别用同一把车刀进行精加工。

但是，如图9所示的接触部分放大图，由于假想的刀尖和锥度部分之间的接触部分处于不同的象限中，因此必须进行不同于之前介绍的特殊补偿。

（1）补偿方向和补偿量

在如图9所示的锥度部分切削中，根据其前后的形状确定补偿方向，可以按图10所示对其分类。补偿量 ΔX_1、ΔX_5 和 ΔZ_5 可根据刀尖和锥度部分的接触状态（图11）通过几何计算求得。但与前面

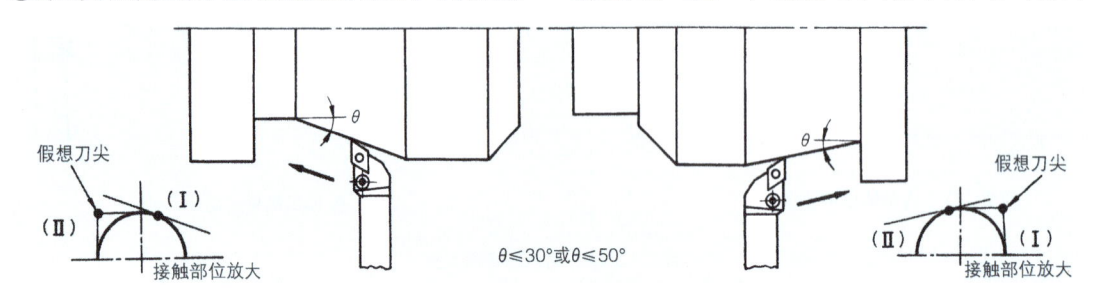

图9 锥度部分的特殊补偿

表6 刀尖圆弧半径的特殊补偿表摘录（锥度表示）

锥度 T	$2\Delta X_5 = 2r\tan\theta[1+\tan(\theta/2)]$						$\Delta Z_5 = r[1+\tan(\theta/2)]$					
	$r=1.0$	$r=0.4$	$r=0.5$	$r=0.8$	$r=1.2$	$r=1.6$	$r=1.0$	$r=0.4$	$r=0.5$	$r=0.8$	$r=1.2$	$r=1.6$
1/50	0.020	0.01	0.01	0.02	0.02	0.03	1.005	0.40	0.50	0.80	1.21	1.61
1/25	0.040	0.02	0.02	0.03	0.05	0.06	1.010	0.40	0.50	0.81	1.21	1.62
1/24（B&S锥度）	0.042	0.02	0.02	0.03	0.05	0.07	1.010	0.40	0.51	0.81	1.21	1.62
1/20	0.051	0.02	0.03	0.04	0.06	0.08	1.012	0.40	0.51	0.81	1.21	1.62
1/10	0.102	0.04	0.05	0.08	0.12	0.16	1.025	0.41	0.51	0.82	1.23	1.64
1/5	0.210	0.08	0.10	0.17	0.25	0.34	1.050	0.42	0.52	0.84	1.26	1.68
7/24（日本国家标准锥度）	0.313	0.13	0.16	0.25	0.38	0.50	1.073	0.43	0.54	0.86	1.29	1.72
1/2	0.562	0.22	0.28	0.45	0.67	0.90	1.123	0.45	0.56	0.90	1.35	1.80

表7 刀尖圆弧半径的特殊补偿表摘录（角度表示）

倾斜角 $\theta/°$	$2\Delta X_5 = 2r\tan\theta[1+\tan(\theta/2)]$						$\Delta Z_5 = r[1+\tan(\theta/2)]$					
	$r=1.0$	$r=0.4$	$r=0.5$	$r=0.8$	$r=1.2$	$r=1.6$	$r=1.0$	$r=0.4$	$r=0.5$	$r=0.8$	$r=1.2$	$r=1.6$
5	0.183	0.07	0.09	0.15	0.22	0.29	1.044	0.42	0.52	0.83	1.25	1.67
10	0.384	0.15	0.19	0.31	0.46	0.61	1.087	0.43	0.54	0.87	1.30	1.74
15	0.606	0.24	0.30	0.49	0.73	0.97	1.132	0.45	0.57	0.91	1.36	1.81
20	0.856	0.34	0.43	0.69	1.03	1.37	1.176	0.47	0.59	0.94	1.41	1.88
30	1.464	0.59	0.73	1.17	1.76	2.34	1.268	0.51	0.63	1.01	1.52	2.03
40	2.289	0.92	1.14	1.83	2.75	3.66	1.364	0.55	0.68	1.09	1.64	2.18
45	2.828	1.13	1.41	2.26	3.39	4.53	1.414	0.57	0.71	1.13	1.70	2.26
50	3.495	1.40	1.75	2.80	4.19	5.59	1.466	0.59	0.73	1.17	1.76	2.35

求得的补偿量一样,从图 11 可以容易地推测出补偿量 ΔX_1 和 ΔZ_1。

$$\Delta Z_5 = 2r - \Delta Z_1 = r[1 + \tan(\theta/2)] \quad \cdots (1)$$
$$\Delta X_5 = \Delta Z_5 \tan\theta = r\tan\theta[1 + \tan(\theta/2)] \cdots (2)$$
$$2\Delta X_5 = 2r\tan\theta[1 + \tan(\theta/2)] \quad \cdots\cdots (3)$$

式中,ΔZ_5 是 Z 轴方向上的补偿量(mm);ΔX_5 是 X 轴方向上的补偿量(半径值,mm);$2\Delta X_5$ 是 X 轴方向上的补偿量(直径值,mm);r 是刀尖圆弧半径(mm);θ 是锥度部分的倾斜角 $\left[\arctan\dfrac{T}{2},(°)\right]$,$T$ 是锥度。

(2)刀尖圆弧半径补偿表

有关特殊补偿部分的补偿量,根据锥度、倾斜角和刀尖半径,预先进行计算并汇总到表中。此处,在表 6 和表 7 中给出了其中的一部分。

(3)特殊补偿部分的切削示例

如图 12 所示为包含特殊补偿部分的切削示例。所使用的车刀刀尖圆弧半径为 0.4mm,求出补偿量之后进行编程,特殊补偿部分的切削程序见表 8。

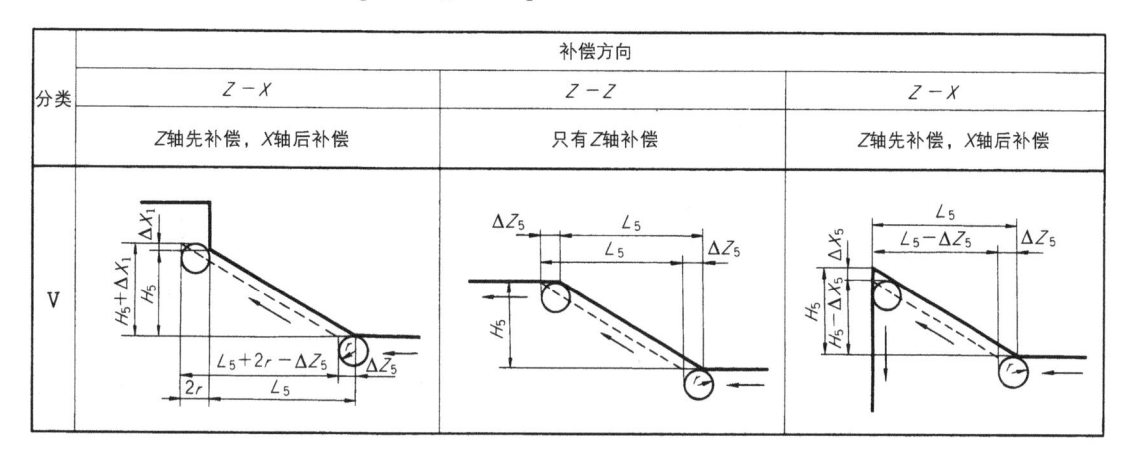

分类	补偿方向		
	Z—X	Z—Z	Z—X
	Z 轴先补偿,X 轴后补偿	只有 Z 轴补偿	Z 轴先补偿,X 轴后补偿
V			

图 10 接触状态和补偿方向

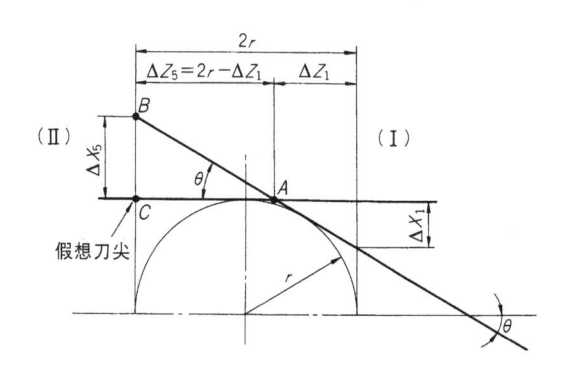

图 11 刀尖和锥度部分的接触状态

表 8 特殊补偿部分的切削程序

不补偿	[Z—X]型补偿
G96 S150 T0500 M39	
G50 X20000 Z15000	
G00 X8000 Z200 T0505 M03	
G01 Z-2000 F10	G01 Z-2042 F10
X7400 Z-5000	X7392 Z-5080
X8400	
G00 X20000 Z15000 T0500	
M01	

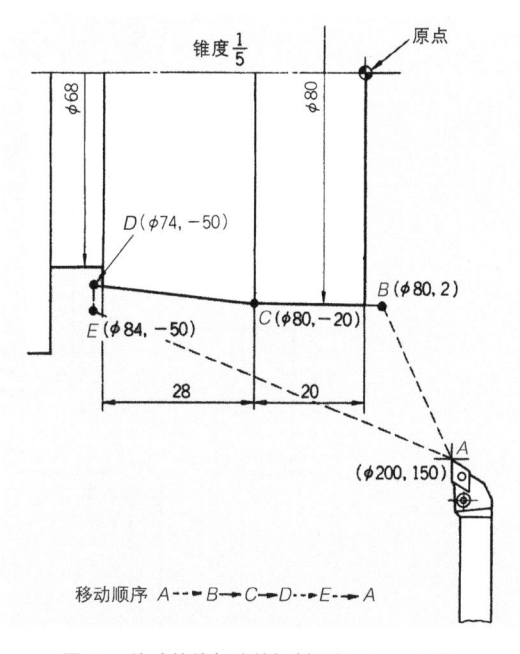

移动顺序 $A \dashrightarrow B \to C \to D \dashrightarrow E \dashrightarrow A$

图 12 特殊补偿部分的切削示例(Z—X 型)

91

圆弧部分的刀尖圆弧半径补偿

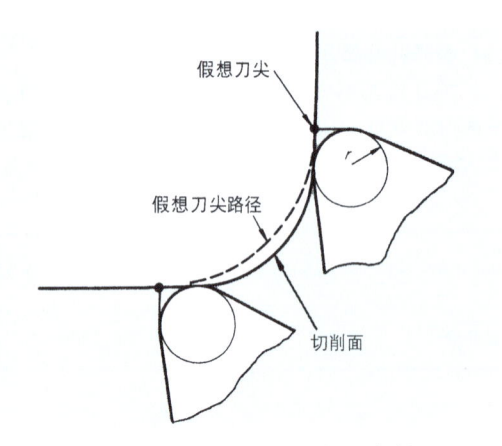

图 13　圆弧部位的假想刀尖路径和切削面

除了锥度部分外，刀尖圆弧半径对圆弧部分的加工尺寸（形状）也会产生影响。

如图 13 所示为圆弧切削时假想刀尖路径和实际的切削面，为了能按照图样加工出工件，必须进行刀尖圆弧半径补偿。

1　1/4 圆的切削

1/4 圆的切削加工如图 14 所示有不同类型，大体可分为"圆弧内轮廓切削"和"圆弧外轮廓切削"。进而，根据 1/4 圆弧所在象限分为 Ⅰ、Ⅱ、Ⅲ 和 Ⅳ 进行说明。在 X 轴和 Z 轴对圆弧部分切削进行补偿的同时，圆心也必须移动。

（1）切削 1/4 圆内轮廓的情况

如图 15 所示为加工第 Ⅱ 象限的 1/4 圆内轮廓和外轮廓的情况，用符号 ○ 仅表示车刀的刀尖部分，假设沿箭头方向移动。从图 15 可知，刀尖半径补偿首先在 Z 轴进行，然后在 X 轴进行，补偿量为 $\Delta Z_2 = r$，$\Delta X_2 = r$（半径值），$2\Delta X_2 = 2r$（直径值）。

此外，圆心从 O_1 移动到 O_2，圆弧半径从 R 变为 $R-r$。第 Ⅱ 象限以外的 1/4 圆也进行同样的补偿。以上结果汇总如图 16 所示。

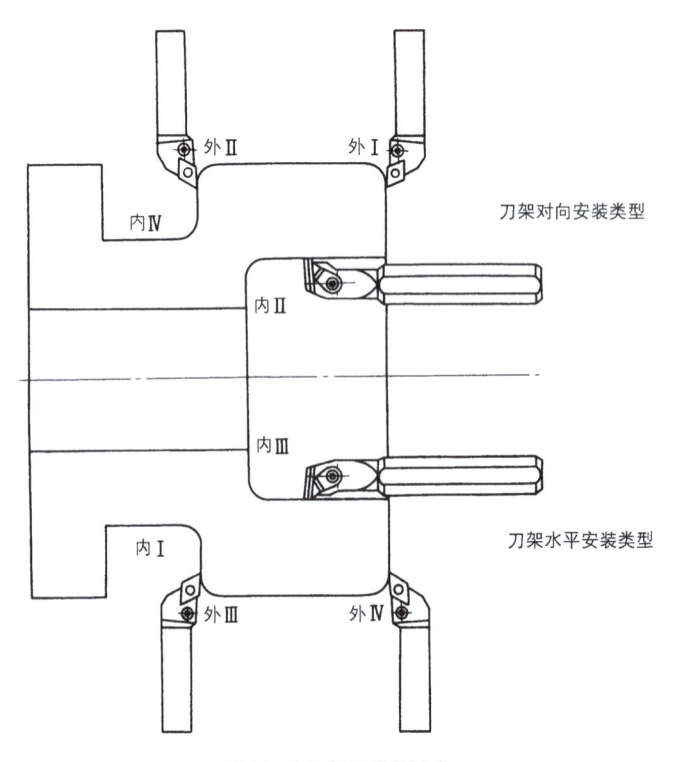

图 14　1/4 圆切削的种类

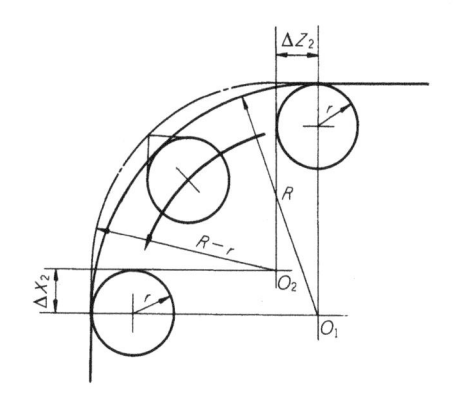

图15 1/4 圆的内轮廓切削

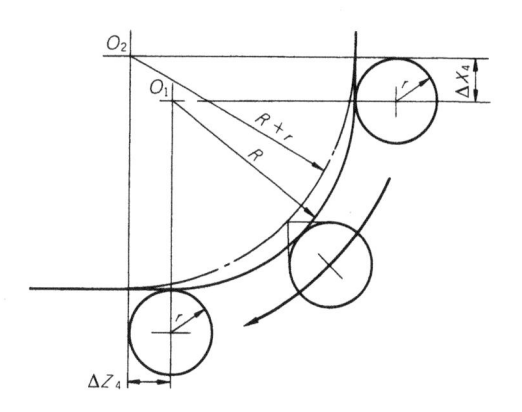

图17 1/4 圆的外轮廓切削

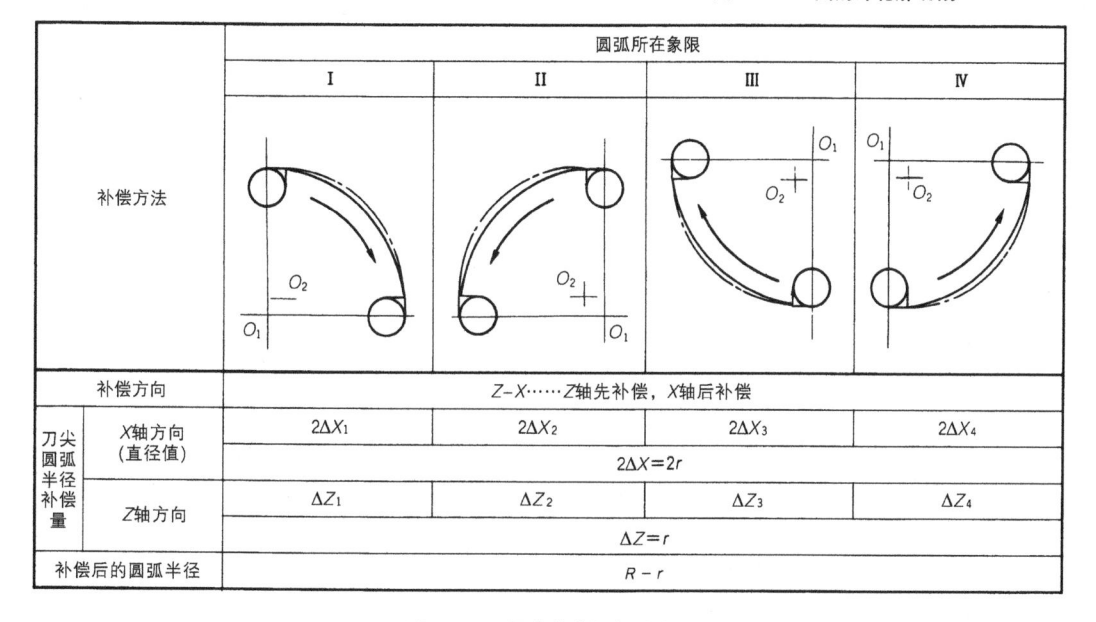

		圆弧所在象限			
		I	II	III	IV
补偿方法					
补偿方向		Z-X……Z轴先补偿，X轴后补偿			
刀尖圆弧半径补偿量	X轴方向（直径值）	$2\Delta X_1$	$2\Delta X_2$	$2\Delta X_3$	$2\Delta X_4$
		$2\Delta X = 2r$			
	Z轴方向	ΔZ_1	ΔZ_2	ΔZ_3	ΔZ_4
		$\Delta Z = r$			
补偿后的圆弧半径		$R - r$			

图16 1/4 圆内轮廓切削的补偿

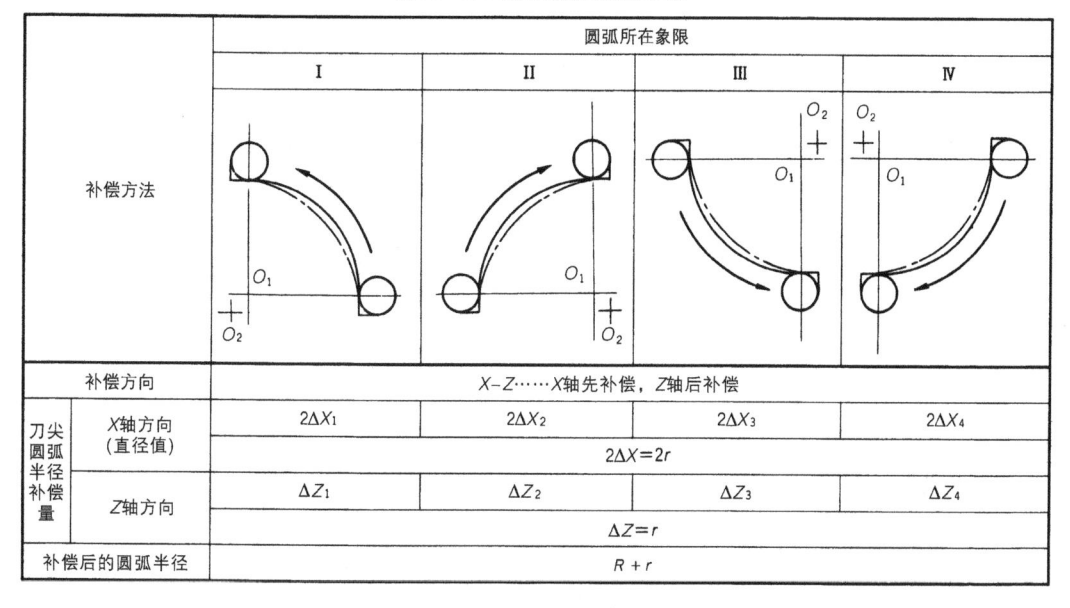

		圆弧所在象限			
		I	II	III	IV
补偿方法					
补偿方向		X-Z……X轴先补偿，Z轴后补偿			
刀尖圆弧半径补偿量	X轴方向（直径值）	$2\Delta X_1$	$2\Delta X_2$	$2\Delta X_3$	$2\Delta X_4$
		$2\Delta X = 2r$			
	Z轴方向	ΔZ_1	ΔZ_2	ΔZ_3	ΔZ_4
		$\Delta Z = r$			
补偿后的圆弧半径		$R + r$			

图18 1/4 圆外轮廓切削的补偿

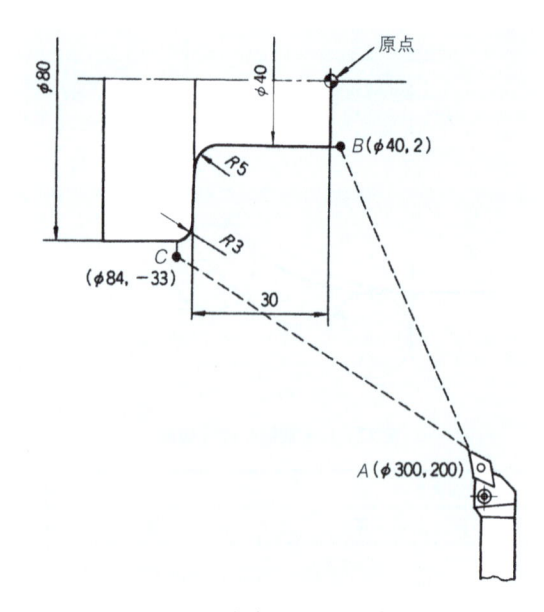

图19 包含1/4圆的工件

表9 正方形切削的程序

（最小设定单位0.01）

不补偿	有补偿
G96 S180 T0400 M39	
G50 X30000 Z20000	
G00 X4000 Z200 T0404 M03	
G01 Z - 2500 F15	G01 Z - 2580 F15
G02 X5000 Z - 3000 I500	G02 X4840 Z - 3000 I420
G01 X7400	G01 X7240
G03 X8000 Z - 3300 K - 300	G03 X8000 Z - 3380 K - 380
G01 X8400	
G00 X30000 Z20000 T0400	
M00	

（2）切削1/4圆外轮廓时

图17为加工位于第Ⅳ象限的1/4圆外轮廓的情况。根据图17可知，刀尖圆弧半径补偿首先在 X 轴进行，然后在 Z 轴进行，补偿量为 $\Delta X_4 = r$（半径值），$2\Delta X_4 = 2r$（直径值），$\Delta Z_4 = r$。圆心从 O_1 移动到 O_2，圆弧半径从 R 变为 R + r。

第Ⅳ象限之外的1/4圆也进行同样的补偿。以上结果汇总如图18所示。

（3）1/4圆的切削示例

作为切削1/4圆的示例，在进行如图19所示工件的精加工时，补偿方法如下所示，刀具刀尖圆弧半径为 $r = 0.8 \text{mm}$。

①圆弧内轮廓加工（R5部位）：补偿方向为 [Z - X] 型，补偿量为 $\Delta Z = 0.8\text{mm}$，$2\Delta Z = 1.6\text{mm}$，补偿后的圆弧半径为 $R - r = 4.2\text{mm}$。

②圆弧外轮廓加工（R3部位）：补偿方向为 [X - Z] 型，补偿量为 $2\Delta X = 1.6\text{mm}$，$\Delta Z = 0.8\text{mm}$，补偿后的圆弧半径为 $R + r = 3.8\text{mm}$。

表9中给出图19所示零件的精加工程序。

在该例子中用地址 I 和 K 指令圆心，但是对于可以使用刀尖圆弧半径进行指令的机型，也可用地址 R 和半径值来进行指令。

② 不足1/4圆的加工

有时要加工1/4圆的1端或2端欠缺的形状。在这种情况下，欠缺的圆弧和直线的交点坐标有时不显示在图形中，因此无法进行编程。

（1）不足1/4圆的补偿和交点坐标

不足1/4圆的补偿要通过计算补偿点的坐标值来直接求得。计算公式大致分为1端欠缺和2端欠缺2种情况，进而，根据补偿方向分为 [Z - X] 和 [Z - Z] 2种类型进行说明。

①1端欠缺的1/4圆：如图20所示为1端欠缺的1/4圆，编程必要的数值和未知的交点坐标可根据图20中的公式计算求得。将根据图样尺寸求得的坐标值（已知）代入公式中进行计算时，要注意"+""-"符号。

②2端欠缺的1/4圆：图21表示2端欠缺的1/4圆，编程必要的数值和未知的交点坐标根据图21中的公式求得。

（2）不足1/4圆的切削

此处没有给出切削的示例，但是程序是1/4圆切削的关键。每个未知坐标值都经过计算求得之后再进行编程，由于计算过程有些复杂，因此要注意不要出错。

2端都欠缺的1/4圆，要同时指令 I 和 K。例如，在如图21所示的 [Z - X] 型的情况下，刀尖圆弧半径补偿后为：

G01 Z $\boxed{z_5}$ F…

G02 X $\boxed{2x_6}$ Z $\boxed{z_6}$ I $\boxed{I_2}$ K $\boxed{K_2}$

G01 X…

$\boxed{}$ 中为通过计算求得的坐标值和指令值。

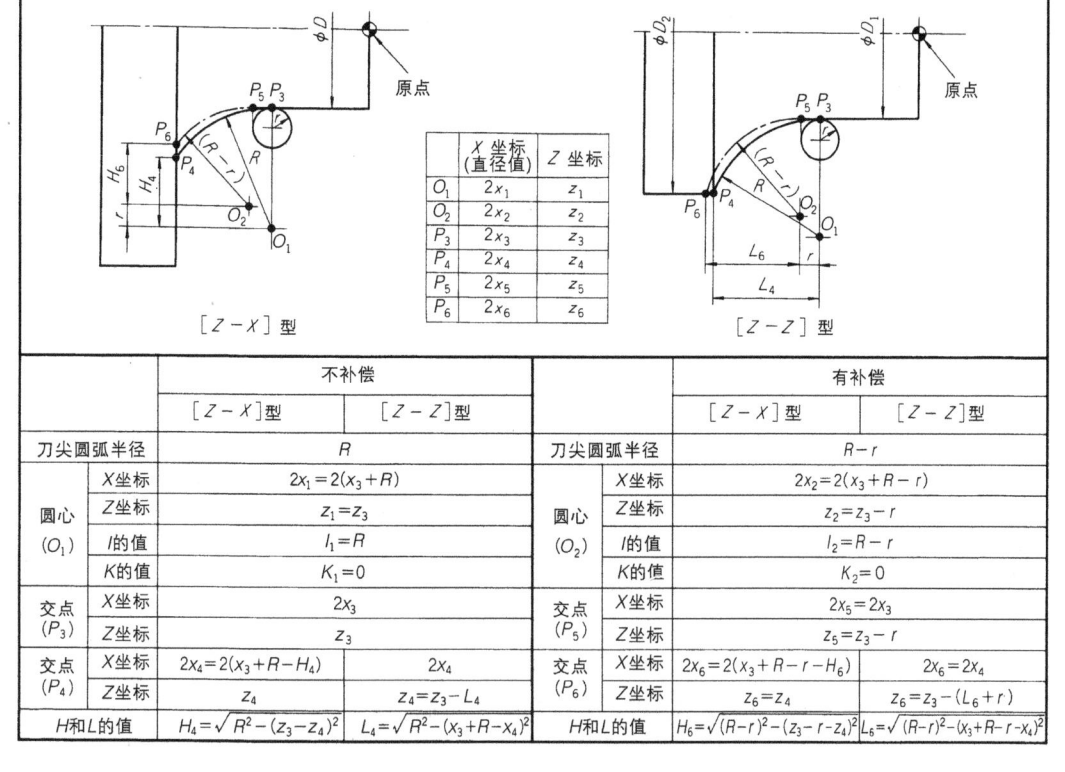

	X 坐标 (直径值)	Z 坐标
O_1	$2x_1$	z_1
O_2	$2x_2$	z_2
P_3	$2x_3$	z_3
P_4	$2x_4$	z_4
P_5	$2x_5$	z_5
P_6	$2x_6$	z_6

[Z−X]型　　　[Z−Z]型

		不补偿				有补偿	
		[Z−X]型	[Z−Z]型			[Z−X]型	[Z−Z]型
刀尖圆弧半径		R		刀尖圆弧半径		$R-r$	
圆心 (O_1)	X坐标	$2x_1=2(x_3+R)$		圆心 (O_2)	X坐标	$2x_2=2(x_3+R-r)$	
	Z坐标	$z_1=z_3$			Z坐标	$z_2=z_3-r$	
	I的值	$I_1=R$			I的值	$I_2=R-r$	
	K的值	$K_1=0$			K的值	$K_2=0$	
交点 (P_3)	X坐标	$2x_3$		交点 (P_5)	X坐标	$2x_5=2x_3$	
	Z坐标	z_3			Z坐标	$z_5=z_3-r$	
交点 (P_4)	X坐标	$2x_4=2(x_3+R-H_4)$	$2x_4$	交点 (P_6)	X坐标	$2x_6=2(x_3+R-r-H_6)$	$2x_6=2x_4$
	Z坐标	z_4	$z_4=z_3-L_4$		Z坐标	$z_6=z_4$	$z_6=z_3-(L_6+r)$
H和L的值		$H_4=\sqrt{R^2-(z_3-z_4)^2}$	$L_4=\sqrt{R^2-(x_3+R-x_4)^2}$	H和L的值		$H_6=\sqrt{(R-r)^2-(z_3-r-z_4)^2}$	$L_6=\sqrt{(R-r)^2-(x_3+R-r-x_4)^2}$

图 20　1 端欠缺的 1/4 圆的坐标

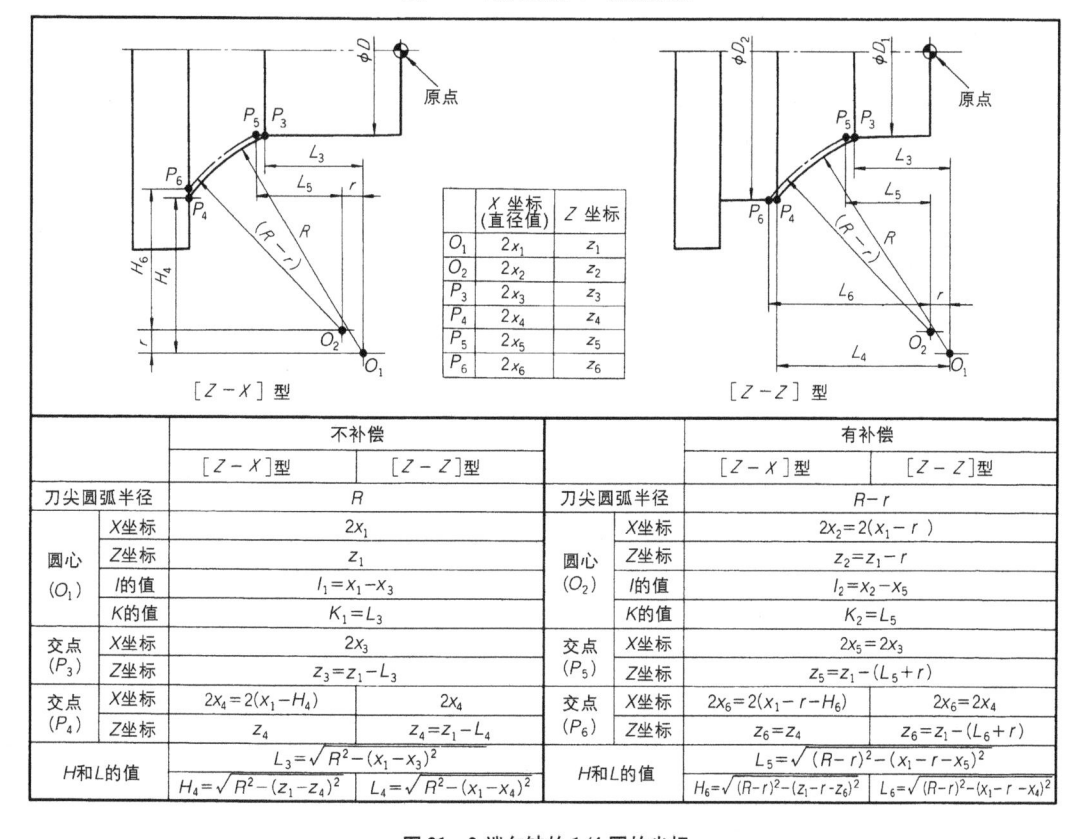

	X 坐标 (直径值)	Z 坐标
O_1	$2x_1$	z_1
O_2	$2x_2$	z_2
P_3	$2x_3$	z_3
P_4	$2x_4$	z_4
P_5	$2x_5$	z_5
P_6	$2x_6$	z_6

[Z−X]型　　　[Z−Z]型

		不补偿				有补偿	
		[Z−X]型	[Z−Z]型			[Z−X]型	[Z−Z]型
刀尖圆弧半径		R		刀尖圆弧半径		$R-r$	
圆心 (O_1)	X坐标	$2x_1$		圆心 (O_2)	X坐标	$2x_2=2(x_1-r)$	
	Z坐标	z_1			Z坐标	$z_2=z_1-r$	
	I的值	$I_1=x_1-x_3$			I的值	$I_2=x_1-x_5$	
	K的值	$K_1=L_3$			K的值	$K_2=L_5$	
交点 (P_3)	X坐标	$2x_3$		交点 (P_5)	X坐标	$2x_5=2x_3$	
	Z坐标	$z_3=z_1-L_3$			Z坐标	$z_5=z_1-(L_5+r)$	
交点 (P_4)	X坐标	$2x_4=2(x_1-H_4)$	$2x_4$	交点 (P_6)	X坐标	$2x_6=2(x_1-r-H_6)$	$2x_6=2x_4$
	Z坐标	z_4	$z_4=z_1-L_4$		Z坐标	$z_6=z_4$	$z_6=z_1-(L_6+r)$
H和L的值		$L_3=\sqrt{R^2-(x_1-x_3)^2}$		H和L的值		$L_5=\sqrt{(R-r)^2-(x_1-r-x_5)^2}$	
		$H_4=\sqrt{R^2-(z_1-z_4)^2}$	$L_4=\sqrt{R^2-(x_1-x_4)^2}$			$H_6=\sqrt{(R-r)^2-(z_1-r-z_4)^2}$	$L_6=\sqrt{(R-r)^2-(x_1-x_4)^2}$

图 21　2 端欠缺的 1/4 圆的坐标

切削参数的确定方法

即使是数控车床,其本质上还是车床,因此要根据工件材料、切削类型和刀具材料来确定切削参数,如主轴转速、进给速度、切削深度等,并给机床发出指令。

作为推荐的切削参数,表1列出了主轴电动机输出功率为7.5kW的切削参数范围。

1 主轴转速

主轴转速根据切削速度和工件直径按下面公式计算求得。

也可以从第5章的主轴转速快速查询表中得到。

$$N = \frac{1000V}{\pi D} \approx \frac{1000v}{3D} \quad \cdots\cdots\cdots\cdots\cdots\cdots (1)$$

式中,N 是主轴转速(r/min);v 是切削速度(m/min);π 是圆周率(取3.14);D 是工件直径(mm)。

与主轴电动机的输出功率无关,切削速度可以根据表1或第5部分的资料数据表进行选择。

2 精加工时的进给量

在粗加工中,加工后的表面粗糙度不是很重要,但是在精加工中,必须要加工到图样中标注的表面粗糙度范围内。

(1) 加工表面粗糙度

车削的表面粗糙度有2种:①切削方向(径向);②刀具进给方向(轴向)。其中,刀具进给方向(轴向)的表面粗糙度值较大,因此将该轴向表面粗糙度作为加工表面粗糙度。

(2) 理论上的加工表面粗糙度

加工表面粗糙度与车刀的刀尖半径和进给量有关,理论上的加工表面粗糙度(图1)由以下公式表示:

$$R_{max} \approx \frac{f^2}{8r} \times 10^3 \quad \cdots\cdots\cdots\cdots\cdots\cdots (2)$$

式中,R_{max} 是理论上的加工表面粗糙度(μm);f 是进给速度(mm/r);r 是车刀的刀尖圆弧半径(mm)。

(3) 进给速度和表面粗糙度

表1 切削参数的范围

工件材料	切削类型	切削深度/mm	切削速度/(m/min)	进给速度/(mm/r)	刀具材料
碳素钢 60kgf/mm²	粗加工	5~7	60~100	0.2~0.4	P10~P20
	中加工	2~3	80~120	0.2~0.4	P10~P20
	精加工	0.1~0.15	120~150	0.1~0.2	P01~P10
	螺纹加工		70~100	螺距	P10~P20
	中心钻		500~800r/min	0.1~0.2	SKH2
	钻削		~30	0.1~0.2	SKH51
	切断（宽<5mm）		70~110	0.1~0.2	P20
合金钢 140kgf/mm²	粗加工	3~5	50~80	0.2~0.4	P10~P20
	精加工	0.1~0.15	60~100	0.1~0.2	P01~P10
	切断（宽<5mm）		40~70	0.1~0.2	P20
铸铁 200HBW	粗加工	5~7	50~70	0.2~0.4	K10~K20
	精加工	0.1~0.15	70~100	0.1~0.2	K01~K10
	切断（宽<5mm）		50~70	0.1~0.2	K20
铝合金	粗加工	2~3	600~1000	0.2~0.3	K10
	精加工	0.2~0.3	800~1200	0.1~0.2	K10
	切断（宽<5mm）		600~1000	~0.1	K10
黄铜 青铜	粗加工	2~4	400~500	0.2~0.3	K10
	精加工	0.1~0.15	450~600	0.1~0.2	K10
	切断（宽<5mm）		400~500	~0.1	K10

表2 进给速度和加工表面粗糙度

进给速度f/(mm/r)	刀尖圆弧半径r/mm									表面粗糙度的区分R_{max}
	0.1	0.2	0.4	0.5	0.8	1.0	1.2	1.6	2.0	
0.010	0.125	0.063	0.031	0.025	0.016	0.013	0.010	0.008	0.006	0.8S ▽▽▽▽
0.050	3.13	1.56	0.78	0.63	0.39	0.31	0.26	0.20	0.16	
0.100	12.5	6.25	3.13	2.50	1.56	1.25	1.04	0.78	0.63	
0.150	28.1	14.1	7.03	5.63	3.52	2.81	2.34	1.76	1.41	6.3S ▽▽▽
0.200	50.0	25.0	12.5	10.0	6.25	5.00	4.17	3.13	2.50	
0.250	78.1	39.1	19.5	15.6	9.77	7.81	6.51	4.88	3.91	
0.300	113	56.3	28.1	22.5	14.1	11.3	9.37	7.03	5.63	
0.350	153	76.6	38.3	30.6	19.1	15.3	12.8	9.57	7.66	25S ▽▽
0.400	200	100	50.0	40.0	25.0	20.0	16.7	12.5	10.0	
0.500	313	156	78.1	62.5	39.1	31.3	26.0	19.5	15.6	
0.600	450	225	113	90.0	56.3	45.0	37.5	28.1	22.5	
0.700	—	306	153	123	76.6	61.3	51.0	38.3	30.6	100S ▽
0.800	—	400	200	160	100	80.0	66.7	50.0	40.0	
0.900	—	506	253	203	127	101	84.4	63.3	50.6	
1.000	—	—	313	250	156	125	104	78.1	62.5	

主要的进给速度和理论上的加工表面粗糙度之间的关系见表2。在实际的车削过程中，受切屑的形成方式和刀尖等影响，可在确定进给速度时考虑大于表中的数值。

3 切削深度

精加工的切削深度从表1可知，工件材料为铝时切削深度取值在0.2~0.3mm范围内，其他工件

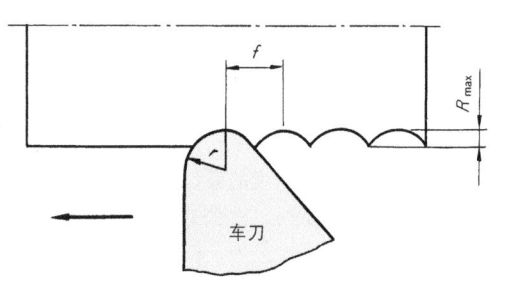

图1 理论上的加工表面粗糙度

表3 K的值

工件材料		K
碳素结构钢	40kgf/mm²	210
	60kgf/mm²	260
	80kgf/mm²	300
合金结构钢	100kgf/mm²	330
	140kgf/mm²	400
	180kgf/mm²	510
铸铁	120HBW	100
	160HBW	140
	200HBW	180
铝		70
黄铜·青铜		100

表4 切削深度和进给速度的关系

d/mm	f/(mm/r)
7	0.20
6	0.23
5	0.28
4	0.35
3	0.46

材料如果在0.1~0.15mm的范围内进行切削没有问题，但是对于粗切削来说，进给速度与主轴伺服电动机的输出功率、工件材料和切削速度等都有关系。

(1) 切削深度和进给速度

切削深度和进给速度的乘积可以用以下公式表示，根据该公式可以求得切削深度。

$$d \times f = \frac{6000 \times P \times \eta}{K \times v} \quad \cdots\cdots(3)$$

式中，d是切削深度（mm）；f是进给速度（mm/r）；P是主轴伺服电动机的输出功率（kW）；η是机械效率（≈0.8）；K是比切削力近似值（表3）（kg/mm²）；v是切削速度（m/min）。

(2) 切削深度计算示例

假设用功率为7.5kW的数控车床，以100m/min的切削速度粗加工S45C（抗拉强度≈60kg/mm²，K≈260kg/mm²），则根据公式（3）可得到

$$d \times f = 1.38 \quad \cdots\cdots(4)$$

但是，当进给速度小于0.1mm/r时，断屑槽将不起作用，切屑不能被切断。因此，表4给出的是进给速度大于0.20mm/r条件下的切削深度和进给速度之间的关系。

(3) 切削深度和进给速度的最佳值

当切削速度恒定时，由公式（4）可知，切削深度和进给速度成反比关系，按照上面的方法算出的切削深度和进给速度留一些余量。因此，可以采用容易区分的数值（例如，对于5mm的切削深度，

表5 工件材料和顶角

工件材料	α（°）
碳素钢	118
合金钢	120~140
铸铁	90~118
黄铜、青铜	118
铝合金	90~120

表6 标准钻头的过切量

D	ΔZ	D	ΔZ	D	ΔZ	D	ΔZ
1	0.3	16	4.8	31	9.3	46	13.8
2	0.6	17	5.1	32	9.6	47	14.1
3	0.9	18	5.4	33	9.9	48	14.4
4	1.2	19	5.7	34	10.2	49	14.7
5	1.5	20	6.0	35	10.5	50	15.0
6	1.8	21	6.3	36	10.8	51	15.3
7	2.1	22	6.6	37	11.1	52	15.6
8	2.4	23	6.9	38	11.4	53	15.9
9	2.7	24	7.2	39	11.7	54	16.2
10	3.0	25	7.5	40	12.0	55	16.5
11	3.3	26	7.8	41	12.3	56	16.8
12	3.6	27	8.1	42	12.6	57	17.1
13	3.9	28	8.4	43	12.9	58	17.4
14	4.2	29	8.7	44	13.2	59	17.7
15	4.5	30	9.0	45	13.5	60	18.0

可取0.3mm/r的进给速度），实际可在用数控车床进行加工的过程中，用倍率开关进行调整（切削速度调节刻度盘）。

这样，可一边观察切削状态，一边找到最佳的条件，并对穿孔纸带进行修改，或者从下一次加工开始使用最佳值进行编程。

4 钻头的过切量

钻头的过切量与切削参数无关，但如果事先知道，在编程时将很有用，以下将对此进行说明。

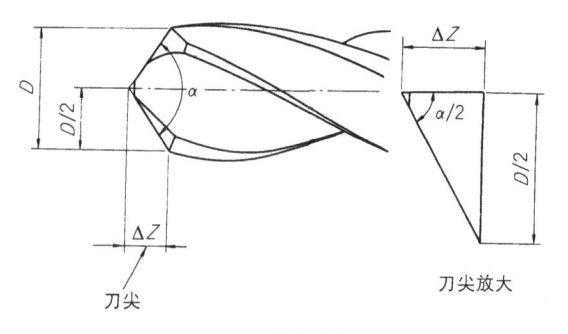

图2 钻头尖角

表7 钻尖角和 A 值

α (°)	A	α/°	A	α/°	A	α/°	A
90	0.500	105	0.384	120	0.289	135	0.207
91	0.491	106	0.377	121	0.283	136	0.202
92	0.483	107	0.370	122	0.277	137	0.197
93	0.474	108	0.363	123	0.271	138	0.192
94	0.466	109	0.357	124	0.266	139	0.187
95	0.458	110	0.350	125	0.260	140	0.182
96	0.450	111	0.344	126	0.255	141	0.177
97	0.442	112	0.337	127	0.249	142	0.172
98	0.435	113	0.331	128	0.244	143	0.167
99	0.427	114	0.323	129	0.238	144	0.162
100	0.420	115	0.318	130	0.233	145	0.158
101	0.412	116	0.312	131	0.228	146	0.153
102	0.405	117	0.306	132	0.223	147	0.148
103	0.398	118	0.300	133	0.217	148	0.143
104	0.391	119	0.294	134	0.212	149	0.139

首先，钻刀的钻头由刀尖主切削刃和横刃构成圆锥形。因此，钻孔时必须额外多进给相当于刀尖部分（图2）的长度。

在这种情况下，钻头的额外进给量为称为"过切量"，其大小取决于根据钻头的顶角 α。标准钻头的顶角为118°，但根据工件材料有所不同。主要工件材料的顶角 α 的值见表5。

（1）过切量的计算公式：

钻头过切量的计算公式如下：

$$\Delta Z = \frac{D}{2} \times \cot \frac{\alpha}{2} \quad \cdots\cdots\cdots\cdots\cdots (5)$$

式中，ΔZ 是过切量（mm）；D 是钻头直径（mm）；α 是钻头的钻尖角（°）。

（2）标准钻头的过切量

由于标准钻头的顶角为118°，因此在公式（5）中将118代入α，则可以得到以下简单形式的公式：

$$\Delta Z = 0.30043D \approx 0.3D \quad \cdots\cdots\cdots\cdots (6)$$

即标准钻头的过切量大约是钻头直径的0.3倍，表6总结了直径为1~50mm的标准钻头的过切量。

（3）计算过切量的简化公式

对于非标准钻头，可以使用以下公式方便地求得过切量：

$$\Delta Z = A \times D \quad \cdots\cdots\cdots\cdots\cdots\cdots (7)$$

式中，A 是系数 $\left(\frac{1}{2}\cot\frac{\alpha}{2}\right)$，表7给出了顶角为90°~149°时求得的 A 值。钻头的过切量可取比根据表6或公式（7）得到的值稍大且容易区分的值。

举例来说，直径为36mm，顶角为130°的钻头的过切量可按如下方法求得。

在表7中，当 α = 130°时，A = 0.233，则

$\Delta Z = A \times D = 0.233 \times 36 = 8.388$

因此，过切量取 8.5mm。

5 粗加工时的倒角

粗加工时的倒角较小时，在编程中可以忽略不计，但当倒角大到某种程度时就不能忽略。该程度的界限并不总是确定的，但是即使在编程中考虑了倒角，如果不进行刀尖圆弧半径补偿，也可能无法切掉倒角部分。在此，将针对这些不确定性进行分析。

（1）倒角部分的最大切削深度

倒角部分的最大切削深度根据以下公式计算。

$$t_{\max} = \frac{\sqrt{2}}{2}C \approx 0.7C \quad \cdots\cdots\cdots\cdots (8)$$

式中，$t_{\max}$ 是倒角部分的最大切削深度（mm）；C 是倒角尺寸（mm）。

根据公式（8）可知，倒角的最大切削深度约为倒角尺寸的0.7倍，主要倒角及其最大切削深度的关系见表8。

（2）最小倒角尺寸

根据图3不难理解，如果不进行刀尖圆弧半径补偿，能切削的最小倒角尺寸等于倒角时的补偿量，可近似地由以下公式求得：

表8 倒角部分的最大切削量

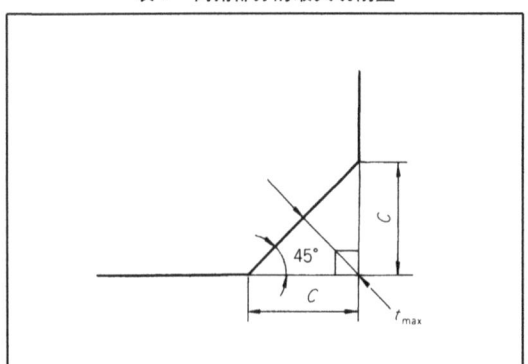

倒角尺寸（C）	最大切削量（$t_{max}\approx 0.7C$）
0.5	0.35
1.0	0.71
1.5	1.06
2.0	1.41
2.5	1.77
3.5	2.47
4.0	2.83
4.5	3.18
5.0	3.54

$$C_{min}=0.586r\approx 0.6r \quad\cdots\cdots\cdots\cdots\cdots\cdots (9)$$

式中，C_{min} 是最小倒角尺寸（mm）；0.586 是用刀尖圆弧半径为1.0mm的车刀进行倒角（倾斜角为45°）时的补偿量（半径值，mm）；r 是刀尖半径（mm）。

（3）倒角的精加工余量

在不进行刀尖圆弧半径补偿的程序中，进行了倒角加工的实际尺寸的差（精加工余量）等于图4的补偿量，近似由以下公式求得：

$$\delta=0.586\times\frac{\sqrt{2}}{2}r\approx 0.4r \quad\cdots\cdots\cdots\cdots\cdots (10)$$

式中，δ 是倒角的精加工余量（mm）。

另外，最小倒角尺寸和精加工余量都与刀尖圆弧半径的大小有关，可用简单的公式进行计算，具体内容见表9。

（4）倒角部分的总结

判断进行粗加工时是否加工倒角，建议最好用精加工车刀加工一次倒角，然后根据刀片是否能够承受负担来决定。如表8所示，如果最大切削深度大于1mm（C1.5mm），则要进行粗加工，如果小于1mm（C1.0mm以下），则可以忽略。

以刀尖圆弧半径 $r=0.8$mm 的车刀为例说明表9的用法，可知如果程序中没有刀尖圆弧半径补偿会出现以下情况：

① 不能进行小于 C0.47mm 以下的倒角加工。

② 进行大于 C0.47mm 的倒角加工时，与图样尺寸的差（精加工余量）为0.33mm（单侧）。

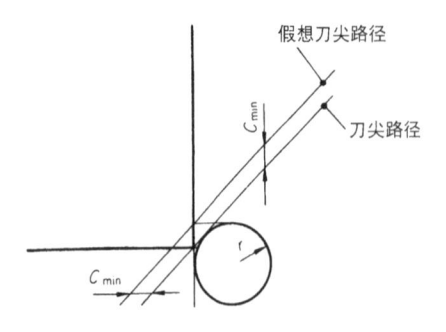

图3 刀尖圆弧半径和最小倒角尺寸

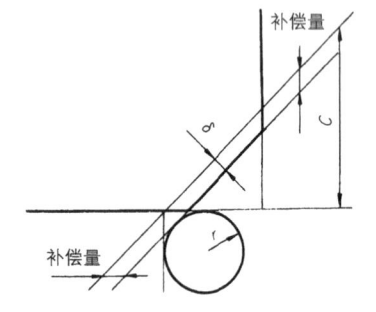

图4 刀尖圆弧半径和精加工余量

表9 最小倒角尺寸和精加工余量

刀尖圆弧半径	r	1.0	0.4	0.5	0.8	1.2	1.6
最小倒角尺寸	$C_{min}\approx 0.6r$	0.586	0.23	0.29	0.47	0.70	0.94
精加工余量	$\delta\approx 0.4r$	0.414	0.17	0.21	0.33	0.50	0.66

第 4 部分　数控车削加工实例

数控车床

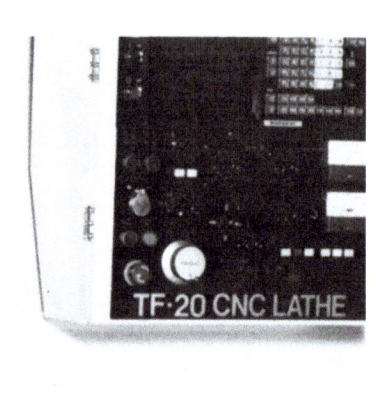

熟练操作十讲

与早期的机床相比，数控车床的性能最近已经得到大幅度的提高。φ50mm 工件直径上的加工精度可达到 10μm 以内。

但是，这并不意味着不会产生其他问题。数控车床绝不是一台魔法机器。从机械结构来看，数控车床与普通的机床一样也会发生热位移，也有注意事项。为了更好地实用机床，必须对其进行研究和有效的管理。笔者到目前为止，也已积累了数十次的失败经验。在此，想基于笔者十几年来的经验，向大家介绍一些熟练使用机床的技巧。

1 机床购入时的现场检查和数控车床的特性

机床入厂之后，笔者所在的工厂并不立即进行现场检查，而是要尽可能多地等一段时间之后再检查。之所以这样做，是为了等机床的各组成部分都很好地适应了工厂内部的状态。根据机床制造厂家的不同，有很多工厂会在装配现场打开供货车进出的大门，并在冬天放置加热炉。这样就可以保证微米级的精度，但是即使进行了检查，也不能盲目听信。

对于用户来说，如果在温差为 10～15℃ 的条件下加工，讨论微米精度将毫无意义。虽说是数控，但也不是万能的，还没有实现控制温度差即热位移的功能。

在精度检查中，首先非常重要的是主轴的精度、刀架的精度，滚珠丝杠的精度和床身的运行精度。

其中，主轴的精度是最重要的，但很多人并没有意识到这一点。结果在长期使用的过程中，加工精度的差别就变得很明显。仅凭入厂后的现场检查并不能完全掌握主轴状态，需要在每次开机前，检查水平方向、垂直方向和纵向的位移程度。

滚珠丝杠的精度检查很难，笔者所在的工厂是通过 100mm 长的螺纹加工进行检查的。但是，由于温度变化会导致尺寸偏差，因此难以判断哪个属于正确的变化。若螺距误差是逐渐变化的，则可认为存在热变形的影响。

例如，对于粗加工之后马上进行精加工的螺纹，和粗加工之后经过冷却再进行精加工的螺纹，这两者之间在 100mm 的长度上会相差约 10μm。

单一误差为 3μm，而累积误差为何为 10μm 呢？其原因是，用数控车床加工的螺纹，螺距有时变大，有时变小，有时交替反复变化。

另外，直流电动机的转速不能以恒定值进行旋转控制，虽然其转速变化很小，但还是在转速上限和下限之间的一定范围内来回变化来维持转速的。每当旋转加快时，螺距变小，反之，螺距变大，如此反复变化。因此，可以认为在数控车床上很难实现绝对意义上的精密螺纹加工。

2 机床操作技术的提高没有止境

数控程序和车削技术虽然有好有坏，但为了熟练使用数控车床，最重要的是要像熟练使用普通机床一样，充分利用机床本身的特性，并按照加工的一些基本规定使用机床。

笔者曾经分别使用 4 台数控车床，其中 2 台用于粗加工，2 台用于精加工。

举个例子，通过主轴的孔进行长材料加工，或将其切短后装夹在卡盘中加工，这 2 种加工方式自然就会在加工精度上产生差别。另外，机床折旧和精度下降的程度也有所不同。

在使用普通机床时，可以在加工材料出现振动时立即停机对其进行调节，但是使用数控车床时，即使发生外部的意外故障，机床本身也无从得知，仍将继续进行加工。其结果就是导致机床本身的精度瞬间下降。

加工工序最初也可以与普通机床设计得一样。虽然，在数控加工中，可以快速更换不同刀具，但是实际上非常耗费时间。如果认识到这一点，那么

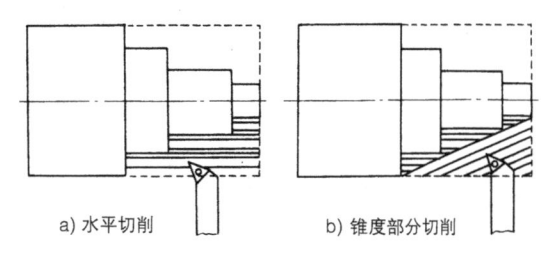

a) 水平切削　　　　b) 锥度部分切削

图 1　圆棒的三段台阶轴切削，右为数控车削的情况

就应该尽可能长时间地利用一把刀具进行加工。

再举个例子，当对圆棒进行台阶轴切削加工时，基本工序如图 1a 所示。在使用普通机床加工时，无论是加工大直径和还是小直径，主轴的转速都不会改变，因此最好更换刀具。但是，在使用数控车床的情况下，切削速度可以保持恒定，因此无须更换刀具。只要通过对 X 轴和 Z 轴进行联动，也可以实现如图 1b 所示的锥度部分加工。

首先，要根据最基本的规定进行加工操作，一旦掌握了所用机床的功能和特性，再想办法提高加工效率。机床操作技术的提高是没有止境的。

3 刀具也应在充分了解其特性的基础上使用

基本上使用可转位刀具，并且制造商也仅限于一家公司，硬质合金材料的种类尽可能减少。然而，如果被加工工件是轻合金材料，且切削余量小，加工精度要求高，则可如后面将要介绍的那样，无须一定要使用可转位刀具，但建议还是要充分利用硬质合金钎焊刀具的优点。

当使用数控车床进行高速重切削时，从耐磨性和韧性这 2 方面来看，Ti 涂层和 TiN 涂层刀具似乎是最适合的。应用 Ti 涂层之后，可以以普通硬质合金刀具 1.5 倍的切削速度进行切削。随着陶瓷涂层刀具的出现，切削速度得到进一步的提高。

但是，涂层刀具并不是万能的。对于精加工表面粗糙度要求过高或精加工尺寸偏差小于 ±0.013mm 时，相比涂层硬质合金刀具，金属陶瓷或硬质合金刀具在 G 级切屑的情况下更能得到稳定的加工尺寸。

在普通车床加工中，切削速度、进给速度和切削深度主要是根据经验选择的，总之非常简单。虽

说是在80mm处加工，但其实并没有严格按照数字进行加工。数控加工却并非如此，一切都是数字化的。不过，是否真的是在用最合适的刀具在最佳的条件下加工某种材料呢？笔者至今仍存在疑问。

4 首先请和刀具厂家的专业人员进行咨询

通常，在日本城镇有针对中小企业的类似杂货店的刀具店。不仅刀具，连磨刀石、螺栓、刷子甚至是计算器都可以送来，确实是非常方便。但是在选择数控车床用刀具的初期阶段，不要去这样的刀具店。还是应致电泰珂洛、三菱金属和山特维克这些工具制造企业的销售技术人员并进行咨询。近年来，硬质合金刀具也有带涂层的，金属陶瓷刀具也有好几种类型。不管怎样，重要的是要尽快找出适合自己工厂要加工的材料的刀具。

如果不进行试切就无法确定什么是最合适的。

5 准备足够的软爪

购入一台数控车床时，通常会附带3套软爪。除非定制，否则不会提供硬爪。从管理层的角度来看，他们可能想知道为什么会有这么多的卡爪。一套软爪的价格为6000~7000日元，购买几十套经费上确实很难负担。

但是，在经费允许的情况下应尽可能多地准备软爪。因为在数控车削加工中，软爪是节约准备时间和编程时间的关键。

不仅是软爪，刀具也是如此。例如，镗刀要适应加工孔的直径和深度，并且要能够快速安装，否则的话昂贵的机床就会处于休眠状态。

当前所有的数控车床均配有动力卡盘。但是，为了能从容应对一些紧急的工作，也可以在数台车床中的一台上事先安装自定心卡盘。有些年轻人好像认为卡盘只能夹住截面为圆形的工件，但如果将卡爪制成一些特定形状，也能夹住四边形。

↑与工件相配成形的各种软爪

6 让数控车床发挥最大能力的加工

经营者似乎认为将普通车床换成了数控车床就会立刻提高效率。

笔者也曾经进行过计算，对于1个品种的加工，加工批量为2~4个，加工1个工件时间大约为25分钟，可知除非每天加工7种工件，否则就不能说效率提高。

这样的话，包括准备工作在内，一个工件的编程时间必须限制在20min以内，但这并不容易达到。这也是笔者要购买交互式数控车床的原因，后文将对此进一步解释。

并且，当加工工件不断地变化时，每换一次工件都是一个新的挑战。或者正如之前所说，笔者至今仍在考虑如何在不更换卡爪的情况下进行加工，即不用液压卡盘，而是使用自定心卡盘。在此再啰唆一句，数控车床加工中提高效率的首要问题就是如何减少准备时间。

通常，数控车床的折旧按5年（法定10年）计算。如果可能，笔者想在3年内折旧。原因是，如果数控功能像最近几年这样逐年增加，不管怎样也无法在经济上与新出的数控车床进行竞争。

即使是数控车床，会受到工件和批量的影响，效率也不一定提高3倍。

目前，普通车床的加工费约为 2500 日元/h，数控车床的话至少要 7000~8000 日元/h。

笔者有过 15000 日元/h、最高 18000 日元/h 的工件加工经验。当时是加工一个车轮状工件，其直径为 250mm，宽度为 80mm，外圆周上有 V 形槽，中心有 φ50mm 的孔，这个工件的单件加工时间约为 20min。

在该加工中特别耗费时间的是用无心硬质合金钻头钻孔，用普通机床的话加工较困难。后来 φ20mm

↑ 数控车削加工比普通车削加工更赚钱时

以上的孔全部用无心硬质合金钻头加工，目前准备了最大 φ60mm 的 4 种刀具。

7 用数控车床可以攻螺纹和铰孔

不同工厂所加工的工件材料、加工工艺和加工批量各不相同。数控车床的加工不仅仅限于车削和钻孔。甚至还可以用铰刀精加工小孔，用丝锥攻螺纹。

笔者所在的工厂里，很少有需要使用铰刀加工的工件。一般都使用镗刀。但是，当加工数量大于 100 且孔径小于 10mm 时，则铰孔工艺是非常有用的。

但是，使用铰刀时，必须要与主轴的中心线同轴。

在数控车床上经常进行攻螺纹。用普通车床攻螺纹是相当困难的，必须在尾座上安装一个攻螺纹器，并用手推压。而数控车床上正转和反转都可进行。

不过，尽管在机床制造厂家的目录中会列出该机床可进行的加工种类清单，但多数情况下不包括攻螺纹。笔者也不清楚为什么加工中心的加工种类包括攻螺纹，而数控车床不包括呢？

笔者进行了单独的订购，还准备了 3 种类型的衬套，分别为 φ8mm、φ10mm、φ12mm。

目前在数控车削加工中，水溶性切削液的使用越来越普遍。但在攻螺纹时必须使用糊状切削液（浓稠的油性切削液）。笔者曾经问过一家大型机床制造企业，他们也在使用糊状切削液，笔者曾去制造企业尝试了用水溶性切削液能否加工，结果出人意料。

水溶性切削液的优点是可以使工件不受热，很好地冷却工件。可见所有事情都不能被先入为主的感觉所束缚。

8 轻合金轻切削时用硬质合金钎焊车刀

在数控车削加工中，是否应该使用可转位刀片也是要根据具体情况具体分析。当工件材料从钢变为铝合金，切削余量为 1~2mm，批量为数百个时，要是由笔者加工，除了在最初的粗加工中使用可转位刀片，其他情况下一般不使用。

虽然数控加工很方便，但因此就认为其很简单是不对的。对操作人员来说，最重要的仍是保持成本控制。所谓较好的加工，意味着在不超负荷、无不平衡、无浪费的情况下以较低成本实现所要求的加工精度。数控车床是实现手段之一，不管使用什么刀具都是一样的。

最近，毛坯的制作方法改进，尺寸精度更高，壁厚变得更薄，加工余量不到十年前的一半。

在轻合金轻切削的小型数控车床中，笔者选择了带有梳齿形刀架的机床。因为如果选择转塔刀架，将花费额外的刀具更换时间。当这种时间浪费累积一定量时是惊人的。

在该领域中，一道工序即一段循环时间绝大多数情况下是 20~30s。工序之间，即使 1 次分度时间仅为 0.2~0.3s 也存在问题。不管怎样，不需要刀架分度的梳齿形刀架的分度时间为 0。

进而，当被问及工厂中哪台机床精度最高时，

↑梳齿形刀架的一例

十有八九都会推荐使用带有梳齿形刀架这一类型的机床。因为如果有刀具更换机构，那么就会带来与刀具更换相应的误差，这将影响车刀的高度。而且，若是梳齿形刀架，也可以很容易地将其变为专用机床。

其次的问题是，为什么硬质合金钎焊刀具更好。这也属于最初介绍的"车削加工的基础"。

除了极少数的例外，可转位刀片都是原样使用刀具制造厂家制作的切削刃。而用户是不可能自由选择切削刃形状的。

并且，由于不重磨刀片处于烧结状态，尚没有形成切削刃。即使说是 P 级，抛光前刀面也是不容易的。

大多数车削刀片都是双面的。为了形成切削刃，必须设有后角，由此导致前角必然为负角。

刀片上多数设有断屑槽，如果是直线圆弧形断屑槽，则前角也将接近正角；如果是凸出状的断屑槽，负角就变得较大。

切削过程中的切削阻力很大程度上受到前角的影响，角度每变化 1°，切削阻力将变化 0.8%～1.0%。对于普通的可转位刀具，其前角为 5°～6° 的负角。与钎焊刀具中多数使用的 5°～20° 的正前角相比，切削阻力约高出 100%。

另外，即使使用前面提到的直线圆弧形断屑槽，在切削角附近会有一个称为平地的平坦部分（防止崩刃），进给速度小时，也会受到影响（图 2）。

总之，可转位刀片一般来说切削性不好，可以说是消耗了约 10% 机械效率的刀具。

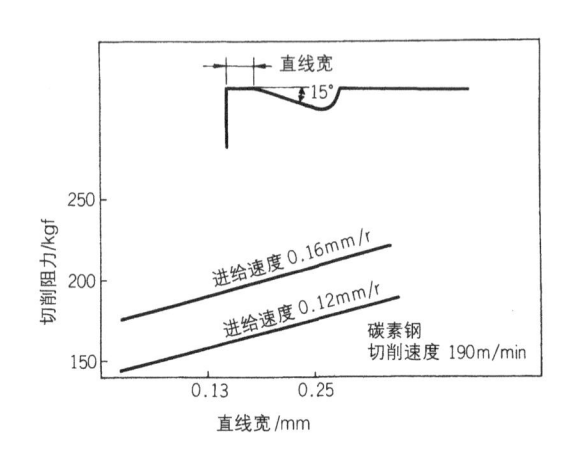

图 2 直线宽和切削阻力

9 会话式数控不仅仅有优点

数控交互式装置已经出现。如前所述，为了缩短编程时间，笔者所在的工厂最近购入了一台 FANUC 的带有数控交互式装置的数控车床，该装置为盒式磁带型，内有 FANUC 的软件。

最初，在开机之前，先旋转此盒带以将软件输入到数控装置中。这样，程序源就进入可用状态。接下来，将在 CRT 显示屏上显示界面，提示首先做什么，其次做什么，根据屏幕上的指示输入所使用的刀具类型、工件形状以及加工内容等，就可以完成编程。

程序一旦编写完成，就会被传送到将要使用的数控装置中，并被翻译成机床能识别的语言。此时，按下开始按钮，机床将按程序的指令运行。总之，车削条件全部由 FANUC 的软件来确定。

操作人员不必进行刀尖圆弧半径补偿、圆弧与锥度之间的连接以及三角函数等计算。无须计算随每个因循环加工而变化的坐标值，这些是不需要编程的。而且作为操作人员，即使不了解数控语言也没有关系。

虽然交互式编程的目的是为了缩短编程时间，但最初完成一个编程也需要 20～30min 的时间，而在最坏的情况下，甚至要花费将近 1h，因此也令人怀疑交互式编程是不是没有用。但是，年轻人适应性强，3 个月后，用手输入的动作不可思议地变快。以前需要花费1h才能完成的编程，现在只要10~15min就可以完成，确实让人感到放心。

交互式编程确实有其优点，例如，如果程序较长，即使是相当资深的程序员也可能犯一两个错误。但在交互式编程的情况下，如果有错误，会提示需修改的地方；此外，还可以在机床运行过程中进行编程，因此当有多种工件需要加工时特别方便。

但是，交互式编程也存在一些问题。例如，如果遇到编写的程序仅用一次或者只需要对程序稍作修改就能用的情况，反倒耗费时间。FANUC可以更快地完成。

其原因是，所谓的自动过程是按照特定的顺序进行的，无法中途退出。必须从第一行开始不中断地执行下去，尤其是登录要使用的刀具时，必须逐一详细地输入其刀尖角度和刀具长度等，否则的话程序无法运行。至今虽然已经半年多了，但目前有些熟练的操作员甚至都不认为FANUC更好。

虽然是交互式编程，但当前的会话是单向对话。例如，想在20min内完成工件的加工，即使向它仔细询问，让它设定各个可能的切削参数，也不会有任何回应。

可见，要想进行高效车削，在一段时间内还只能依靠具有熟练技术的操作人员。

10 切身体会和掌握切削的基本知识

笔者所在的工厂引入数控车床已有15年的时间，最多时包括自动机床在内曾有约50台车床。现在已更换为18台数控车床，没有数控功能的车床只有3台金刚石车床、1台长螺纹专用车床和1台工具车床。

过去，至少每年用普通车床进行刀具的刃磨，但在最近的1~2年中，进行此类车削加工的机会越来越少。除了年长的笔者之外只有一人能进行高速刀具淬火。

目前有60%的刀片是可转位刀片，即使这样，笔者仍认为可转位刀片的使用还是偏少。

只用可转位刀片的人似乎无法真正理解切削刃切削的感觉。另外，那些只知道数控车床的人也很难真正地理解车床的特性。

仅在头脑中设想车削是远远不够的，必须亲手操作、切身体会。

在笔者的工厂里，每年都不止1~2人重复同样的错误。

数控车床具有方便的刀具补偿功能。当完成粗加工和半精加工之后的尺寸必须大于最终加工尺寸0.02mm时，可在MDI上设置0.02mm进行精加工。对于掌握了普通车床加工技能的人来说，这些都是常识，但只会使用数控车床的人并不知道这些。

硬质合金刀片的最小切削深度为0.1~0.2mm。这是因为钎焊的硬质合金刀片即使能刃磨出切削刃，但是也不可能刃磨出0.02mm的切削刃。何况研磨对象只是烧结的可转位刀片。虽然当前正处在数控车床和可转位刀片的时代，但是需再次重申的是，有关切削的基础知识、前角的大小、切削阻力、精加工表面粗糙度的影响等不能只停留在理论研究，而应将实际操作结果深刻地印在大脑中。笔者认为这是管理者的一个很大的责任。

引进方便的高性能交互式数控装置，自己不去用心琢磨，而是依赖于数控厂家的软件（程序）；也不去理解切削的性能，依赖于厂家统一提供的刀具，假设在全日本都进行这样的加工，是不是所有加工过程都一样了呢？笔者对此一直有疑问。

数控车床加工实例 1
螺纹加工和切断加工

螺纹加工

第80页中已对通常的螺纹加工数控程序进行了说明，此处介绍一种有点特殊的梯形螺纹加工。

1 梯形螺纹加工

梯形螺纹的加工在现场存在各种各样的问题，不论是切削方法还是刀具，也都依然保持原始的状态，没有什么改进。经常发生切削振动、螺纹导程与伺服机构跟随性方面的问题。

对于通常的轴类零件加工，如果 l/d（l 为长度，d 为直径）的值在 10~13 之间，就会发生振动。为了解决这个问题，采取了改变转速、选择刀尖圆弧半径 R（角半径）较小的刀具或者将刀尖的中心设置稍高等措施，但是加工梯形螺纹仍是非常困难的，仅凭上述这些方法似乎并不能完全解决问题。

增加 6~10 倍的切削阻力也能进行切削，但是如果再大，就渐渐开始出现振动。

振动的断面如图1所示。减少振动与获得良好的工件加工精度和保持状态良好的刃口密切相关。

因此，在数控程序中，如果使用螺纹切削固定循环指令（G92），则为径向进给循环，如图2所示，刀具从螺纹中心工件沿与纵向切削方向垂直的方向切入，即使刀具的两个切削刃均成为切削面。这样，螺距变大时切削阻力也变大，从而发生振动。

下面我们再来看看螺纹固定车削循环（G76），如图3所示为曲柄进给循环，由于刀尖沿牙型一侧

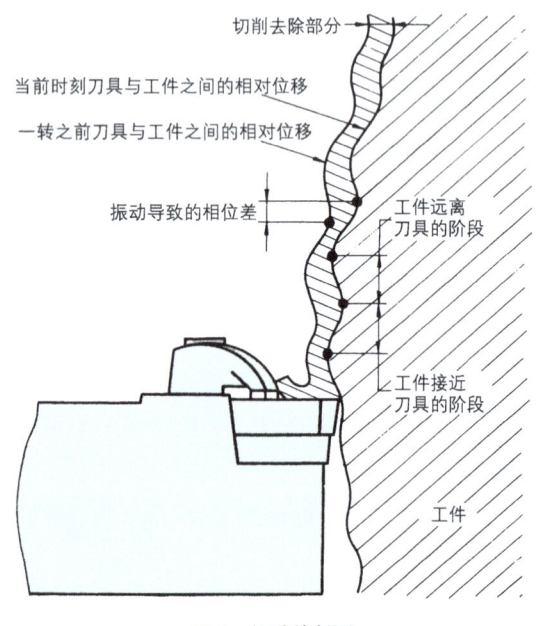

图1 振动的断面

的牙侧角切入，因此可以切削螺距较大的螺纹。如果仍然出现振动，则建议使用将 G76 和 G92 指令组合的增量进给模式。

增量进给有多种模式，其中典型的 2 种模式如图 4 和图 5 所示。也就是说，将螺纹切削过程分为几个阶段，根据螺纹牙侧角计算起始点位置，从该位置出发移动刀具，从而在一个螺纹上进行多个螺纹切削循环，最终可以得到完整的梯形螺纹。

对于防止振动的切削刀具，如果切削速度合适，为防止发生崩刃，有必要经常对不易发生积屑瘤的金属陶瓷刃磨刀片进行刃磨。相比 C 面刃磨，水平 15°的刃磨更不易发生振动。

目前，为提高经济性，各个刀具制造企业都在销售带修锐切削刃的成形刀片。使用该刀片，可在进行螺纹牙底切削的同时进行螺纹切削，因此可以保证螺纹大径和螺纹杆之间的同心度。并且由于不需使用精加工切削刀具，因此很经济。不过，没有精加工刃的螺纹切削刀片由于切削阻力较小，不易发生振动。

2 伺服机构的问题

数控车床 Z 轴的滚珠丝杠上通过进给机构安装有伺服电动机，并通过脉冲编码器或旋转变压器等与主轴的旋转信号保持同步。

有时为了缩短加工时间不得不提高切削速度（圆周速度），但不能随便地提高切削速度。必须

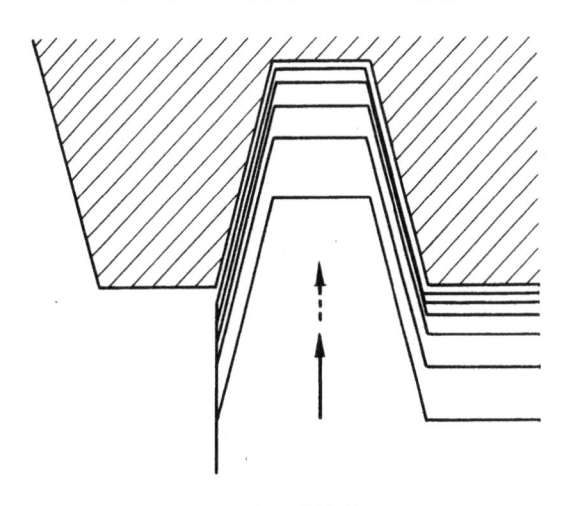

图 2 径向进给循环

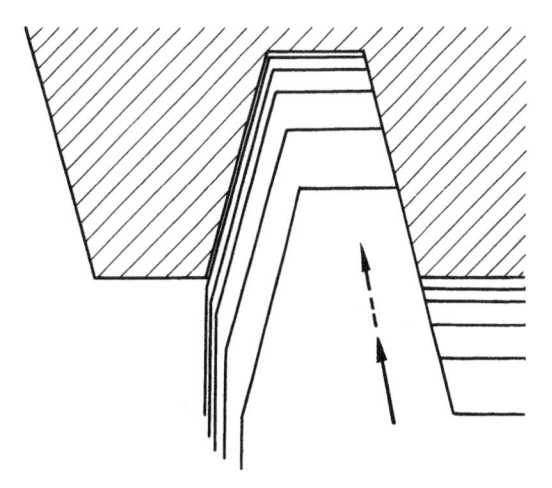

图 3 曲柄进给循环

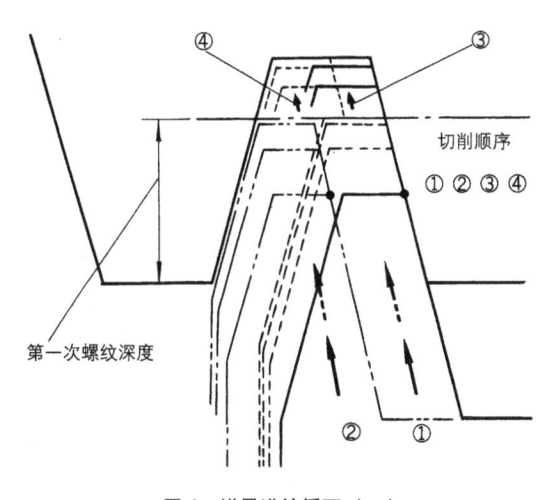

图 4 增量进给循环（一）

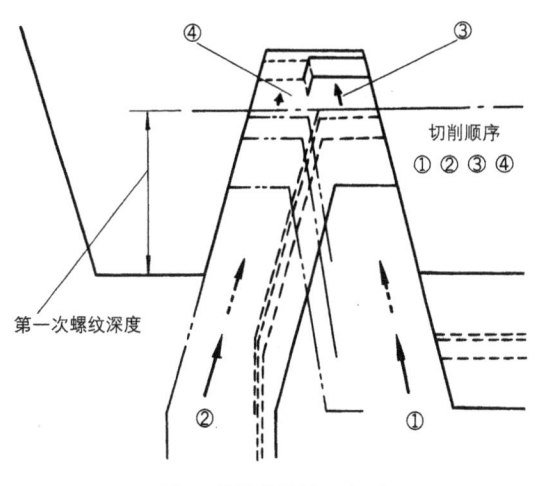

图 5 增量进给循环（二）

要满足一定的伺服特性上的条件，如以下公式所示：

$R \leq$ 最高进给速度/螺纹导程（$R \geq 1$）

式中，R 为主轴转速（r/min）；螺纹导程（mm 或 in）；最高进给速度（mm/min 或 in/min），用每分钟进给速度的最大指令值和由电动机和机械限制决定的最高进给速度中的小值。

此外，在 93 号参数设定 Z 轴快速进给速度。

根据以上条件，如果由于机械结构的原因不能提高切削速度，则不能用金属陶瓷或硬质合金刃磨刀片进行螺纹加工。且切削速度必须与螺距成反比降低。也就是说，大螺距的螺纹切削要用高速钢刀片。高速钢刀片和硬质合金刀片的切削速度约为 30~40m/min。

此外，进行长螺纹加工时，必须使用移动式防振装置。

（平松忠良）

切断加工

市场上销售的车削加工用的刀具几乎都是可转位的。但是在实际的工作现场可以发现，在螺纹加工、切槽、切断等加工中使用的刀具，还有很多是高速钢刀具和硬质合金钎焊车刀。

其原因有很多，如刀具成本高，机器太旧导致刚度和输出功率等不满足条件。此外，还有许多特殊原因。以下将介绍可转位刀具使用示例和基本知识。

1 可转位切断刀具

切断是车削加工中操作条件最恶劣的，没有比这更令人头疼的。刀具很容易破损，二次磨损严重，工件的表面粗糙度恶化，表面凹陷，残留小坑等。如果有一种不需要加工也能切断的办法就好了，但实际上是不能不加工的，确实很难。

可转位刀片目前仍在不断改进过程中，至今高速钢刀具和硬质合金车刀钎焊仍是主流。尽管在市场上也销售可转位刀片，但是使用最少的可能就是切断。在此想对该问题作一下深入分析，以提供解决方案和帮助。

(1) 切断中存在的问题

第一，切断刀非常薄，厚度约为 3~5mm，刀具悬伸长度相对刀宽较大，因此刀具本身的刚性不足。特别是，切断刀很难抵抗来自侧面的力。

第二，切断加工的切削阻力比一般车削外圆的切削阻力大，并且由于切屑的排出及其与侧面的摩擦，切削阻力会随切削深度的增加而增大。

第三，切削速度从外周向中心逐渐降低直至接近零。

第四，棒材的弯曲在旋转时容易引起较大的振动。

第五，槽越深，切削时排屑越差。

以上共有 5 方面的问题。

另一方面，从刀具的刀尖来看，车刀刀尖的部位很锋利，不可避免地会磨损得更快。另外，切削结束时工件受到振动产生的冲击容易使刀具崩刃，特别是切断一侧会快速损坏，工件切断面也会发生弯曲等问题。

切断主要是通过自动车床进行的，因此要求在稳定寿命条件下进行加工。如果问应选择哪一种刀具，答案是高速切断刀具，即使需要多花费一些时间，但其加工更加稳定，目前仍被广泛使用。

不过，由于该刀具没有后锥度，因此侧面磨损极大，即使进行刃磨也很难达到较长的寿命，因此不能说是经济的。

表 1 市场上销售的可转位切断刀具

分类	弹簧式		夹板式	
企业	A 公司	B 公司	C 公司	D 公司
▽▽ mm	3			
	4			
	5			
	6			

表 2　切断加工的示例

工件名	销	衬套	卷筒
简图	3.18 / 1.7	3.2 / 6.3	5.0 / 2.5
被加工材料	相当于 S40C	相当于 S20C	相当于 S20C
机床	自动车床	ACME 自动车床	数控自动车床
使用的切槽刀	N150, Z-500 P35	N150, Z-500 P35	150, 15-9050 P25
切削速度（m/min） 进给速度（mm/r）	120 0.11	72 0.094	106 0.090
切削液	水溶性切削液	非水溶性切削液	水溶性切削液
寿命	约 30 个	约 200 个	约 20 个

(2) 可转位刀片是时代的要求

高速钢刀具和硬质合金钎焊刀具目前也没有问题，为什么要使用可转位刀具？

第一个原因是其他加工方法都已实现高速、高效切削，加工时间已经缩短。与此相应，车削加工也必须要适应该趋势。第二，出现了希望换刀更容易进行等需求。第三，由于硬质合金刀片制造技术的发展，可以实现低成本制作，随着涂层等相关技术水平的不断提高，相应地其在切断加工中的应用也得到发展。

表 1 列出了目前市场上销售的可转位切断刀具，有弹簧式和夹板式 2 种结构。关于刀片，在刀尖圆角这方面各家公司是一样的，但是还是不能通用。

2 问题与对策

目前，笔者所在的工厂里有数台机床都在使用可转位刀具，但是存在以下问题：

①刀尖圆角部位容易崩刃。
②容易发生端面弯曲。

③夹持刀片的精度不稳定，有时用 2、3 个刀夹装刀片，但是即使这样，有时也会使刀夹缺损。
④寿命不稳定，通常寿命较短。

一直以来都存在许多同样的问题。
可采用以下这些方法作为解决方案：
①使用反车刀。
②刀夹尽可能结实，伸出部分尽可能短。
③对刀片进行珩磨。
④增加工件支撑以防止工件弯曲。

已经采取了上述基本措施，但仍然不够。在部分机床中采用一种非常规的方法，即用可转位刀片加工到距离外圆 1/3 的部分，其余部分用高速钢车刀加工。

采取这样的措施之后，可转位刀片仍然存在很多令人不满意的地方，如希望刀具制造厂家在刀片材料和形状等方面进一步改进的地方等，希望厂家能够多从使用者角度进行改进。

表 2 给出了切断加工的示例。

（加濑良二）

数控车床加工实例 2
数控车削使用螺纹垫块

各种各样的螺纹垫块

进行工件加工时，首先必然要做的事情就是准备夹持工件的夹具。

典型的例子就是锉削或铣削加工中用的机用虎钳，但是对于车削，主要用单动卡盘和自定心卡盘，可根据不同的工件选用。

此外，还可使用弹簧夹头，利用面板进行加工（测量、安装夹具），简单地拧紧，使用垫块等。以上方法可根据要加工工件的形状、材料和精度来选用。

在此，针对利用螺纹垫块进行夹紧的方法展开说明（图1、图2）。包括作为对象的工件选择（形状、数量、精度、材料），工序的制订方法，垫块的制作方法和种类等。

1 作为加工对象的工件的选择方法

第1个条件，需要考虑夹紧外圆或内孔时工件发生的变形。

特别是对于薄壁工件，再轻的夹紧力都会使其发生变形。另外，即使是较厚的工件，也会发生变形。三爪紧固时应为日式饭团（三角）形状，四爪紧固时应为四边鼓起状态。

换句话说，夹紧的部位由于会受到压力而呈凹陷状态，在加工完成后将其拆卸，工件将恢复其原始状态。

即使仔细考虑了热处理工艺和夹紧方法，但只要将内孔或外圆处夹紧，精度就无法保证。

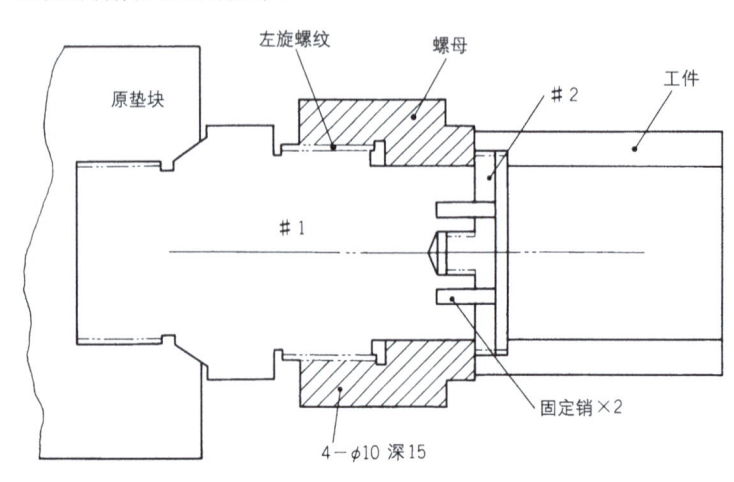

● 垫块的制作方法
将#1和螺母嵌合后，安装#2并用销固定
● 使用方法
右旋螺母使其与#2贴合。拧螺纹使工件靠紧螺母右端面。
加工后，由于工件被夹紧取不下来，可以在φ10mm的孔中插入棒，左旋螺母，则螺母向左侧移动，可以轻松地处理残留材料。

图1

照片1

照片2

夹紧位置不是直径而是端面，这就是螺纹垫块的原理。因此，即使是薄的工件，也不会产生径向影响，不必担心会产生变形。

但是，如果重要的端面精度差，仍然会导致加工质量不好。

端面的平面度应尽可能高。

加工顺序如下：

首先，切削材料，除了特殊情况外，合适的长度是待加工材料长度的2倍。

接下来切削螺纹，螺距会根据紧固力、材料和轻（重）切削而不同。通常，$P = 0.5 \sim 0.75$mm 时比较合适，因为加工时间短。此时要注意务必使加工机身安装面与螺纹成直角，这一点很重要。

如图1（照片1）和图2（照片2）所示，在螺纹加工中有可以轻松取下残留材料的垫块。如果事先根据要加工工件的直径备齐螺纹垫块就会非常方便。

为了应对临时情况，夹紧适当的剩余材料进行螺纹切削，敲下加工工件后剩余的材料，并在全部加工完成后丢弃垫块。

螺纹垫块的优点可大体列举如下：

①可以避免浪费材料。
②可以保证圆度和直线度。
③可以轻松完成标准加工操作。
④即使是没有送料装置的车床，也可以用一个卡盘加工多个工件。
⑤一次安装即可完成多个加工，可提高效率。
⑥随着生产周期的增加，可同时操作多台机床。
⑦切屑排出通畅，效率高。

以上列举了螺纹垫块的优点。

因此，在选择工件时，以上这些要素要首先考虑，但是其缺点是：

①切削材料和螺纹切削时间上的问题（这很麻烦）。

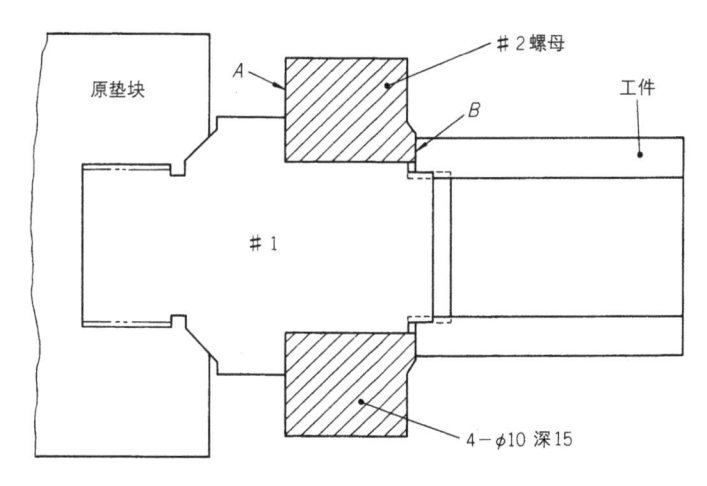

● 垫块的制作方法
使#1和#2在径向以0.03mm的间隙配合，螺母的平行度误差应小于0.01mm。

● 使用方法
拧紧工件直到其碰到B面，加工后将工件拧紧，在φ10mm的孔中插入棒，左旋螺母使其向左移动，处理残留材料。

● 注意点
与图1所示的垫块不同，它不适用于重切削，可在轻切削中根据精度和形状使用，优点是垫块易于制作。

图2

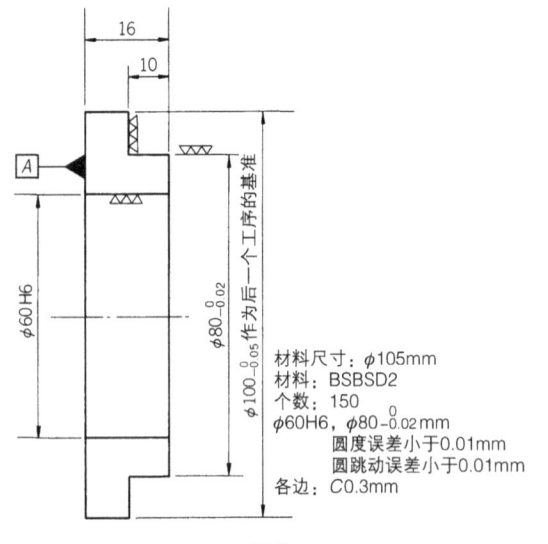

④材料有限制（易切削材料）。
⑤将几件合成一件进行加工的情况下，需要工件连接装置。

以上是其优点和缺点。

一般来讲，有关螺纹垫块的特征，应该了解的常识包括：
①需要保证相对于螺纹的各直径的同心度。
②薄壁，且可以几个一起加工的工件。
③需要保证圆度和直线度。
④无工件连接装置，也没有配备进料装置的机型。

因此，虽然其加工的范围是有限的，但是采用合适的方法，就可以产生很好的夹紧效果。

材料尺寸：$\phi105mm$
材料：BSBSD2
个数：150
$\phi60H6$，$\phi80_{-0.02}mm$
圆度误差小于0.01mm
圆跳动误差小于0.01mm
各边 $C0.3mm$

图3

②不适合小批量加工。
③适用于难加工材料的精密加工，但效率没有变化（也有例外）。

2 模具加工的程序示例

在这里，我们将以一个模具工件的加工为例对普通车床和数控车床进行比较，对于数控车床，我们将通过实际编程说明其优点，大家可根据各自加工的实际情况综合考虑。

表1 数控车削的程序示例

N1	G00	S2000	M08(2000rpm,打开切削液)
N2	G50	X10000	Z13000(设定坐标系)
N3	T0101	M03	(T1偏置1正转，以下同)
N4	X10020	Z100	
N5	G01	Z−10000	F20
N6	G00	X10000	Z13000 T0100
N7	M01		
N8			
N9	G00	S2000	M08
N10	G00	G50	X30000 Z2000 T0202 M03
N11	X5500	Z100	
N12	G01	Z−10000	F20
N13	G00	X5300	Z100
N14	X5980		
N15	G01	Z−10000	
N16	G00	X5800	Z2000
N17	X30000	T0200	
N18	M01		
N19			
N20	G00	S2500	M08
N21	G50	X10000	Z13000
N22	M12	T0101	M03
N23	I1000	Z100	
N24	G90	X9520	Z−990 F20
N25	G81	U−500	H3
N26	G00	X10000	Z13000 T0100
N27	M01		
N28			
N29	G00	S2500	M08
N30	G50	X17000	Z8500
N31	T0505	M03	
N32	X6260	Z100	
N33			} C0.3倒角
N34	G01	X6001	Z−30 F5
N35	Z−1700		
N36	G00	X5800	Z8500 T0500
N37	M01		
N38			
N39	G00	S2500	M08
N40	G50	X10000	Z13000
N41	T0606	M03	
N42	X7740	Z100	} C0.3倒角
N43	G01	X7999	Z−300 F5
N44	Z−1000		
N45	X9940		
N46	X9998	W−300	
N47	Z−1700		
N48	G00	X1000	Z13000 T0600
N49	M01		
N50			
N51	G00	S1000	M08
N52	G50	X10000	Z12000
N53	T1111	M03	
N54	X10200		
N55	Z−1620		
N56	G01	X5800	F10
N57	G00	X10000	Z12000 T1100
N58	W−1640		
N59	G22	P20	Q58 H5
N60	G00	X10000	Z12000 T1100
N61	M30		

注）1．N1～6 外圆车削(6个)
2．N11～17 内孔粗车削(6个)
3．N23～27 $\phi95mm$粗车削(1个)
4．N29～35 内孔精车削
5．N36～46 外圆精车削(1个)
6．N51～59 空行程
7．程序号 N20～N58 的工序再重复5次

114

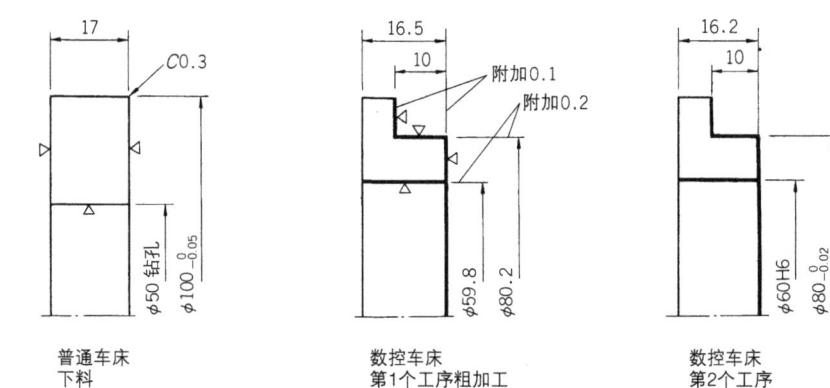

图 4

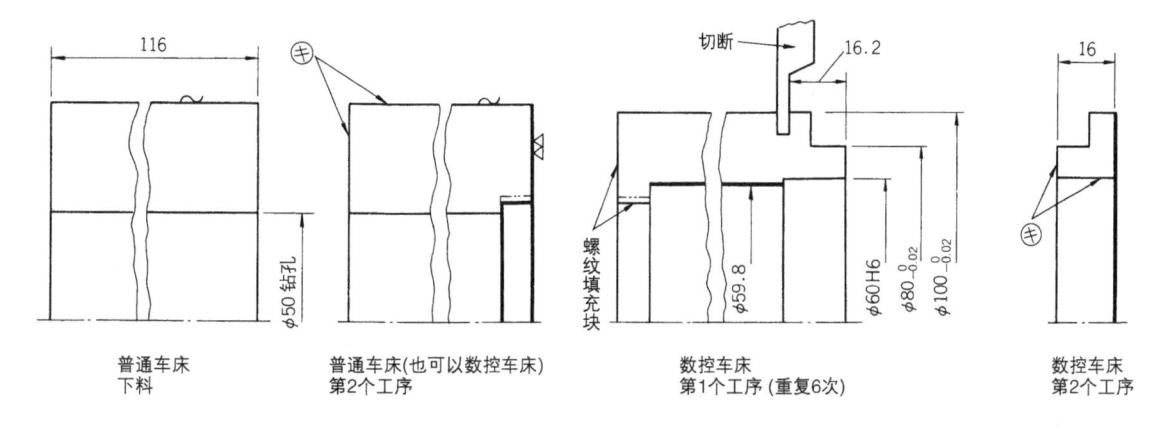

图 5

图 3 是一个示意图。

如图 3 所示,这是一个非常简单的工件,要加工 150 个,加工方法不同,加工时间也有差别。

普通车床加工的工序如下:

工序 1　备料:$l=116$mm,$\phi50$mm 钻头

工序 2　螺纹预切削:M52,$P0.75$mm

工序 3　内孔和外圆粗加工

工序 4　外圆精加工:$\phi100_{-0.05}^{0}$mm 要作为后面工序的基准,需要精加工(M52 基准,螺纹垫块)

工序 5　切断:两端面附加 0.2mm

工序 6　紧固垫块加工完成

工序 7　A 面,$\phi60$H6 精加工($\phi100$mm 基准)

工序 8　$\phi80$mm 精加工,长度方向全部精加工

以上是普通车床的大致工序安排。

接下来,看一下数控车床怎样安排工序。

工序 1　备料:$l=116$mm,$\phi50$mm 钻头

工序 2　螺纹预切削:M52,$P0.75$mm

工序 3　$\phi80_{-0.02}^{0}$mm,$\phi60$H6,$\phi100$mm 右端面精加工,切断($l=16.2$mm)

工序 4　松开垫块加工完成

工序 5　A 面精加工

以上为普通车床和数控车床的不同。

大家能看到它们之间的不同吗?是的,数控车床的优点是能够同时加工所有直径,从使用水溶性切削液的优点来看,也无须担心由于发热而产生膨胀。还可以在一个工序中完成粗加工和精加工。

因此,即使是相同的部件也可以用较少的工序完成。

下面将介绍对相同的部件进行车削加工的数控程序(转塔 12 边形刀架,数控装置为三菱 Meldas)。

程序见表 1,加工中的 M01 是为了准备加工时进行尺寸检查,但也不必特意加入 M01,在坐标系设定中还可利用编程重读刀具位置。

以上仅是作为一个基本的例子来进行说明,还有很大的改进空间,例如通过主程序和子程序的连用等。作为参考请大家考虑。大家如果也亲自编程就会理解。

115

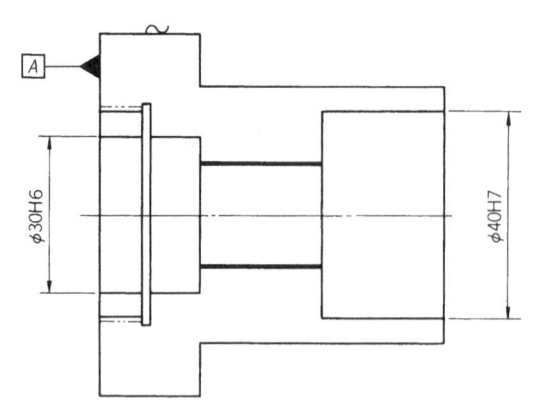

φ30H6和φ40H7圆跳动误差小于0.02mm
φ40H7的圆度误差小于0.005mm

图6

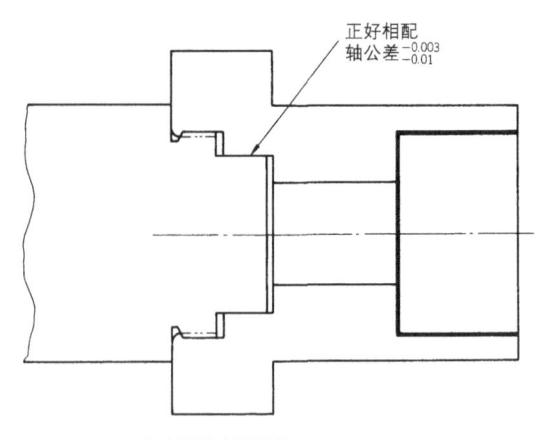

φ30H6，切削螺纹制作垫块

图7

本例每个工件的加工周期约为1min，至少有6min可以用来完成其他操作。

图4与图5的区别在于，如图5所示的加工方法具有同时加工的优点，因此可以保证同心度，并且可以防止由于安装而带来的变形。

如图4所示的加工方法，必须对工件逐一地进行夹紧，如果加工时间是1min，别说一人看管多台机床了，单是作业就一直需要一人，但是通过使用螺纹垫块就解决了这一问题。

必须要注意切屑的处理。如果只关注刀具和工件，机床是不可能连续运行的。在易切削材料的使用和断屑上多花工夫是最有必要的。

③ 精度要求严格的工件

下面举一个精度要求严格的工件的加工示例。

如图6所示，φ30H6和φ40H7的圆跳动误差要求在0.02mm以内，再加上φ40mm的圆度误差要求在0.005mm以内，非常麻烦。

可按如下工序加工：

工序1　外圆精加工，φ40H7，附加0.2mm
工序2　以外圆为基准，φ30H6，螺纹加工
工序3　制成螺纹垫块（φ30H6，图7）
工序4　φ40H7精加工

如前所述，螺纹垫块不受直径影响，而是受端面精度影响，因此应该充分确保A面的平面精度。

可见，有多种使用螺纹垫块的方法，可根据工件来进行选择，并可期待获得富有成效的结果。

照片3

数控车床加工实例 3
复合数控车床 C 轴和副主轴的使用

双排链轮

首先，来看一下工件照片，这是一个双排链轮，φ100mm×180mm，材料为 S45C 的毛坯，让我们尝试仅用一台数控车床加工这样的工件。

如图 1 所示为双排链轮的零件图。通过该例来解释工序集中的加工。

首先，让我们来考虑通常机械加工中的工序划分情况。

第 1 个工序用数控车床加工，然后，将工件翻转，第 2 个工序也在数控车床加工。在加工中，由于需要保证工件的同轴度，为了消除偏差，在第 3 个工序中通过两中心加工（数控车削）进行双排链轮的仿形加工（实际加工中也有的不需要这样做）。

之后，用加工中心进行钻孔加工、攻螺纹，再用端铣加工齿形。最后，将工件翻转，再用加工中心进行内侧的加工。总共包括 5 道工序。

只要工序增加，就得反复进行工件的装卸。加工前的准备阶段，也要进行卡爪对心作业以及夹具的更换作业，将增加停机时间。

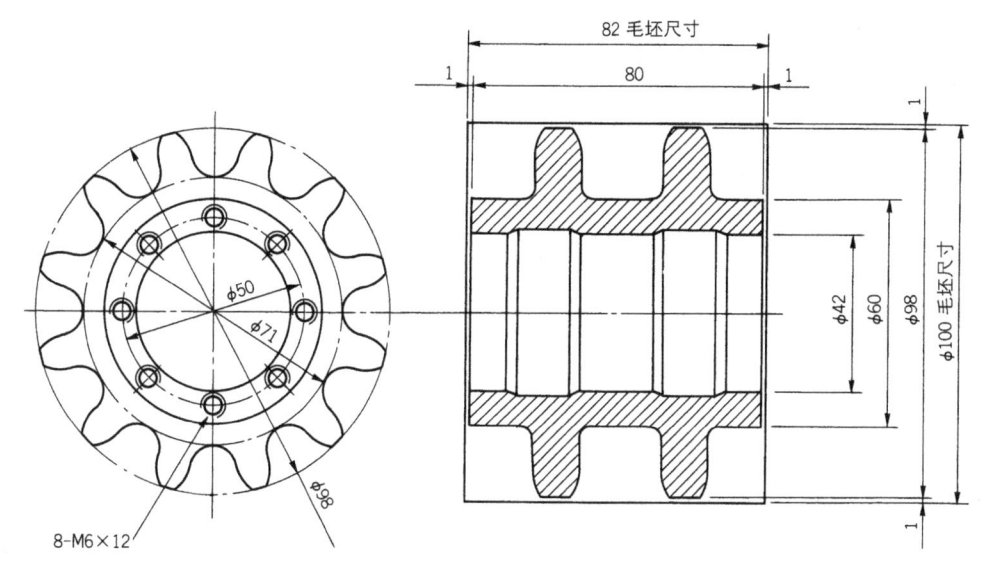

图 1 双排链轮

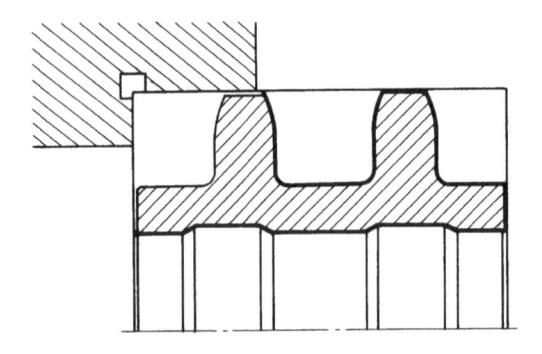

图2 工序1（外圆定位夹紧加工）

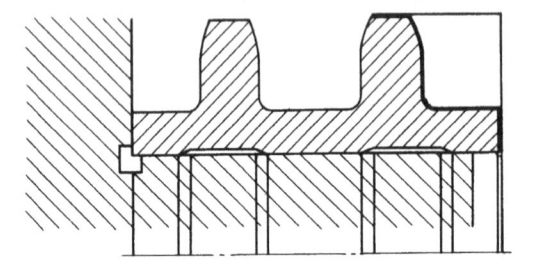

图3 工序2（内孔涨紧加工）

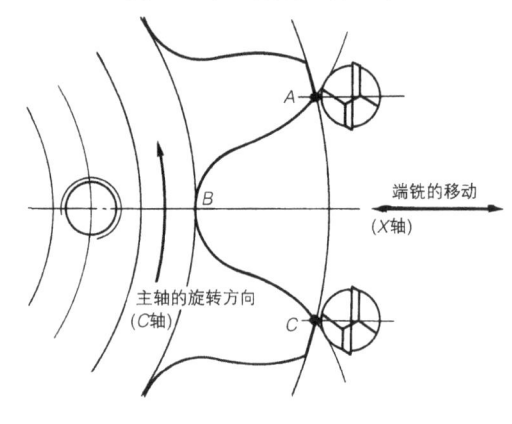

图4 双排链轮的齿形加工

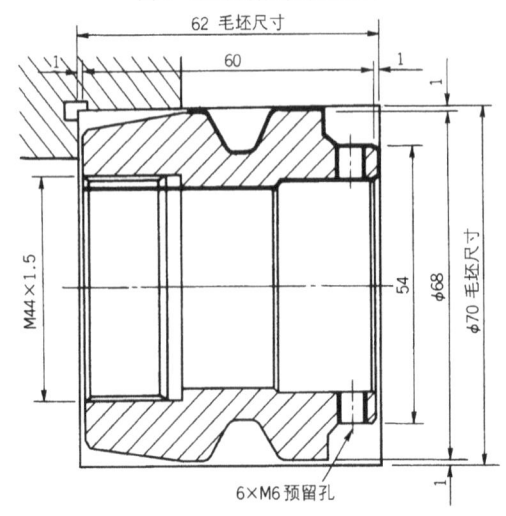

端铣的移动（X轴）

主轴的旋转方向（C轴）

图5 利用主轴的螺母加工

62 毛坯尺寸
60
M44×1.5
54
φ68
φ70 毛坯尺寸
6×M6预留孔

照片1 螺母

因此，我们尝试一下使用一台复合数控机床进行加工。

如图2所示为工序1，此工序利用工件外圆定位夹紧加工粗线表示的部分。第2个工序（图3）通过胀紧内孔进行定位夹紧加工粗线表示的部分。之后，通过2中心定位进行仿形加工，完成外形的精加工。

然后，进行双排链轮的齿形加工。由于不使用加工中心进行加工，因此使用带有主轴旋转功能（C轴）的复合数控车床取代Y轴。

如图4所示，主轴驱动C轴使立铣刀旋转，使用X轴功能接近工件。在X轴运动的同时从A点开始加工工件。在到达B点之前沿X轴负方向移动，从B点到C点沿X轴正方向运动（此处使用C轴宏程序是必要的）。这样就可以完成双排链轮的全部加工。

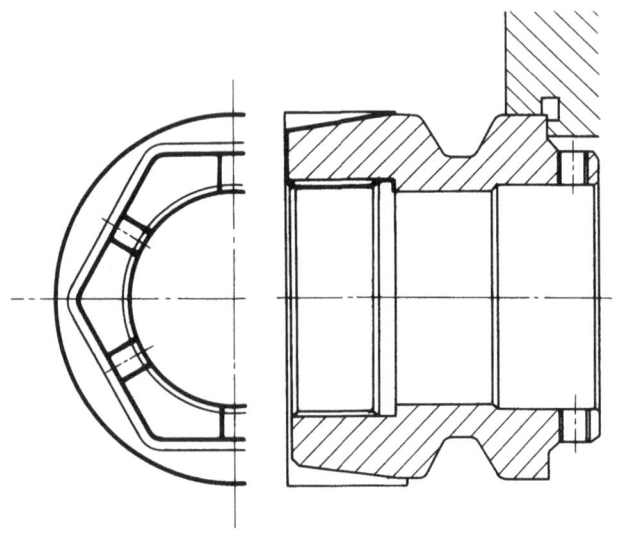

图6 利用副主轴的加工

表1 螺母加工程序（利用副主轴进行背面加工）

```
O0130 (JIMTOF 14TH-TM20) ;
G0 S700 M75 ;主轴选择(M75)
N1 (U DRILL-D38.) ;
G0 X200. Z300. M45 ;主轴选择(M45)
G97 S1000 M3 T1200 ;
G0 X0 Z5. T12 ;
G1 Z-65. F0.12 ;
G0 Z5. ;
X200. Z300. T0 ;
M1 ;
N2 (O.D.R) ;
G0 X200. Z300. ;
G96 S160 M3 T100 ;
G0 X74. Z0 T1 ;
G1 X35. F0.3 ;
Z1. ;
G0 X66. ;
G1 Z-10. ;
G3 X68. Z-11. R1. F0.2 ;
G1 Z-21. ;
Z-35. F0.3 ;
Z-43. F0.2 ;
X72. F0.3 ;
G0 X200. Z300. T0 ;
M1 ;
N3 (I.D.R) ;
G0 X200. Z300. ;
G96 S160 M3 T200 ;
G0 X44.6 Z2. T2 ;
G1 Z0.6 F0.3 ;
X41.6 Z-0.9 ;
Z-19.9 ;
X39.6 Z-20.9 ;
Z-42. ;
X39. ;
G0 Z2. ;
X200. Z300. T0 ;
M1 ;
N4 (O.D.POCKET.R) ;
G0 X200. Z300. ;
G96 S150 M3 T300 ;
G0 X72. Z-19.677 T3 ;
G1 X68. F0.25 ;
G3 X64.452 Z-21.419 R3. ;
G1 X64. Z-21.501 ;
Z-33.499 ;
X64.452 Z-33.581 ;
G3 X68. Z-35.323 R3. ;
G1 X70. ;
G0 Z-21.501 ;
G1 X64. ;
X60. Z-22.229 ;
Z-32.771 ;
X62. ;
G0 Z-22.229 ;
G1 X60. ;
X56. Z-22.957 ;
Z-32.043 ;
X58. ;
G0 Z-22.957 ;
G1 X56. ;
X55.032 Z-23.133 ;
G2 X52.4 Z-25.012 R2. ;
G1 Z-29.988 ;
G2 X55.032 Z-31.867 R2. ;
G1 X57.032 ;
G0 X72. ;
X200. Z300. T0 ;
M1 ;
N5 (O.D.POCKET.F) ;

G0 X200. Z300. ;
G96 S180 M3 T400 ;
G0 X72. Z-16.2 T4 ;
G1 X67.942 Z-18.228 F0.15 ;
G3 X64.842 Z-20.855 R2.4 ;
G1 X55.421 Z-22.569 ;
G2 X52. Z-25.012 R2.6 ;
G1 Z-29.988 ;
G0 X72. ;
Z-38. ;
G1 X67.942 Z-36.772 ;
G2 X64.842 Z-34.145 R2.4 ;
G1 X55.421 Z-32.431 ;
G3 X52. Z-29.988 R2.6 ;
G0 X72. ;
X200. Z300. T0 ;
M1 ;                       主轴定向运动(M19)
N6 (D20. ENDMILL-M.Z) ;
G0 X200. Z300. M19 ;
M76 G28 H0 T700 ;C轴选择(M76)
C0 M61 ;
G0 X92. Z2. T7 M70 ;
G98 Z-10. F70. ;
M98 P1 ;
G0 Z2. M62 ;铣削转速指令(M62)
C0 ;
Z-10. T15 F70. ;
M98 P1 ;
G0 Z2. ;
C0 ;
Z-1.5 T16 F100. ;
M98 P1 ;
G0 Z2. M72 ;铣刀回转停止(M72)
G99 X200. Z300. C0 T0 ;
M1 ;                       铣削转速指令(M63)
N7 (DRILL D5.0-MX) ;
G0 X200. Z300. C0 M63 ;
T900 M16 ;
G0 X72. Z-5. T9 M70 ;
M98 P2 L6 ;
G99 G0 X200. Z300. C0 T0 M72 ;
M1 ;
N8 (TAP M6-MX) ;
G0 X200. Z300. C0 M60 ;
T1100 M16 ;
G0 X78. Z-5. T11 M70 ;
M98 P3 L3 ;
G99 G0 X200. Z300. C0 T0 M72 ;
M1 ;
N9 (I.D.F) ;
G0 X200. Z300. M75 ;主轴选择(M75)
T500 M16 ;
G96 S180 M3 ;
G0 X46. Z2. T5 ;
G1 Z1. F0.15 ;
X42. Z-1. ;
Z-20. ;
X40. Z-21. ;
Z-42. ;
X39. ;
G0 Z2. ;
X200. Z300. T0 M9 ;
M1 ;
N10 (HAND OVER) ;
G28 U0 M31 ;互锁旁路ON
M79 T600 ;副主轴夹紧开(M79)
G97 S500 M3 ;
M47 ;主轴和副主轴同步旋转
G0 B15. ;
G98 G1 B0 F1000. ;

M78 ;副主轴夹紧关
G4 U0.5 ;
M69 ;副主轴夹紧开
G0 B200. ;
G99 B600. M46 ;副主轴选择(M46)
M1 ;
N11 (B.T) M32 ;
G0 X200. Z300. M46 ;
G96 S160 M33 ;
T600 M16 ;
G0 X74. Z-0.1 T6 ;
G1 X34. F0.2 ;
Z-1. ;
G0 X66.2 ;
G1 Z13.667 ;
X68.8 Z22. ;
G0 Z-1. ;
X62.2 ;
G1 Z-1. ;
X66.2 Z13.667 ;
G0 Z0 ;
S180 ;
G1 X40. F0.15 ;
Z-1. ;
X58. ;
G1 X62. Z1. ;
X68.6 Z22. ;
G0 X200. Z300. T0 ;
M1 ;
N12 (B.B) ;
G0 X200. Z300. ;
G96 S180 M33 T800 ;
G0 X42. Z-2. T8 ;
G1 Z20. F0.2 ;
X40. ;
G0 Z-2. ;
X45.376 ;
G1 Z-0.5 ;
X42.376 Z1. ;
Z15.42 ;
X44.2 Z17. ;
Z20. ;
X41. ;
X39. Z21. F0.15 ;
G0 Z-2. ;
X200. Z300. T0 ;
M1 ;
N13 (B.TH) ;
G0 X200. Z300. ;
G97 S800 M33 T1000 ;
X40. Z-2. T10 ;
G92 X43. Z18. F1.5 ;
X43.4 ;
X43.65 ;
X43.8 ;
X43.9 ;
X43.95 ;
X43.98 ;
X44. ;
G0 X200. Z300. T0 M9 ;
S700 M35 ;
T1200 M45 ;
M30
```

照片2 衬套

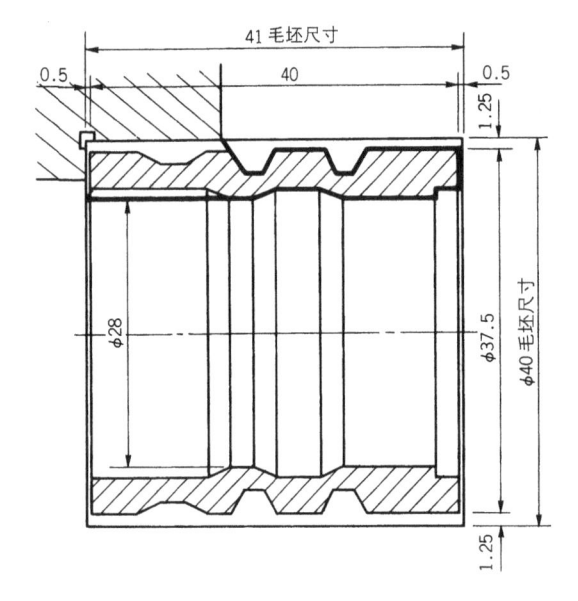

图7 衬套加工的第1工序

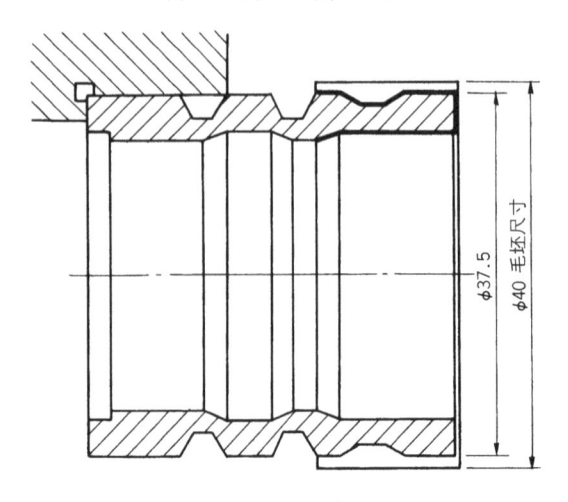

图8 衬套加工的第2工序

先不考虑总加工时间,来分析一下它的优势。首先,不需要机器人或材料搬运装置等来进行工件的装卸。假如人工操作,必须要装卸5次。这时,因为只用一台机床加工,毛坯和最终加工完成工件只需装卸1次。

从机床方面来看,不会因装卸而产生停机时间。

另一方面,即使全部采用自动生产线,也很难增产100个。在某些情况下,只能考虑增设新的生产线。

但是,如果采用的是复合数控机床,假设加工周期为12min,则1台机床全班运行时将具有100件的生产能力,而且仅占用很小的空间。

假如减产200件,则只需将2台转为其他的加工,剩下的可增加到100%的开机率。

这样,应对加工的变化,机床本身仍然可以保持100%的开机率,并且可以立即对产量的增加或减少做出调整,设备的投资效率的计算不受任何变化的影响,这是非常大的优势。

照片1是加工的螺母。首先,用第1主轴对外圆进行粗加工(图5),然后用硬质合金可转位钻头加工出内孔。

在主轴旋转过程中,利用副主轴夹紧工件。并且,其余部分在副主轴一侧进行加工(图6),因为副主轴是在与装夹中的主轴同步旋转中进行装夹的,所以不同工序之间没有工件的偏差等,无须担心由机器人或人工装卸工件时带来的跳动误差。

表1是用副主轴加工螺母背面的程序示例。

照片2是衬套加工的示例。图7和图8分别表示加工的工序1和工序2。加工中要注意的一点是,该工件左右形状比较相似。对于这样的工件,也可以进行副主轴加工,利用机床中的反转装置用主轴进行工序2的后端加工。由于用相同的卡爪在左右2个位置夹持,因此加工中会发生干涉,但是从成本角度考虑,笔者认为这种比具有后端加工功能的复合数控机床更具优势。

表2给出了使用带有工件反转装置的机床进行衬套加工的程序示例。

表2 衬套加工程序（带有反转装置的机床）

```
O1189 (JIMTOF..TC-2..1ST..OP) ;
G28 U0. ;
G28 W0. ;
N4 G0 X150. Z150. T400 G97 S1500 M3 ;
G0 X0. Z4. T4 M8 ;
G01 Z-43.5 F0.12 ;
G0 Z4. ;
G0 X150. Z150. T0 ;
M1 ;
N5 G0 X150. Z150. G96 S130 M3 T500 ;
X44. Z0.1 T5 ;
G1 X22. F0.3 ;
G0 X36. Z1. ;
G1 Z0.09 ;
G3 X37.9 Z-0.9 R1.105 ;
G1 Z-27.2 ;
X40. Z-28.7 ;
G0 G96 S0200 Z0. ;
G1 X22. F0.15 ;
G0 X35.7 Z1. ;
G1 Z0. F0.2 ;
G3 X37.5 Z-0.9 R0.9 ;
G1 Z-27.3 ;
X40. Z-28.8 ;
G0 X150. Z150. T0000 ;
M1 ;
N6 G0 X150. Z150. G96 S120 M3 T600 ;
X41.492 Z-10.334 T6 ;
G1 X37.492 F0.3 ;
G3 X37.107 Z-10.489 R0.807 ;
G1 X34.492 Z-11.243 ;
Z-13.756 ;
X37.1 Z-14.509 ;
G3 X37.193 Z-14.535 R0.884 ;
X37.478 Z-14.642 R0.862 ;
G1 X39.478 ;
G0 Z-11.243 ;
G1 X34.492 ;
X32.9 Z-11.703 ;
Z-13.296 ;
X34.9 ;
G0 X41.492 ;
Z-20.334 ;
G1 X37.492 ;
G3 X37.107 Z-20.489 R0.807 ;
G1 X34.492 Z-21.243 ;
Z-23.756 ;
X37.1 Z-24.509 ;
G3 X37.193 Z-24.535 R0.884 ;
X37.478 Z-24.642 R0.862 ;
G1 X39.478 ;
G0 Z-21.243 ;
G1 X34.492 ;
X32.9 Z-21.703 ;
Z-23.296 ;
X34.9 ;
G0 X44. ;
G96 G0 S0200 M3 X41.5 Z-9.885 ;
G1 X37.5 F0.2 ;
G3 X36.9 Z-10.404 R0.6 ;
G1 X32.5 Z-11.674 ;
Z-13.325 ;
X36.9 Z-14.596 ;
G3 X37.5 Z-15.115 R0.599 ;
G1 X41.5 ;
G0 Z-19.885 ;
G1 X37.5 ;
G3 X36.9 Z-20.404 R0.6 ;
G1 X32.5 Z-21.674 ;
Z-23.325 ;

X36.9 Z-24.596 ;
G3 X37.5 Z-25.115 R0.599 ;
G1 X41.5 ;
G0 X150. Z150. T0000 ;
M1 ;
N7 G0 X150. Z150. G96 S130 T700 M3 ;
X28. Z2. T7 ;
G1 Z-2.4 F0.32 ;
X26.6 ;
Z-15.222 ;
X25.6 Z-15.722 ;
G0 Z2. ;
X31. ;
G1 Z0.078 ;
G2 X29.6 Z-0.7 R0.906 ;
G1 Z-2.4 ;
X27.6 ;
G0 Z2. ;
G96 S0200 X31.4 ;
G1 Z0. F0.15 ;
G2 X30. Z-0.7 R0.7 ;
G1 Z-2.5 ;
X28. ;
X27. Z-3. ;
Z-15.234 ;
X25. Z-15.734 ;
G0 Z2. M9 ;
X150. Z150. T0000 M5 ;
M01 ;
N1 G0 X150. Z150. T100 M81 ;
X75. Z-28. T1 ;
G1 G98 X0. F1000. ;
M69 ;
G1 G98 Z20. F5000. ;
M80 ;工件180°反转
M26 ;鼓风 ON
G4 X2.5 ;25s
M27 ;鼓风 OFF
G1 G98 Z-27. ;用反转装置 卡盘ON
M68 ;卡盘OFF
G1 G98 X75. F1000. ;反转装置退出
G99 G0 X150. Z150. T0 ;
M01 ;
N3 G0 X150. Z150. T300 M81 ;反转装置0°
X0. Z10. T3 ;
G98 G1 Z-10. F1000. ;按住工件
M69 ;卡盘ON
G4 U1. ;
M68 ;卡盘OFF
G99 G0 Z5. ;
X150. Z150. T0 ;
M98 P2289 ;调用第2工序程序
M20 ;鼓风 OFF
M30 ;

O2289 (JIMTOF..TC-2..2ND..OP) ;
N16 G0 G96 X150. Z150. S130 M3 T600 ;
X44. Z-17.5 T16 M8 ;
X37.9 ;
G1 Z3. F0.3 ;
G0 X150. Z150. T0 ;
M1 ;
N15 G0 G96 X150. Z150. S200 M16 T500 ;
G0 X40. Z0. T15 ;
G1 X22. F0.15 ;
G0 X35.7 Z1. ;
G1 Z0. F0.15 ;
G3 X37.5 Z-0.9 R0.9 ;
G1 Z-15. ;
X37.594 Z-15.5 ;

G0 X150. Z150. T0000 ;
M1 ;
N146 G0 X150. Z150. G96 S120 T600 M3 ;
X44.278 Z-5.505 T16 ;
G1 X37.491 F0.3 ;
X37.278 Z-5.719 ;
Z-6.614 ;
G1 Z-11.781 ;
X37.485 Z-11.988 ;
X37.609 Z-12.112 ;
G0 X42.278 ;
G0 Z-5.719 ;
G1 X37.278 ;
X35.4 Z-7.597 ;
Z-9.903 ;
X37.278 Z-11.781 ;
X39.278 ;
G0 X41.542 ;
G96 S0200 Z-2.579 ;
G1 X38.489 Z-4.106 F0.15 ;
X35. Z-7.594 ;
Z-9.906 ;
X37.163 Z-12.068 ;
X38.489 Z-13.394 ;
G0 X150. Z150. T0000 ;
M1 ;
N17 G0 X150. Z150. G96 S130 M3 T700 ;
X28. Z2. T10 ;
G1 Z-14.822 F0.32 ;
X27.6 Z-15.322 ;
Z-26.952 ;
X26. Z-27.8 ;
G0 X25.8 Z2. ;
X31. ;
G1 Z0.025 ;
G2 X29.6 Z-0.9 R1.105 ;
G1 Z-12.822 ;
X28. Z-14.822 ;
X27. ;
Z-16.8 ;
G1 X27.6 Z-17.978 ;
X29.6 Z-20.478 ;
Z-25.285 ;
X27.6 Z-26.952 ;
X25.6 Z-26.363 ;
G0 Z2. ;
G96 S0200 X31.8 ;
G1 Z0. F0.15 ;
G2 X30. Z-0.9 R0.9 ;
G1 Z-12.823 ;
X28. Z-15.323 ;
Z-17.977 ;
X30. Z-20.477 ;
Z-25.289 ;
X25.468 Z-29.066 ;
G0 Z2. M9 ;
X150. Z150. T0000 M5 ;
G28 U0. ;
G28 W0. ;
 ;
M99 ;
 ;
```

数控车床加工实例 4
曲轴的车削

加工中使用的数控车床"SHOUN K30"

利用数控车床能否提高生产率，取决于加工准备、车削加工和编程等各个阶段是否合理。

在这里，我们将针对柴油机曲轴的加工，依次考虑加工准备、车削加工和编程等。

1 毛坯及预处理

如图1所示为毛坯图。首先，使用定心机对毛坯的2个中心孔和2个端面（直径较大的部分为 $\phi 95.5mm$）进行加工，然后进行夹持部分的加工。

在加工中将2个中心孔作为基准时，可以考虑使用车床顶尖或使用如图2左端所示的补偿式卡盘等，但是必须要注意以下几点。

用定心机加工中心孔和端面时，相对于用2个中心孔定位，夹持一侧端面的偏差（精度）有时比预想的差，因此在进行夹持部分的加工时，与卡盘止推部分接触的端面也要一起加工（图3）。

2 夹具

夹具包括液压卡盘和手动自定心卡盘等，必须使工件不发生跳动，同时能够被正确地夹持。

此外，卡爪包括软爪和硬爪2种，无论使用哪种卡爪，当夹持曲轴这种长工件时，如果夹持部位较长，对于防止跳动并没有好的效果。这种情况下夹持长度最好是15mm左右。

3 车削加工

确定刀具的布局时必须同时考虑加工精度和生产效率。

不过，在加工工件数量较少且需要频繁更换刀具时，即使加工时间有所延长，也不必在每次加工准备阶段都换刀，而是应进行刀具的标准化和固定设置。在此基础上，还应对准备时间稍长但加工时间较短的方法和准备时间较短但加工时间稍长的方法进行比较，找出提高生产效率高的最佳方案。

各个刀具制造企业都有各种类型针对外圆或内孔加工的车刀的可转位刀片，并且可以在短时间内进行刀片的更换。但是更换刀片之后，有时不能保证工件的加工精度总能达到最初的尺寸精度，这是由于更换后的刀片精度带来的影响。在更换之前，如果发现在切削过程中发生严重磨损但仍继续使用的刀片，则必须注意将其磨损量计入数控刀具位置补偿量。

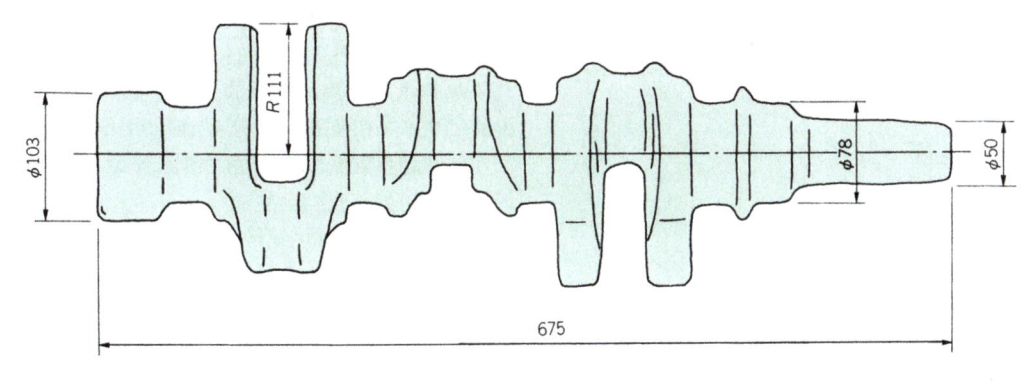

图 1 毛坯图

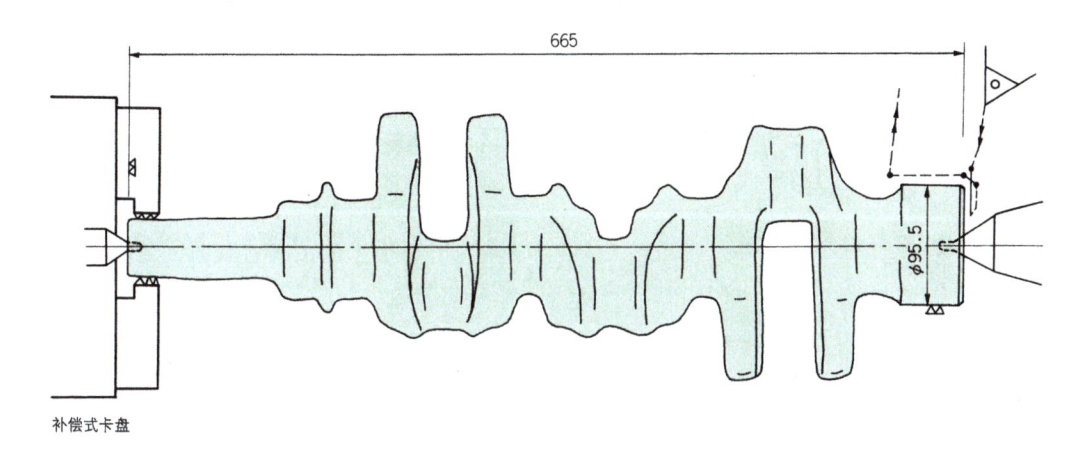

图 2 前段加工图

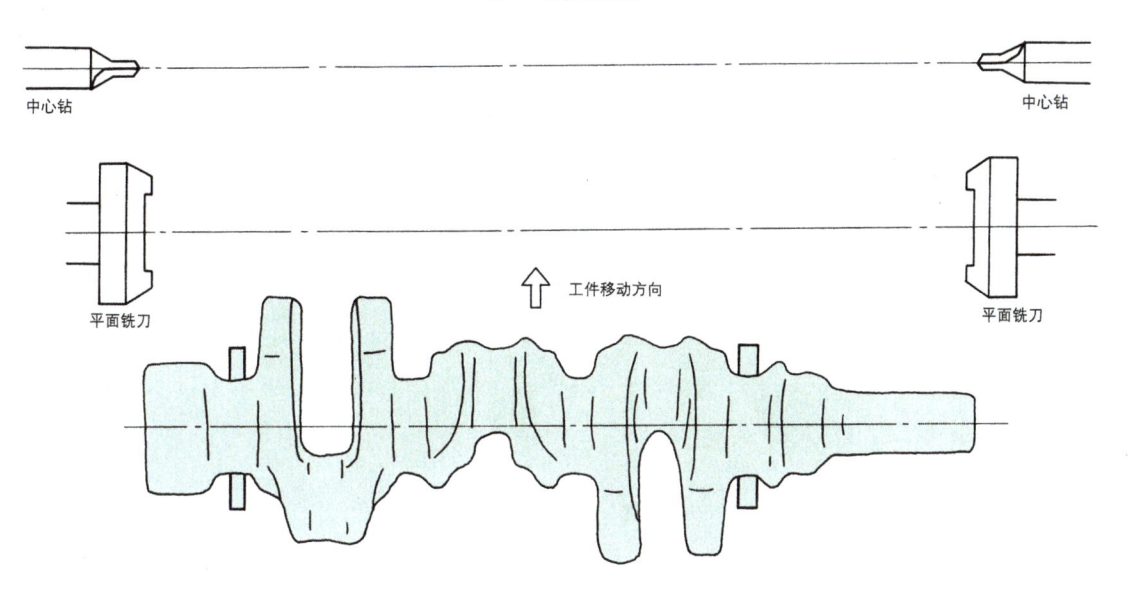

图 3 定心机的示例

在这种情况下，请使用如图 4 所示的测位仪，在更换刀片之前测量刀片的刀尖位置，读取安装新刀片后的值，并更新数控刀具位置补偿量。这样可以更加便捷地管理刀片更换时的尺寸，并缩短更换刀片后的尺寸设定时间。

带有槽的刀具和具有特殊刀尖形状的车刀，考虑到刀尖磨损时需要换刀，还是应尽量使用可转位刀片，当然也存在受成本和其他因素限制无法使用

123

可转位刀片的情况。

例如，使用钎焊切槽刀具时，重新刃磨后测量其从基准面（对刀具样品的后端进行倒圆）到刀尖的尺寸，并在换刀时将其与当前使用中的车刀的尺寸差设定为数控刀具位置补偿量，以便于换刀时的尺寸管理。

该加工中使用的车刀见表1，车刀的数量要尽可能少，车刀越少则准备工作和工件的尺寸精度控制就越容易。如图5所示为刀具布局，图6a~d为工序图。在工序图中标注加工余量和刀具路径等，将有助于后续数控编程等环节。

4 切削参数的设定

加工工件时，必须确定切削速度、切削深度、进给速度以及是否使用切削液等切削参数。

刀片的材料应根据待加工工件的材料而定，切削速度根据是否使用切削液、刀具寿命设为多少来确定。不过，为了得到选定的切削速度，当机床转速相对于要加工的工件过快时，必须降低切削速度。

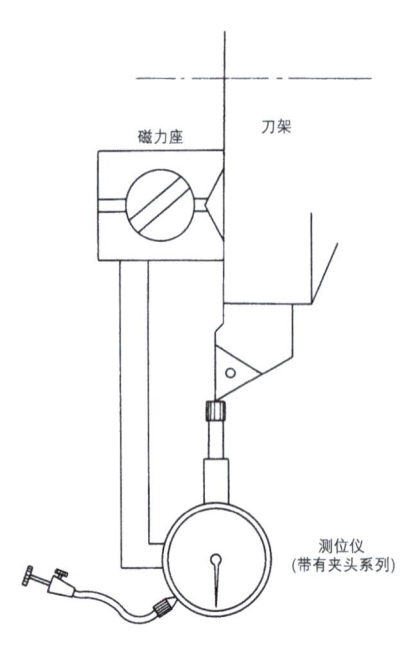

图4 刀尖位置管理

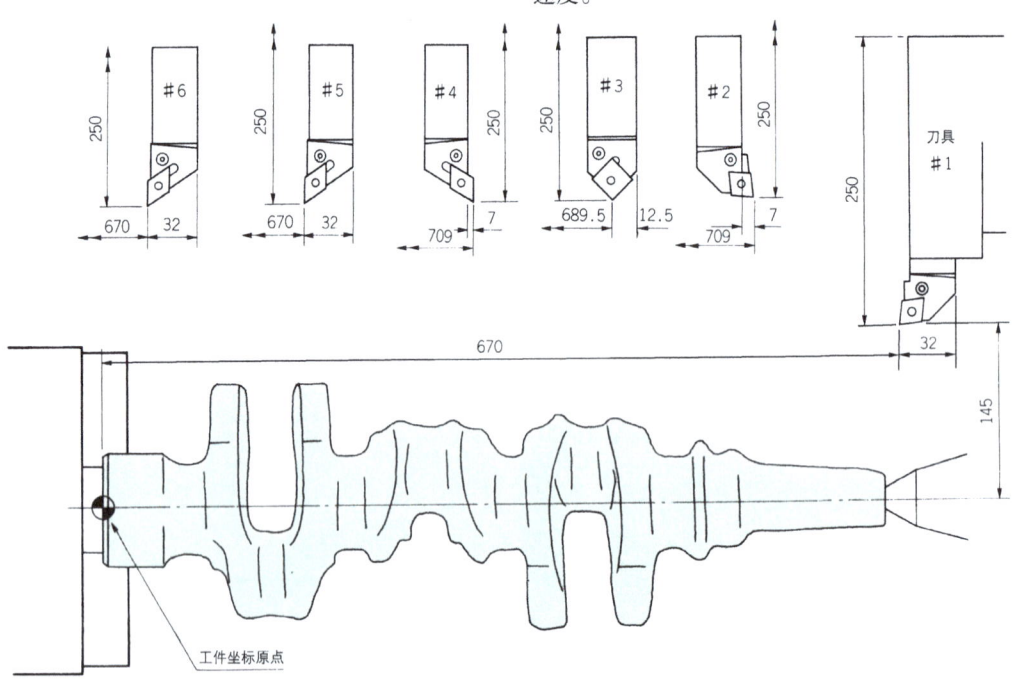

图5 刀具布局

表1 加工中使用的车刀

刀具位置	加工内容	车刀型号	夹紧装置
#1	外圆粗加工，腹板端面精加工	P C L N L3225P12	C N MM120412-71
#2	腹板端面精加工	P C L N R3225P12	C N MM120412-71
#3	轴颈中部精加工	P S D N N3225P12	S N MM120408-71
#4	轴颈右侧精加工	P D J N R3225P15	D N MM150612-71
#5	轴颈左侧精加工	P D J N L3225P15	D N MM150608-15
#6	外径精加工	P D J N L3225P15	D N MM150608-15

刀具#2
切削速度:
140m/min
切削深度×进给速度:
4mm×0.4mm/r

主轴最高转速:130r/min夹紧
切削液: 水溶性切削液

刀具#1
切削速度:
140m/min
切削深度×进给速度:
4mm×0.4mm/r

a) 外圆粗加工，腹板端面精加工

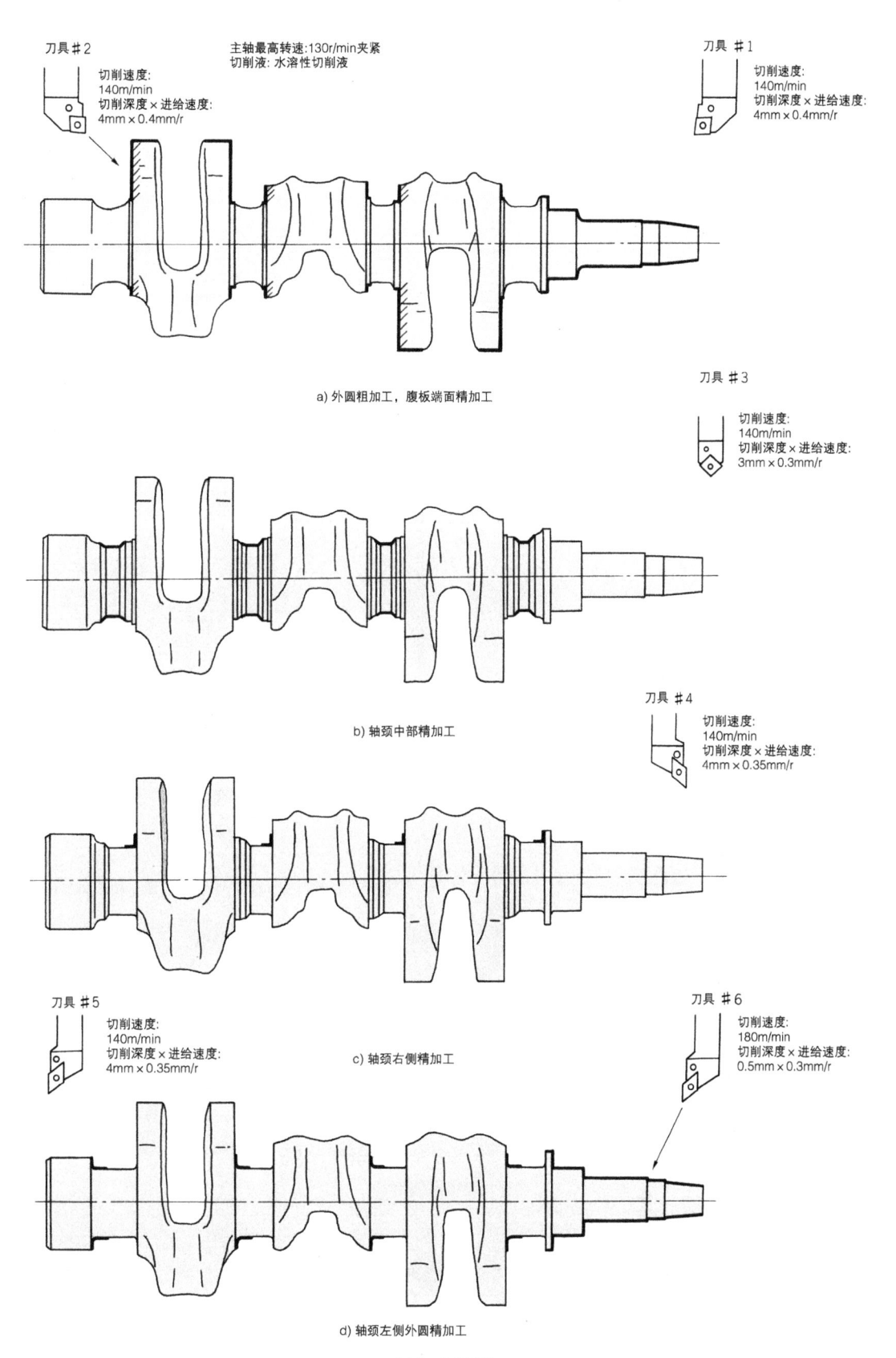

刀具#3
切削速度:
140m/min
切削深度×进给速度:
3mm×0.3mm/r

b) 轴颈中部精加工

刀具#4
切削速度:
140m/min
切削深度×进给速度:
4mm×0.35mm/r

刀具#5
切削速度:
140m/min
切削深度×进给速度:
4mm×0.35mm/r

c) 轴颈右侧精加工

刀具#6
切削速度:
180m/min
切削深度×进给速度:
0.5mm×0.3mm/r

d) 轴颈左侧外圆精加工

图6 工序图

$\Delta X = X$ 方向补偿量
$\Delta Z = Z$ 方向补偿量
$\Delta r = r$ 补偿量

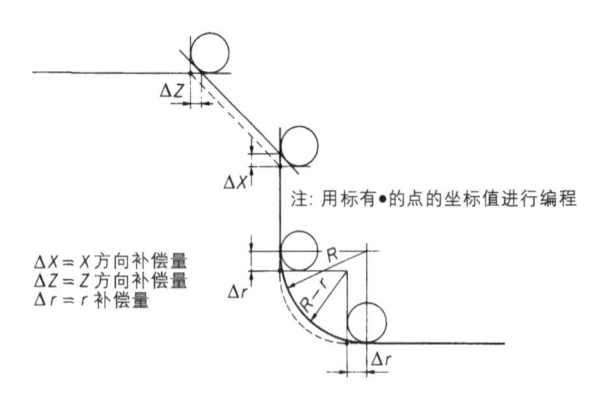

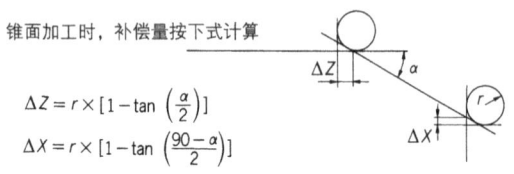

锥面加工时,补偿量按下式计算

$$\Delta Z = r \times [1 - \tan(\frac{\alpha}{2})]$$
$$\Delta X = r \times [1 - \tan(\frac{90-\alpha}{2})]$$

注:用标有●的点的坐标值进行编程

图7 刀尖圆弧半径 R 的补偿

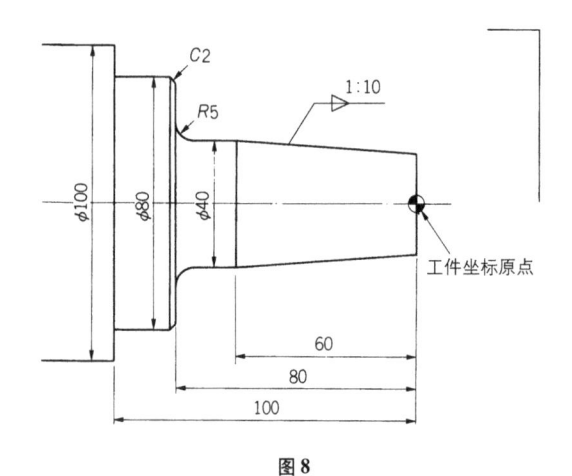

精加工车刀刀片刀尖 R0.8mm
粗加工车刀刀片刀尖 R1.2mm
精加工余量:径向 φ1.0mm
       轴向 0.2mm
注:X 坐标是直径值。
  将工件右侧端面的中心设为工件坐标原点。

刀具路径点	工序		
	精加工	全部作为粗加工计算的值	平行移动求得的值
1	X 33.824 Z 1.0	X 34.806 Z 1.0	X 34.824 Z 1.2
2	X 40.0 Z −60.76	X 41.0 Z −60.94	X 41.0 Z −60.56
3	X 40.0 Z −75.8	X 41.0 Z −76.0	X 41.0 Z −75.6
4	X 48.4 R 4.2 Z −80.0	X 48.6 R 3.8 Z −79.8	X 49.4 R 4.2 Z −79.8
5	X 75.063 Z −80.0	X 75.594 Z −79.8	X 76.063 Z −79.8
6	X 80.0 Z −82.469	X 81.0 Z −82.503	X 81.0 Z −82.269
7	X 80.0 Z −100.0	X 81.0 Z −99.8	X 81.0 Z −99.8
8	X 102.0 Z 1100.0	X 102.0 Z −99.8	X 103.0 Z −99.8

图8

图9 刀尖圆弧半径 R 补偿(粗加工和精加工)

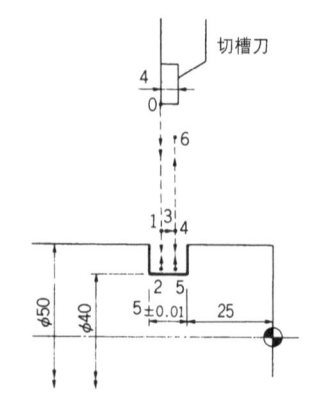

刀具位置补偿(偏置)
使用1号和11号的刀具位置补偿,用1号和11号的 Z 轴补偿量之差进行槽宽补偿。
1号和11号的 X 轴补偿量也设置为同样的值。

```
T 101;……刀具1号
         补偿量选1号
G00 Z−300;
X 51.0;
G01 X 40.0 F 0.15;
X 51.0 F 0.3;
Z−29.0 T 011;……补偿量切换为11号(选择)
X 40.0 F 0.15;
X 51.0 F 0.3;
G00 X 100.0;
```

图10 刀具补偿使用实例(1)

切削深度与进给速度密切相关,粗加工时根据卡盘的夹持力、待加工工件的刚度、刀具断屑槽形状、所用机床的输出功率等决定,应在综合考虑以上各因素的基础上,取最不利条件下的最大值来确定切削深度与进给速度。

在精加工中,通过计算确定进给速度,通过该进给量可以得到工件要求的加工表面粗糙度。切削深度通常为 0.05~1.0mm,考虑到精加工时的切屑处理,最好在一定程度上取略大一点的加工余量以得到好的加工结果。

计算方法请参考本书结尾处的参数表(第144页),根据切削力与加工表面粗糙度之间的关系求得切削参数。

受机床固有振动、加工材料和刀具的振动、积屑瘤和熔敷等的影响,实际的加工表面粗糙度值通常大于理论值。

5 编程

数控纸带的编制方法分类如下:
- 自动编程方法
①通过语言输入
②通过图形或简单语言输入
- 手动编程
①使用计算器手工计算
②使用编程计算器进行半自动计算

除此之外,还有 3~4 年前各厂家开发的根据图形输入和简单语言输入的 MDI 编程方法。

接下来让我们考虑一下手动编程的情况。

(1) 刀尖圆弧半径 R 的影响

用刀尖圆弧半径为 R 的刀具加工件时,为了得到正确的精加工尺寸,在编程时必须考虑刀尖圆弧半径 R 的影响,并对其进行补偿。

当切削平行于 X 轴或 Z 轴的线段时,刀尖圆弧半径 R 不会产生影响。但在加工倒角、锥度和圆弧等时,会有加工不到的残留部分,请参阅编程部分(第 84~95 页)。

为了防止出现此类切削残留情况,编程时请计算 Δr、ΔX 和 ΔZ 各值的补偿量,如图 7 所示。

在最新的数控装置中,如果具有"刀尖圆弧半径补偿(功能)",则可省略这些烦琐的计算。

(2) 编程顺序

编程顺序与工序顺序相反,刀具路径是从精加工工序开始计算的。

这样做有助于简便地获得粗加工的最终形状。

例如,如果要加工如图 8 所示形状的工件,为了得到粗加工工序的最终刀具路径,需要手动计算各个坐标值。接着,精加工工序的刀具路径也要计算每个坐标值,这样就要进行 2 次进行相同的计算,不仅增加了计算量,而且增加了计算中出错的可能性。

因此,只需将精加工工序刀具路径的坐标值在 X 和 Z 方向上平移精加工余量即可得到粗加工工序最终刀具路径的各个坐标值。

平行于 X 轴或 Z 轴部分的加工虽然没有问题,但是对于切削锥度或圆弧时是否存在问题大家可能会存在疑问。通常,粗加工是用比精加工刀尖圆弧半径 R 大的车刀进行切削,因此锥度或圆弧等部位的加工略微增加一些加工余量也没有问题(图9)。

(3) 槽宽和锥度

对于尺寸公差较小的槽宽和锥度进行加工,在加工槽时会受到刀片磨损和刀宽精度的影响,在加工锥度时会受到车刀中心上下位置的影响,虽然按照图样尺寸(当然也进行了刀尖圆弧半径补偿)进行编程,但是有时也无法达到所需的加工精度。

在这种情况下,如果对 1 把刀具使用数控装置的 2 个刀具位置补偿功能进行编程,则切削时可以通过调整精加工补偿量达到要求的加工精度。图10、图11 给出了这种情况下的程序示例。

(4) 倒锥加工

当进行如图 12 所示的倒锥加工时,尽管与切削深度有关,但是应尽量使后角小一些,避免在加工时贴近工件表面,使切屑划伤精加工表面,导致难以达到高质量的精加工表面。甚至在极端情况下,可能会由于排屑效果不佳导致刀尖崩刃。

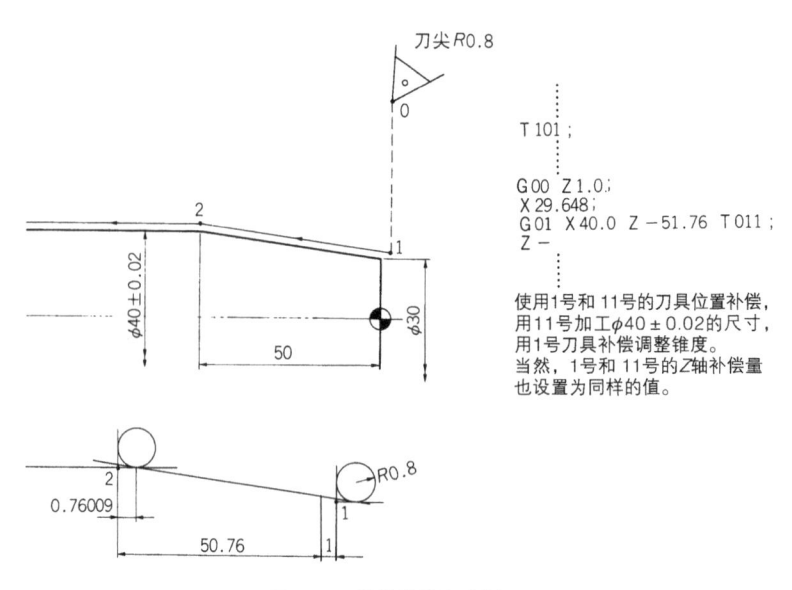

```
T 101；
    ⋮
G00 Z1.0；
    X 29.648；
G01 X 40.0 Z −51.76 T 011；
    Z −
    ⋮
```

使用1号和11号的刀具位置补偿，用11号加工φ40±0.02的尺寸，用1号刀具补偿调整锥度。当然，1号和11号的Z轴补偿量也设置为同样的值。

图11 刀具补偿使用实例（2）

（5）刀架反转位置

加工像曲轴这样具有中心轴的工件时，如果加工起始位置为参考点（机床原点），则每个工序结束后都要使刀具返回参考点，使刀架反转后再进入下一道工序，加工时间将因此增加。快速进给返回在一定程度上能节省时间，但如果各道工序累加，总的时间就不少了。

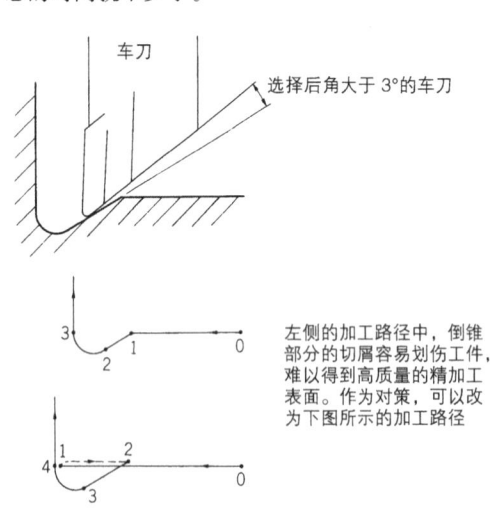

图12 倒锥加工

每道工序结束后，都要反转刀架使刀具返回参考点，然后进行下一道工序，这样编程的优点是能在全部工序中独立地执行部分工序。但是，如果将刀架反转位置（各工序的起始和结束位置）设为距离加工位置近的位置，如距离参考点200mm或300mm等容易记忆的数值，则可以节省前文所述的快速返回时间和提高执行部分工序的可操作性。

（6）程序的简化

对于曲轴这种在不同位置存在多个相同形状的零件，可以将相同形状的加工程序编为子程序，从而简化编程。因为数控车床很少使用局部坐标系，在这种情况下，需要对子程序中的Z轴命令全部进行增量编程（图13）。

128

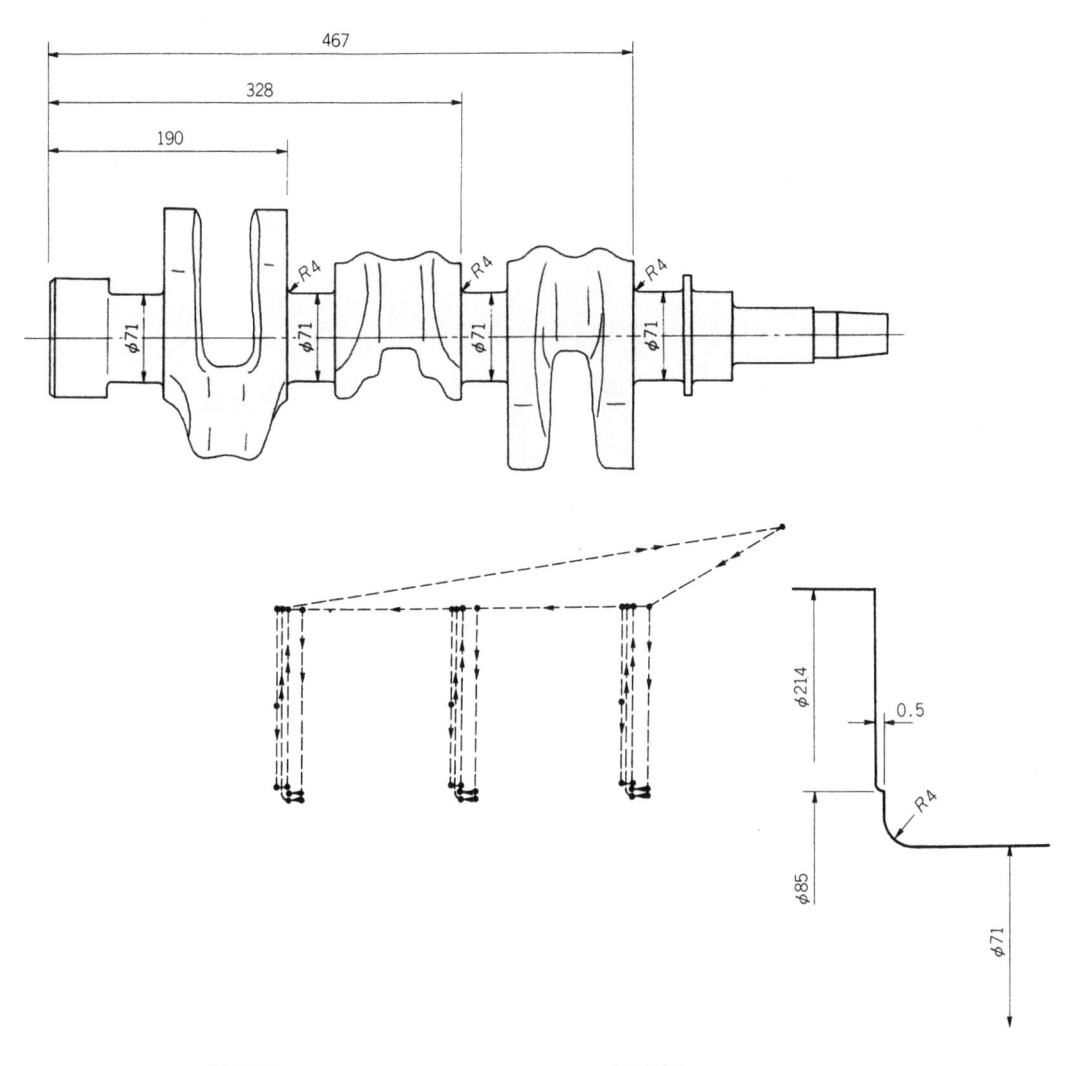

[主程序]	[子程序]	
	●用于刀具#1	●用于刀具#2
O1 ;	O101 ;	O102 ;
G50 X280.0 Z700.0 S1500 ;	G00 X216.0 ;	G00 X78.5 ;
G00 S160 T101 M03 ;	G01 X85.0 F0.3 ;	G01 W−14.3 F0.3 ;
Z467.0 ;	W1.03 ;	G00 U0.5 W14.3 ;
M98 P101 ;	G00 X250.0 ;	X72.0 ;
Z328.0 ;	M99 ;	G01 W−11.1 ;
M98 P101 ;		G02 X78.4 W−3.2 R3.2 ;
Z190.0 ;		G01 X78.5 ;
M98 P101 ;		G00 W14.3 ;
G27 X280.0 Z700.0 T0 ;		X72.0 ;
M01 ;		G01 X71.0 ;
G50 X280.0 Z707.0 S1500 ;		W−11.3 ;
G00 S160 T202 M03 ;		G02 X77.4 W−3.2 R3.2 ;
Z482.0 ;		G01 X87.0 ;
M98 P102 ;		G00 X250.0 ;
Z343.0 ;		M99 ;
M98 P102 ;		
Z205.0 ;		
M98 P102 ;		
G27 X280.0 Z707.0 T0 M05 ;		
M30 ;		

图 13　子程序使用示例

技能测试　数控车床1级实际操作

试题图

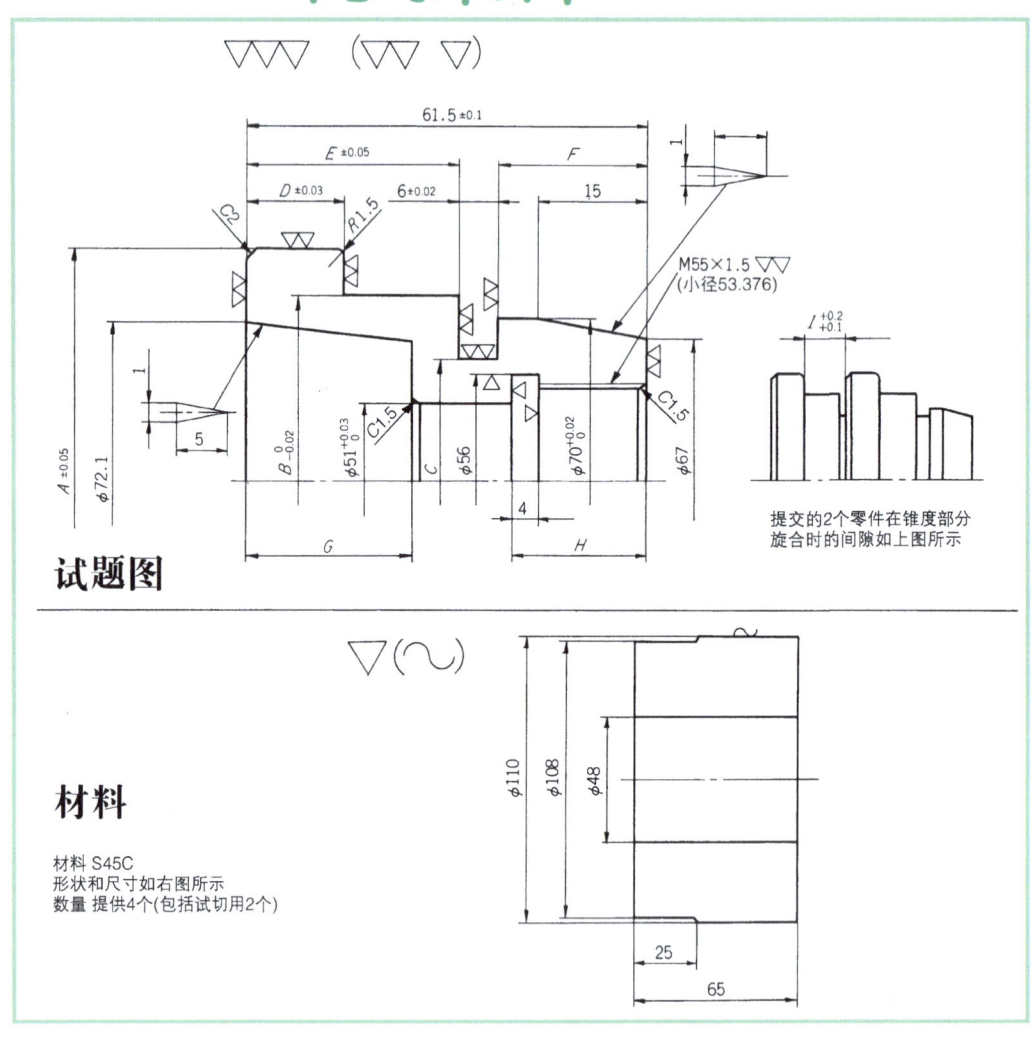

材料

材料 S45C
形状和尺寸如右图所示
数量 提供4个(包括试切用2个)

试题

进行以下操作，请制作2个试题图中所示的零件。

①制作过程表
②制作穿孔纸带
③切削加工（包括穿孔纸带的修正）

[注意]

①请勿使用未在下面列出的装置和功能。
（a）刀尖圆弧半径补偿装置，或刀具位置补偿；
（b）S、M、F、G功能；（c）当前位置显示；（d）焊接；（e）程序段单段运行；（f）顺序编号显示/查找（注：不得使用机床中的自动换刀装置、适应控制装置、自动尺寸补偿装置和其他固定循环功能)。

②对于要提交的工件，要根据纸带的指令进行加工，不能使用程序段单段运行功能。

③穿孔纸带的制作要使用手动穿孔机（带打字机）。

④未标注的倒角通过数控加工进行小倒角。

⑤也可进行切削刀具预设，但不能安装在刀架上。

⑥在测试开始之前，不能安装软爪。

试题和解析

使用工具

1. 应试者需要携带的东西

（a）**刀具及其他** 单刃车刀［4］，端面车刀［2］，尖头车刀［2］，镗刀［4］，外圆切槽刀（宽度小于5mm）［2］，内切槽刀（宽度4mm）［2］，内螺纹车刀［2］，软爪成形用刀具［1］，磨刀石［1］，硬质合金刀具用手工磨刀石［1］，车刀垫板，软爪成形用环（与所使用的卡盘匹配），红丹，防护眼镜［1］，书写用具（钢直尺，圆规，铅笔，三角板，量角器）［1 套］，计算器［1］，方格绘图纸，三角函数表［1］。

（b）**测量工具** 外径千分尺（0.01mm，刻度：0～25mm，25～50mm，50～75mm，75～100mm，100～125mm）［各1个］，内测千分尺（0.01mm 刻度：5～25mm）［1］，游标卡尺（最小读数0.05mm，150～200mm）［1］，钢直尺（150～200mm）［1］，圆柱直角尺（0.01mm 刻度：约35～60mm）［1］，环规 ϕ51mm［1］，中心规（60°用）［1］，半径样板（R1.5）［1］，螺纹量规（M55×15 或其他可替代的）［1］，塞尺（6mm）［1］，量块（用于校正测微仪，50mm，75mm，100mm）［各1］。

注：①车刀可以是硬质合金刀具，也可以是高速钢刀具。在使用可转位车刀的情况下，不要更换刀片和切削刃位置。

②车刀共计19把，只能在这19把刀具中选择使用，不可以携带预备的刀具。

③应试者能够携带的仅限于以上这些。如果认为以上列出的这些东西没有必要，也可以不准备。但是防护眼镜请一定准备。

④若［ ］括号内未标明数量，适量准备即可。

2. 考场上需准备的东西

（a）**机床** 数控车床（中心间最大距离：500～1500mm。床身上的振动：大约300～500mm。控制装置：①2 轴联动方式；②可加工螺纹；③附带刀具补偿装置；④带有纸带阅读器）［1］，刀具预设（制造企业标准件），手动穿孔机（带有打字及纸带复制装置），穿孔纸带，工序表（适用于所使用的机床）。

（b）**工具及其他** 卡盘［1］，卡盘手柄［1］，扳手，箱型扳手，划线盘（带支架）［1组］，塑料锤（或木槌）［1］，工具整理台，切削液，刷子［1］，红丹，油罐［1］，排屑棒［1］，小扫帚［1］，油壶［1］，清洗油（煤油或柴油），纱布，电笔（每个考场1个）。

［考试时间］

作业种类	标准时间	结束时间
过程表的制作	2h30min	3h00min
穿孔纸带的制作	3h30min	4h00min
切削加工（包括穿孔纸带的修正）		

考试中的注意事项

数控车床的技能测试通常是在应试者所在工厂内部进行的，在熟悉的环境中使用熟悉的机床，可以令人心情轻松地进行考试。

● **关于考试日期**

一般会根据应试者方便的时间确定考试日期，因此选择考期时最好在考试前一天能充分准备机床和工具等。

● **过程表的制作**

要完成的课题中有8处间接尺寸，将在考试当天公布，但由于尺寸没有太大变化，因此可向曾参加过考试的人咨询尺寸的相关信息。

①切削参数、刀具布局等应事先确定并记住。

②关于刀尖圆弧半径补偿（刀尖 R），省略详细计算，对于 C 平面，预估角半径×0.6 进行编程。当进行锥度部分外表面加工时，使用第2补偿得到 H 尺寸。

③由于有充分的时间，应对制作的过程表进行仔细检查。

● **数控纸带的穿孔**

由于穿孔时间包含在加工时间内，因此要练习准确而快速地打孔。为了缩短穿孔时间，最好省略序号。

另外，为了减少穿孔错误，在打孔纸上每隔1行写程序，在行间插入穿孔机的印字，这也是一种快速准确的穿孔方法。

● **切削加工**

①纸带检查：纸带制作完成后，首先通过空转和单段运行的方法对其进行检查。一边观察机床的动作，一边不正常的情况记入表中，待所有工序都检查完之后，再进行纸带的修正。

②软爪和刀具的安装：刀具和软爪都不允许在测试之前安装，但是可以进行刀具的预设，因此最

好提前在程序段中设置好。

软爪也可以提前先大致成形，在测试当天只进行修正加工，软爪深度约取10mm，而且其直径最好和工件相等，但是对于轻切削加工，也不必一定追求相等。用内孔粗加工用的车刀加工软爪。

③切削：包括测试时试切用的材料，共提供4块材料。对于要上交的工件，不能使用分步加工，必须通过运行纸带进行加工。因此，有必要通过最初的2件加工验证加工设置是否正确。特别是H尺寸，由于是由2个工件组合的尺寸，要特别注意。

在第1个工件的试切过程中，全部采用程序单段运行方式进行加工。当刀具接近工件时，应使用空运行，以防发生意外。每进行一道工序后，主轴都要停止并测量尺寸，必要时修正偏置值（补偿量）。

建议每次都记录好偏置值，这样比较安全。设定偏置初始值时，在外圆加工时要使加工后的尺寸稍大，在内孔加工时要使加工后的尺寸稍小（约0.1mm）。

第2个工件进行连续加工后，用M01指令检查每个工序的尺寸，并达到H尺寸。

上交的加工件要通过连续运行进行加工，除尺寸精度之外，还要特别注意不要有划痕、碰伤等，并采取相应的措施。

● 关于测量

塞规和千分尺要事先调整好，千分尺最好不用附带的标准量规，而要用接近测量值的量块进行调整。

工序上的注意事项

与2级测试相比，1级测试的考试题在加工内容上增加了2个工序（螺纹退刀槽，M55×1.5螺纹）。因此，共需要7把刀具。

● 关于使用的刀具

考试时使用普通数控车床，编写的程序中涉及使用转塔刀架同时进行6把刀具设置。

因此，在6号刀位上设置切削内槽及外槽用的刀具。全部的安装位置从用于外形粗加工的2号刀具开始，按照使用顺序设置，最后是用于螺纹车削的刀具。

● 关于加工

前半部分和后半部分的加工必须换为5号切槽刀。

因此，将前半部分全部加工完之后，进行卡盘的成形和换刀，然后进行后半部分的加工。原则上对1组补偿编号使用1组补偿值进行加工，因此对于前半部分的外形加工，使用编号为2的刀具进行粗加工和精加工。

与2级测试相比，1级测试的加工公差总体减小30%～50%，因此加工时要进行相应的调整。此外，测量工具的管理和调整也需要特别注意。

再有，数控程序要以0.01mm作为设定单位。

程序示例及说明

● 工序1：外形和端面加工

使用的刀具：外圆和端面加工用车刀（刀尖圆弧半径0.8mm）。

切削参数：主轴转速330r/min（粗加工），600r/min（精加工）；最大切削速度108m/min（粗加工），198m/min（精加工）；进给速度0.25mm/r（粗加工），0.10mm/r（精加工）。

● 工序 1 的程序

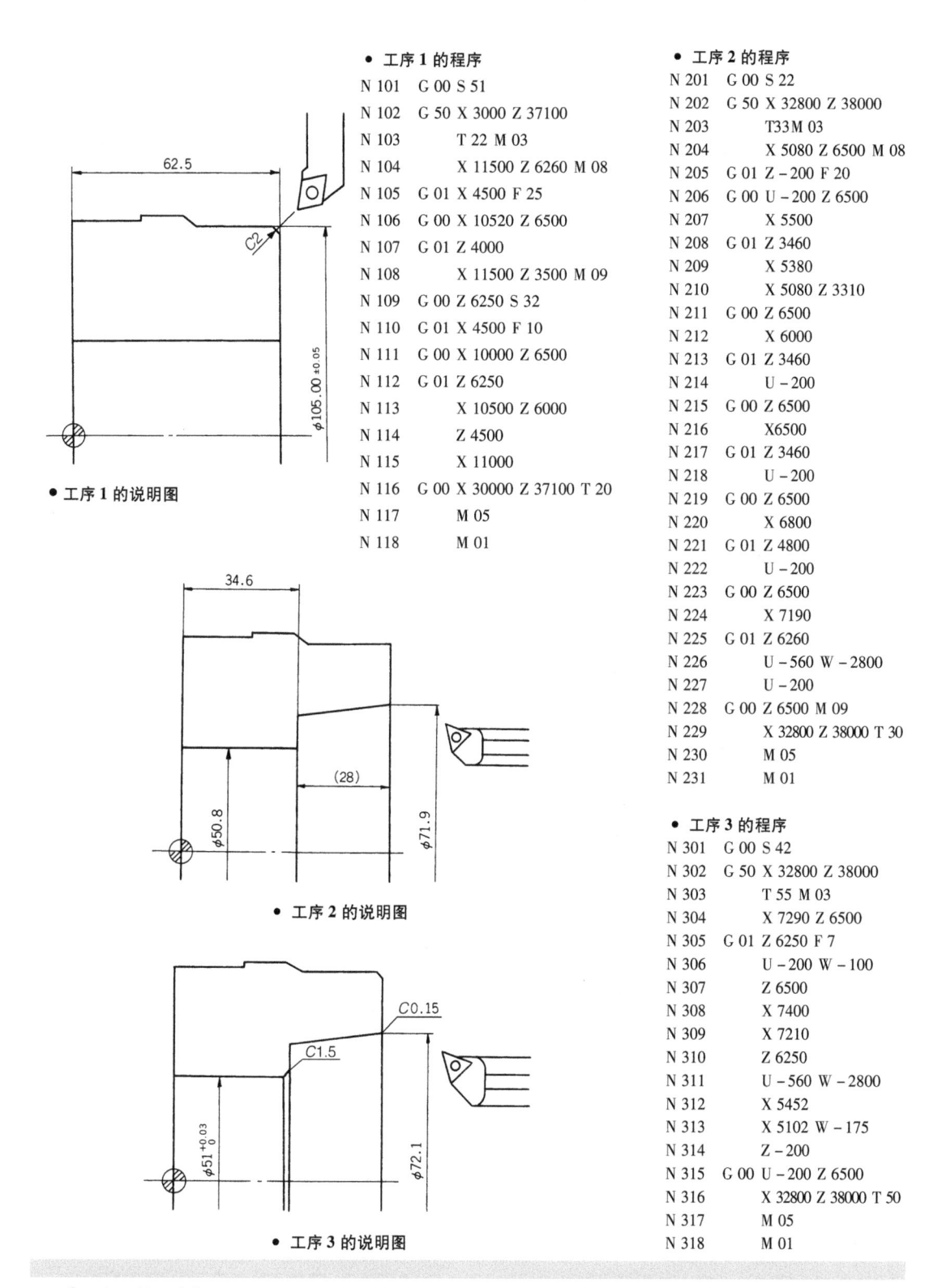

N 101　G 00 S 51
N 102　G 50 X 3000 Z 37100
N 103　　　T 22 M 03
N 104　　　X 11500 Z 6260 M 08
N 105　G 01 X 4500 F 25
N 106　G 00 X 10520 Z 6500
N 107　G 01 Z 4000
N 108　　　X 11500 Z 3500 M 09
N 109　G 00 Z 6250 S 32
N 110　G 01 X 4500 F 10
N 111　G 00 X 10000 Z 6500
N 112　G 01 Z 6250
N 113　　　X 10500 Z 6000
N 114　　　Z 4500
N 115　　　X 11000
N 116　G 00 X 30000 Z 37100 T 20
N 117　　　M 05
N 118　　　M 01

● 工序 2 的程序

N 201　G 00 S 22
N 202　G 50 X 32800 Z 38000
N 203　　　T 33 M 03
N 204　　　X 5080 Z 6500 M 08
N 205　G 01 Z − 200 F 20
N 206　G 00 U − 200 Z 6500
N 207　　　X 5500
N 208　G 01 Z 3460
N 209　　　X 5380
N 210　　　X 5080 Z 3310
N 211　G 00 Z 6500
N 212　　　X 6000
N 213　G 01 Z 3460
N 214　　　U − 200
N 215　G 00 Z 6500
N 216　　　X 6500
N 217　G 01 Z 3460
N 218　　　U − 200
N 219　G 00 Z 6500
N 220　　　X 6800
N 221　G 01 Z 4800
N 222　　　U − 200
N 223　G 00 Z 6500
N 224　　　X 7190
N 225　G 01 Z 6260
N 226　　　U − 560 W − 2800
N 227　　　U − 200
N 228　G 00 Z 6500 M 09
N 229　　　X 32800 Z 38000 T 30
N 230　　　M 05
N 231　　　M 01

● 工序 3 的程序

N 301　G 00 S 42
N 302　G 50 X 32800 Z 38000
N 303　　　T 55 M 03
N 304　　　X 7290 Z 6500
N 305　G 01 Z 6250 F 7
N 306　　　U − 200 W − 100
N 307　　　Z 6500
N 308　　　X 7400
N 309　　　X 7210
N 310　　　Z 6250
N 311　　　U − 560 W − 2800
N 312　　　X 5452
N 313　　　X 5102 W − 175
N 314　　　Z − 200
N 315　G 00 U − 200 Z 6500
N 316　　　X 32800 Z 38000 T 50
N 317　　　M 05
N 318　　　M 01

● 工序 1 的说明图

● 工序 2 的说明图

● 工序 3 的说明图

【工序 1 的要点】

如之前所述，在此工序中，既有粗加工，也有精加工，因此在加工中途要改变主轴转速和进给速度。

另外，外径公差为 ± 0.05mm，但是考虑到后半部分加工的接头部分，加工完成的尺寸最好相比图中的加工尺寸略微小一点。

和 2 级测试的程序一样，刀尖圆弧半径补偿对于 C 面为半径 × 0.6，半径 R 根据估算来确定，省

133

略了详细的计算（N112，N113 中，$C2$ 的加工是估算刀尖圆弧半径影响为 $0.8×0.6=0.48$ 之后，取 $C2.5$ 进行编程的）。

● 工序 2：内孔粗加工

使用的刀具：不通孔加工用镗刀（刀尖圆弧半径 0.8mm）。

切削参数：主轴转速 390r/min，切削速度 88m/min（最大），进给速度 0.2 mm/r。

【工序 2 的要点】

在该工序中，只有 G 尺寸（台阶部分的深度）是间接尺寸，最好提前记住基本程序。

其他的粗加工工序中不进行 C 面倒圆加工，但是在精加工内表面时，切屑容易刮伤工件，因此该工序中要进行 C 面粗加工。

加工实例

● 工序 3：内孔精加工

使用的刀具：不通孔加工用镗刀（刀尖圆弧半径 0.4mm）。

切削参数：主轴转速 880r/min，切削速度 199m/min（最大），进给速度 0.07mm/r。

【工序 3 的要点】

不要忘了在锥度部分端面进行倒角加工 $C0.15$（N306 考虑刀尖圆弧半径，用 $C0.4$ 编程）。另外要注意，$\phi51$mm 的孔处有工差要求，编程时应注意尺寸为 51.02mm。

G 尺寸（台阶部分的深度）没有公差，但应将其限制在 ±0.1mm 以下，以保证能正确地加工出倒角。

对于未指定公差的尺寸，加工时应控制在 ±0.3mm 以下。

● 工序 4：螺纹退刀槽加工

使用的刀具：4mm 切槽刀（刀尖圆弧半径 0.2mm，切削刃宽4mm）。

切削参数：主轴转速 240r/min，切削速度 42m/min，进给速度 0.07mm/r。

【工序 4 的要点】

与槽结构有关的所有尺寸均没有公差，因此加工中没有特别需要注意的，但务必不要忘记对螺纹的另一侧进行倒角。

另外，由于在该工序加工过程中容易引起振动，因此请选择最合适的加工参数。

* * *

到此已完成了前半部分工件的加工。需重复前半部分的加工可完成 2 个工件，因此要通过加工出来的工件质量和时间，来确定加工工件的数量。

进行到后半部分的加工时，要对软爪进行成形加工，并使工件跳动最小。另外，虽然软爪的直径与工件相同是最好，但是由于此加工不属于重切削，因此软爪的直径和工件接近就可以。

同时，卸下内槽加工用刀具，换为外槽加工用刀具。

● 工序 5：外圆和端面粗加工

使用的刀具：外圆和端面加工用车刀（刀尖圆弧半径 0.8mm）。

切削参数：主轴转速 330r/min，切削速度 108m/min（最大），进给速度 0.25mm/r。

【工序 5 的要点】

在该工序中 B、D 和 E 3 个尺寸是间接的尺寸，若预设好粗加工模式，则测试当天可轻松地进行编程。

端面和外形（单侧）的加工余量都设置为 0.1mm，E 尺寸（槽位置）在工序 8 中（切槽）完成精加工，精加工余量最好控制在 0.5mm 左右，以免影响工序 6 中的 I 尺寸的保证。

● 工序 6：外圆和端面精加工

使用的刀具：用于外圆加工的车刀（刀尖圆弧半径 0.4mm）。

切削参数：主轴转速 600r/min，切削速度 198m/min（最大），进给速度 0.07mm /r。

【工序 6 的要点】

在编程和加工时必须要注意，外径为 $\phi70$mm 和 $\phi86$mm 的加工部位在正负方向都规定了公差。厚度15mm 的凸缘公差为 ±0.03mm，它受到 Z 轴补偿值及软爪成形和夹紧状态的影响。

为了在该工序中调节 2 个工件装配的间隙，再用补偿编号 7 加工锥度部分。锥度部分由于没有进行刀尖圆弧半径补偿，因此最初补偿编号 7 用与 5 相同的补偿值。加工之后，测量间隙并且修改补偿值，但由于锥度是 1:5，因此补偿 7 的 X 值变化 0.1mm，对应的间隙变化量是 0.5mm。

在 N607 中，用切槽刀加工（35.00±0.05）mm，加工到 236.00mm。

● 工序 7：螺纹小径加工

使用的刀具：不通孔加工用镗刀（刀尖圆弧半径 0.4mm）。

切削参数：主轴转速 600r/min，切削速度 100m/min，进给速度 0.1mm/r。

- **工序 4 的程序**
- N 401　G 00 S 12
- N 402　G 50 X 37000 Z 33500
- N 403　　T 66 M 03
- N 404　　X 4500 Z 7000
- N 405　　Z 1150 M 08
- N 406　G 01 X 5600 F 7
- N 407　G 04 U 30
- N 408　　X 4900
- N 409　　Z 1180
- N 410　　X 5102
- N 411　　U 60 W − 30
- N 412　　X 4500
- N 413　G 00 Z 6500 M 09
- N 414　　X 37000 Z 33500 T 60 M 05
- N 415　　M 00

- **工序 5 的程序**
- N 501　G 00 S 51
- N 502　G 50 X 30000 Z 37100
- N 503　　T 22 M 03
- N 504　　X 11500 Z 6160 M 08
- N 505　G 01 X 4500 F 25
- N 506　G 00 X 10200 Z 6500
- N 507　G 01 Z 1510
- N 508　　U 200
- N 509　G 00 Z 6500
- N 510　　X 9400
- N 511　G 01 Z 1510
- N 512　　U 200

- N 513　G 00 Z 6500
- N 514　　X 8620
- N 515　G 01 Z 1510
- N 516　　U 200
- N 517　G 00 Z 6500
- N 518　　X 7800
- N 519　G 01 Z 3520
- N 520　　U 200
- N 521　G 00 Z 6500
- N 522　　X 7020
- N 523　G 01 Z 3520
- N 524　　U 200
- N 525　G 00 Z 6500
- N 526　　X 6720
- N 527　G 01 Z 6160
- N 528　　U 360 W − 1800
- N 529　　X 30000 Z 37100 T 20 M 09
- N 530　　M 05
- N 531　　M 01

- **工序 6 的程序**
- N 601　G 00 S 32
- N 602　G 50 X 30000 Z 37100
- N 603　　T 44 M 03
- N 604　　X 7000 Z 6150
- N 605　G 01 X 4800 F 7
- N 606　G 00 X 7001 Z 6500
- N 607　G 01 Z 3600
- N 608　G 00 X 8599
- N 609　G 01 Z 1500

- N 610　　X 10120
- N 611　G 03 X 10500 Z 1310 K − 190
- N 612　G 01 X 11000
- N 613　G 00 Z 6500 T 47
- N 614　　X 6400
- N 615　　X 6620
- N 616　G 01 Z 6150
- N 617　　U 200 W − 100
- N 618　　Z 6200
- N 619　　X 6500
- N 620　　Z 6700
- N 621　　Z 6150
- N 622　　U 360 W − 1800
- N 623　　X 30000 Z 371 000 T 40
- ╱N 624　M 05
- N 625　　M 01

- **工序 7 的程序**
- N 701　G 00 S 32
- N 702　G 50 X 32800 Z 38000
- N 703　　T 55 M 03
- N 704　　X 5688 Z 6500
- N 705　G 01 Z 6150 F 10
- N 706　　X 5338 Z 5975
- N 707　　Z 4800
- N 708　G 00 U − 200 Z 6500
- N 709　　X 32800 Z 38000 T 50
- ╱N 710　M 05
- N 711　　M 01

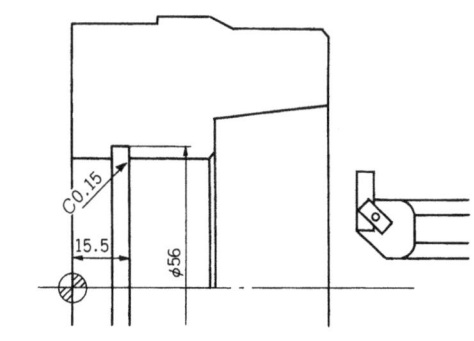

- **工序 4 的说明图**

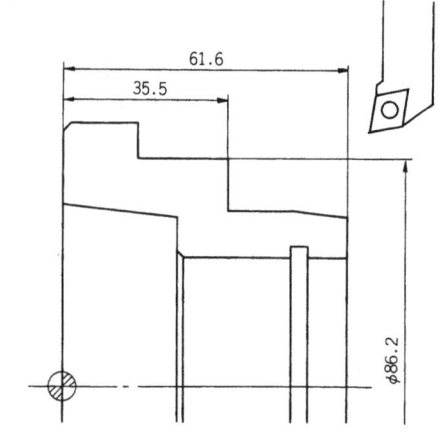

- **工序 5 的说明图**

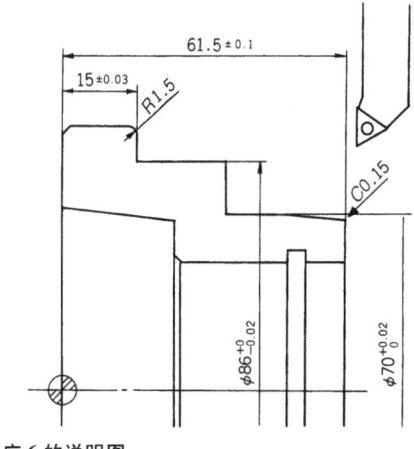

- **工序 6 的说明图**

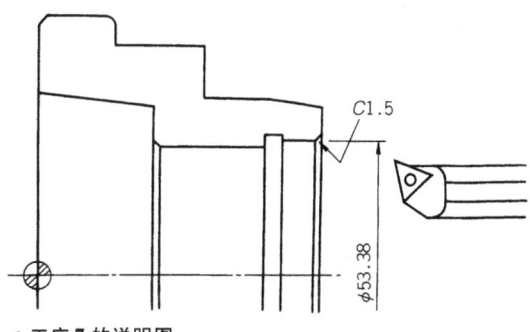

- **工序 7 的说明图**

135

● 工序 8 的程序

N 801	G 00 S 22
N 802	G 50 X 27000 Z 37200
N 803	T 68 M 03
N 804	X 9000 Z 3600 M 08
N 805	G 01 X 6220 F 10
N 806	G 00 X 8800
N 807	Z 3470 S 32
N 808	G 01 X 8599
N 809	X 8539 Z 3500 F 7
N 810	X 6200
N 811	G 04 U 30
N 812	Z 3550
N 813	G 00 X 7200
N 814	Z 3730 T 69
N 815	G 01 X 7001
N 816	X 6941 Z 3700
N 817	X 6200
N 818	G 04 U 30
N 819	Z 3600
N 820	G 00 X 9000 M 09
N 821	X 27000 Z 37200 T 60
N 822	M 05
N 823	M 01

● 工序 9 的程序

N 901	G 00 S 51
N 902	G 50 X 33000 Z 37000
N 903	T 11 M 03
N 904	X 5398 Z 6500 M 08
N 905	G 32 Z 4900 F 150
N 906	G 00 X 5000
N 907	Z 6500
N 908	X 5448
N 909	G 32 Z 4900
N 910	G 00 X 5000
N 911	Z 6500
N 912	X 5478
N 913	G 32 Z 4900
N 914	G 00 X 5000
N 915	Z 6500
N 916	X 5498
N 917	G 32 Z 4900
N 918	G 00 X 5000
N 919	Z 6500
N 920	X 5508
N 921	G 32 Z 4900
N 922	G 00 X 5000
N 923	Z 6500
N 924	X 5518
N 925	G 32 Z 4900
N 926	G 00 X 5000
N 927	Z 6500
N 928	X 5522
N 929	G 32 Z 4900
N 930	G 00 X 5000 M 09
N 931	Z 6500
N 932	X 33000 Z 37000 T 10 M 05
N 933	M 02

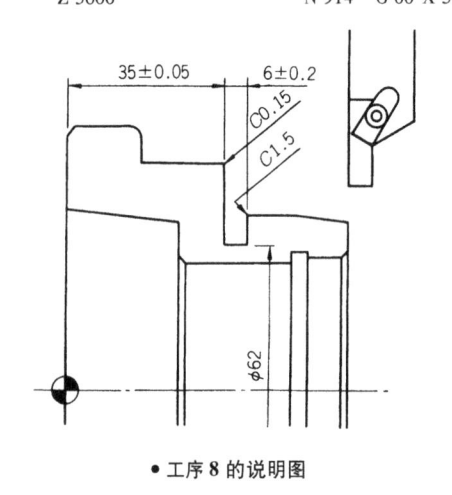

● 工序 8 的说明图

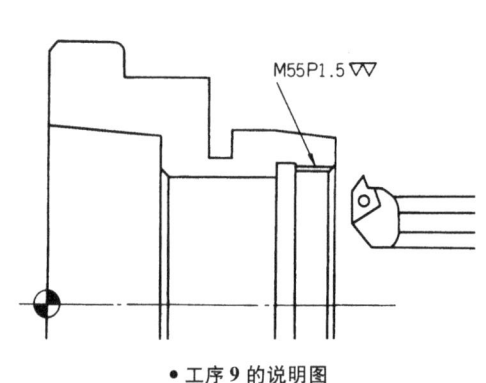

● 工序 9 的说明图

● **工序 8：切槽**

使用的刀具：切槽刀（刀尖圆弧半径 0.2mm，切削刃宽度 4mm）。

切削参数：主轴转速 390r/min（粗加工），600r/min（精加工），切削速度 85m/min（粗加工），130m/min（精加工），进给速度 0.1mm/r（粗加工），0.07mm/r（精加工）。

【工序 8 的要点】

最初在中心处进行槽的粗加工，然后改变切削条件进行精加工，同时进行倒角。使用可转位切槽刀，但为提高槽侧面的精加工质量，将刀尖圆弧半径刃磨到 0.2mm。

另一方面，使用 2 组补偿确保尺寸精度。

补偿编号 8 用于槽位置（35±0.05）mm，补偿编号 9 用于槽宽（6±0.02）mm。

● **工序 9：M55×P1.5**

使用的刀具：螺纹车刀。

切削参数：主轴转速 330r/min，切削速度 57m/min，进给速度 1.5mm/r。

【工序 9 的要点】

螺纹根据牙型面的加工质量及螺纹的配合度进行评分。

螺纹切削深度和切削次数有各种方法，但是在此进行 7 次加工，分别为：0.35mm、0.25mm、0.15mm、0.10mm、0.05mm、0.05mm、0.02mm。

另外，由于是用假想的刀尖进行编程，因此最终切削位置为 X55.22。

螺纹加工与其他工序不同，其精度由与量规的配合度来决定，因此事先通过练习感觉并记住牙顶高非常重要。

第5部分　数控车削参数及相关资料

1 数控程序地址符　　JIS B 6311

地址符	意义
A	围绕 X 轴旋转的旋转角度值
B	围绕 Y 轴旋转的旋转角度值
C	围绕 Z 轴旋转的旋转角度值
D	围绕特殊轴旋转的旋转角度值或第 3 进给速度指定功能
E	围绕特殊轴旋转的旋转角度值或第 2 进给速度指定功能
H	永不指定，也可以用于指定特殊的意义
I	未指定 ⎫
J	未指定 ⎬ 定位及直线插补时不能使用
K	未指定 ⎭
L	永不指定，也可以用于指定特殊的意义
O	不可以使用
P	与 X 轴平行的第 3 移动坐标值
Q	与 Y 轴平行的第 3 移动坐标值
R	Z 轴的快速运动尺寸字或与 Z 轴平行的第 3 移动坐标值
U	与 X 轴平行的第 2 移动坐标值
V	与 Y 轴平行的第 2 移动坐标值
W	与 Z 轴平行的第 2 移动坐标值
X	X 轴移动坐标值
Y	Y 轴移动坐标值
Z	Z 轴移动坐标值
F	进给速度指定功能（F 功能）Feed function 用于指定刀具进给（进给速度或进给量）
G	准备功能（G 功能）Preparatory function 指定控制动作的模式，决定数控功能本身，掌握其使用方法会使数控加工非常方便，否则，数控装置一半的功能都不能利用
M	辅助功能（M 功能）Miscellaneous（各种）function 数控机床具有的辅助开/关功能，从字面含义上来看，用于各种各样辅助功能的代码化
S	主轴功能（S 功能）Spindle–speed function 指定主轴回转速度
T	刀具功能（T 功能）Tool function 指定刀具或刀具相关事项
N	程序顺序号

X、Z、F、G、M、S、T、N 是数控车床程序中最常使用的地址符。

2 数控程序功能符号 JIS B 6311

BS：空格（Back Space），在同一行中将输入位置向后移动一个字符。
CR：回车（Carriage Return），将输入位置返回到同一行的开始位置。
DEL：删除（Delete），该功能主要用于删除纸带上的错误和不需要的符号。
NT：水平制表符（Horizontal Tabulation），从预定的连续输入位置中，沿着输入行立刻移至下一个要输入的位置，可用于分隔单词。
LF：换行（Line Feed），将输入位置移至下一行，CR 后加上 LF 具有块结束（EOB）功能。
NL：返回换行（New Line），将输入位置移至下一行的开始位置，具有 EOB 功能。
备注：用一个动作进行"CR"及"LF"的动作的装置中，EOB 功能用"NL"进行，"NL"可用和"LF"一样的符号表示。
NUL：空白（Null），用于填充介质空间和时间的空白。
备注：对信息内容没有影响，可添加或删除。
SP：空格（Space），用于在单词之间空出一个字符，将输入位置沿前进方向移动一个字符。
%：百分比，程序开始功能符。
备注：不能在括号中使用。
（：左小括号，控制结束功能。
备注：括号中的字符被数控机床忽略。
）：右小括号，控制开始功能。
备注：括号中的字符被数控机床忽略。
：：冒号，对齐功能。
备注：不能在括号中使用。
/：斜线（Slash），所选程序段忽略。

纸带代码和地址

根据ETA代码的穿孔纸带

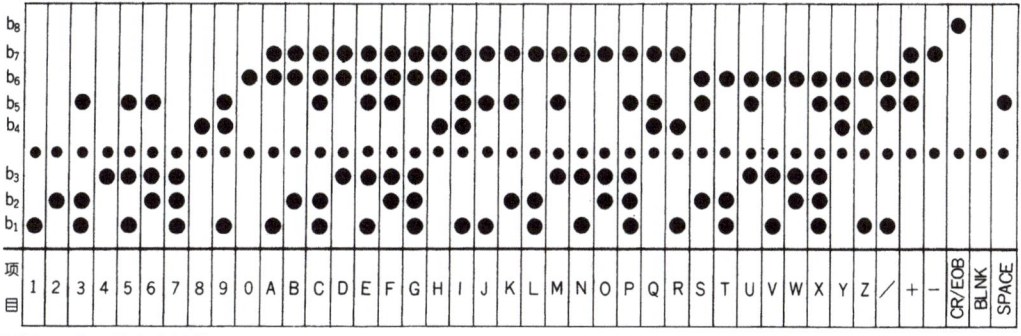

根据ISO代码的穿孔纸带

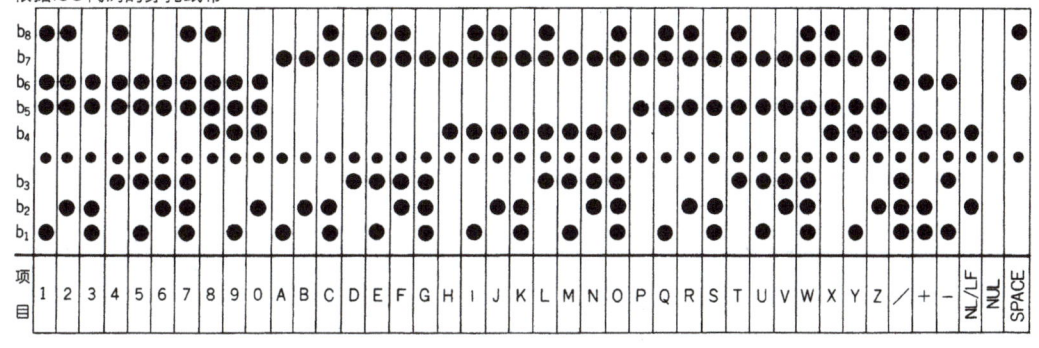

3 准备功能(G功能) JIS B 6314

代码	功能	代码	功能
G00	定位	G45	刀具位置偏置②，+/+ *
G01	直线插补	G46	刀具位置偏置②，+/- *
G02	顺时针方向圆弧插补	G47	刀具位置偏置②，-/- *
G03	逆时针方向圆弧插补	G48	刀具位置偏置②，-/+ *
G04	暂停	G49	刀具位置偏置②，0/+ *
G05	不指定	G50	刀具位置偏置②，0/- *
G06	抛物线插补	G51	刀具位置偏置②，+/0 *
G07	不指定	G52	刀具位置偏置②，-/0 *
G08	加速	G53	直线偏移取消 *
G09	减速	G54	X 轴的直线偏移 *
		G55	Y 轴的直线偏移 *
		G56	Z 轴的直线偏移 *
G10 ~ G16	不指定	G57	XY 面的直线偏移 *
		G58	XZ 面的直线偏移 *
		G59	YZ 面的直线偏移 *
G17	XY 平面指定	G60	准确定位 1（精）*
G18	ZX 平面指定	G61	准确定位 2（中）*
G19	YZ 平面指定	G62	快速定位（粗）*
G20 ~ G24	不指定	G63 ~ G79	不指定
G25 ~ G29	永不指定	G80	固定循环取消
		G81 ~ G89	固定循环
G30 ~ G32	不指定	G90	绝对尺寸
		G91	相对尺寸
G33	螺纹切削，等螺距	G92	坐标系设定
G34	螺纹切削，增螺距		
G35	螺纹切削，减螺距		
G36 ~ G39	永不指定	G93	时间倒数进给速度
		G94	每分钟进给速度
		G95	主轴每转进给速度
G40	刀具半径补偿及刀具位置偏置②取消	G96	恒线速度
G41	刀具半径补偿 – 左	G97	恒线速度取消
G42	刀具半径补偿 – 右		
G43	刀具位置偏置① *	G98 ~ G99	不指定
G44	刀具位置偏置①取消 *		

注：1. 带"*"标记的功能，若数控机床中没有则为不指定，也可以用于本表中未指定的功能，这种情况必须要在格式说明中明确指出。

2. G 功能代码应参考所使用数控机床的说明书（机床之间可能有部分差异）。

4 辅助功能(M功能) JIS B 6314

代码	功能	代码	功能
M00	程序停止	M38	主轴速度范围1
M01	选择停止（计划停止）	M39	主轴速度范围2
M02	程序结束	M40 ~ M45	齿轮换档*
M03	主轴顺时针旋转		
M04	主轴逆时针旋转	M46	不指定
M05	主轴停止	M47	
M06	换刀	M48	进给倍率忽略取消
M07	2号切削液开	M49	进给倍率忽略
M08	1号切削液开	M50	3号切削液开
M09	切削液关	M51	4号切削液开
M10	夹紧1	M52 ~ M54	不指定
M11	松开1		
M12	不指定	M55	向位置1的刀具直线位移
M13	主轴顺时针旋转，切削液开	M56	向位置2的刀具直线位移
M14	主轴逆时针旋转，切削液开	M57 ~ M59	不指定
M15	正运动		
M16	负运动		
M17	不指定	M60	更换工件
M18		M61	向位置1的工件直线位移
M19	主轴定向停止	M62	向位置2的工件直线位移
M20 ~ M29	永不指定	M63 ~ M67	不指定
M30	程序结束并复位	M68	夹紧2*
M31	互锁旁路	M69	松开2*
M32 ~ M35	不指定	M70	不指定
		M71	向位置1的工件角度位移
		M72	向位置2的工件角度位移
M36	进给范围1	M73 ~ M77	不指定
M37	进给范围2		
		M78	夹紧3*
		M79	松开3*

注：1. 带"*"标记的功能若数控机床中没有则为不指定，也可以用于本表中未指定的功能，这种情况必须要在格式说明中明确指出。
2. M功能代码应参考所使用数控机床的说明书（机床之间可能有部分差异）。

5 硬质合金刀片的刀尖圆弧半径和尺寸

(单位：mm)

刀尖形状	R	x	y	刀尖形状	R	x	y
G型	0.4	0.291	—	J型(菱形刀片)	0.4	0.344	0.033
	0.8	0.581	—		0.8	0.687	0.079
	1.2	0.872	—		1.2	1.031	0.118
	1.6	1.162	—		1.6	1.375	0.157
	2.4	1.743	—		2.4	2.062	0.236
B型	0.4	0.089	0.024	K型	0.4	0.024	0.089
	0.8	0.178	0.048		0.8	0.048	0.178
	1.2	0.268	0.072		1.2	0.072	0.268
	1.6	0.357	0.096		1.6	0.096	0.357
	2.4	0.535	0.143		2.4	0.143	0.535
D型	0.4	0.164	0.164	L型	0.4	0.040	0.040
	0.8	0.329	0.329		0.8	0.079	0.079
	1.2	0.493	0.493		1.2	0.119	0.119
	1.6	0.658	0.658		1.6	0.159	0.159
	2.4	0.986	0.986		2.4	0.238	0.238
F型	0.4	—	0.291	N型(三角形刀片)	0.4	0.396	0.202
	0.8	—	0.581		0.8	0.792	0.403
	1.2	—	0.872		1.2	1.187	0.605
	1.6	—	1.162		1.6	1.583	0.807
	2.4	—	1.743		2.4	2.375	1.210
J型(三角形刀片)	0.4	0.269	0.035	N型(菱形刀片)	0.4	0.463	0.263
	0.8	0.538	0.071		0.8	0.925	0.471
	1.2	0.306	0.106		1.2	1.388	0.707
	1.6	1.075	0.142		1.6	1.850	0.943
	2.4	1.613	0.213		2.4	2.776	1.414
				S型	0.4	0.164	0.164
					0.8	0.329	0.329
					1.2	0.493	0.493
					1.6	0.658	0.658
					2.4	0.986	0.986

注：表中，x 及 y 的值是主偏角和刃倾角为 0° 时的值。在实际的车刀中，多数情况下具有 -6° 的前角，因此有 0.001～0.01mm 的差异，但是与 l_1 及 f 的公差相比相当小。

刀尖位置尺寸公差

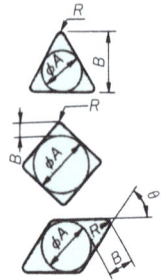

形状	计算公式
三角形	$B = \dfrac{3}{2}A - R$
四边形	$B = (\sqrt{2} - 1)\left(\dfrac{A}{2} - R\right)$
菱形	$B = \left(\dfrac{1}{\sin\dfrac{\theta}{2}} - 1\right)\left(\dfrac{A}{2} - R\right)$

(mm) 〈东芝泰珂洛〉

内接圆	刀尖位置基准尺寸	公差 G级	公差 J级	公差 M级
6.35	将内接圆（A）和刀尖圆弧半径（R）代入上式中进行计算	±0.025	±0.05	±0.08
9.525				
12.70				±0.13
15.875				
19.05				±0.15
25.40				±0.18

6 切削刃形状对切削分力的影响

(1) 主切削刃角的影响

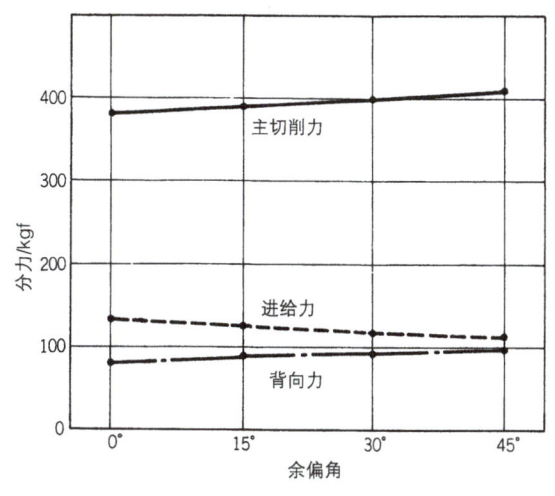

被加工材料：SCM440 (HS38)
刀片：TNPA433
切削参数：$v=100\text{m/min}, f=0.45\text{mm/r}, d=4\text{mm}$

(2) 刀尖圆弧半径的影响

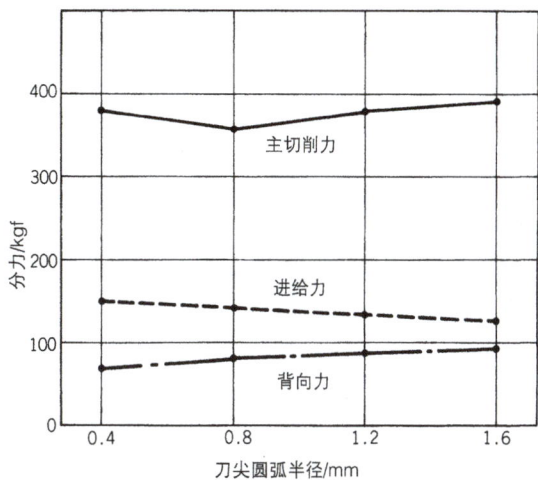

被加工材料：SCM440 (HS38)
刀片：TNPA433
刀夹：PTGNR2525-43
切削参数：$v=100\text{m/min}, f=0.45\text{mm/r}, d=4\text{mm}$

表面粗糙度随刀尖圆弧半径和进给速度的变化

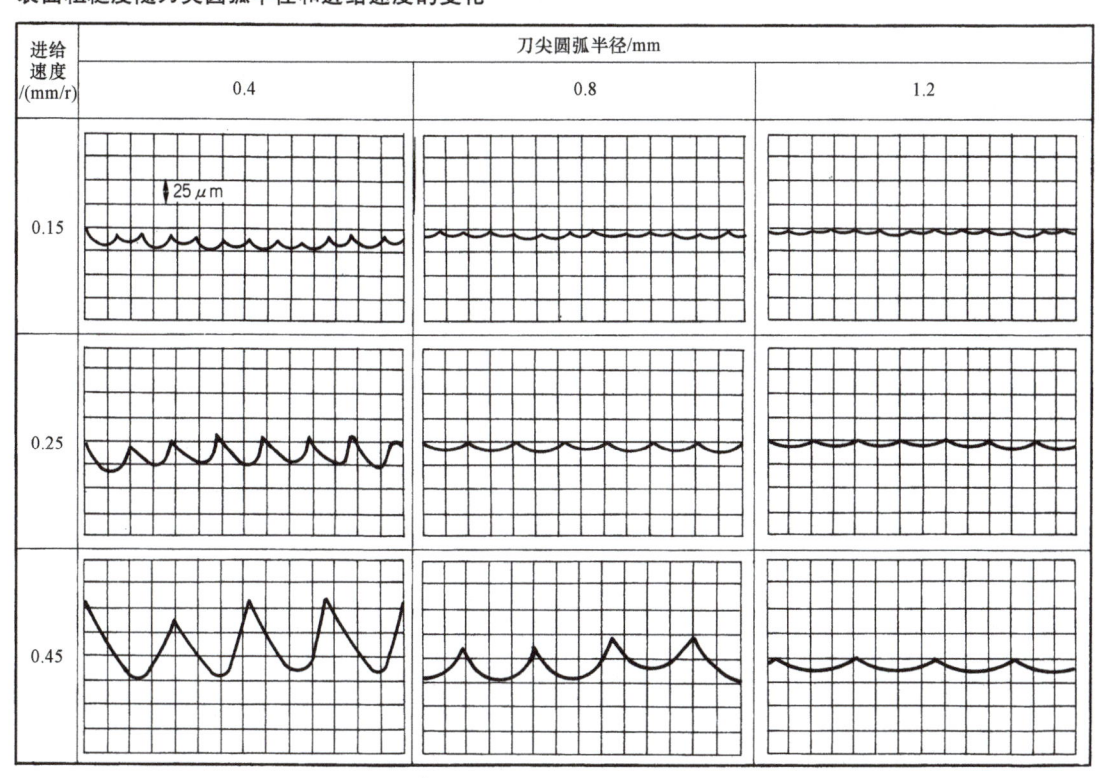

进给速度/(mm/r)	刀尖圆弧半径/mm 0.4	0.8	1.2
0.15			
0.25			
0.45			

〈住友电工〉

7 切削的相关计算公式（车削加工用）

- 切削速度（v）

  $v = \dfrac{\pi \times D \times N}{1000}$ （m/min）

  v：切削速度（m/min）
  π：圆周率（取3.14）
  D：被加工材料的直径（mm）
  N：被加工材料的转速（r/min）

- 切削功率（Ne）

  $\mathrm{Ne} = \dfrac{t \times f \times v \times K_s}{60 \times 102 \times \eta}$ （kW）

  Ne：切削功率（kW）
  t：切削深度（mm）
  f：每转进给速度（mm/r）
  v：切削速度（m/min）
  K_s：切削应力（kgf/mm²）（参照下表）
  η：机械效率

- 表面粗糙度（h）

  $h = \dfrac{f^2}{8R} \times 1000$ （μm）

  h：表面粗糙度（μm）
  R：刀尖圆弧半径（mm）
  f：每转进给速度（mm/r）

受机床固有振动、加工材料和刀具的振动、积屑瘤和熔敷等的影响，实际的加工表面粗糙度值通常大于理论值。

- 切削应力（K_s）

被加工材料	抗拉强度（kgf/mm²）及硬度	相对于各进给速度的切削应力（kgf/mm²） 0.1mm/r	0.3mm/r	0.6mm/r
低碳钢	52	361	272	228
中碳钢	62	308	257	230
高碳钢	72	440	325	264
工具钢	67	304	263	240
工具钢	77	315	262	234
铬锰钢	77	383	290	240
铬锰钢	63	451	324	263
铬钼钢	73	450	340	285
铬钼钢	60	361	288	250
镍铬钼钢	90	307	235	198
镍铬钼钢	352HBW	331	258	220
硬质铸铁	46HRC	319	260	227
密烘铸铁	36	230	173	145
镍基铸铁	200HBW	211	160	133

注：K_s的值根据刀具的切削刃形状和切削参数变化。该表是根据常用的推荐值而求得的。

〈三菱金属〉

8 钢材的切削率

在钢材中最容易切削的是含硫易切削钢。在含硫易切削钢SUM1A（日本汽车工业协会标准，JIS中为SUM2）中，用使刀具寿命达到20min的进给速度×切削深度加工SUM21（碳含量13%以下，硫含量0.16~0.23）时的切削速度设为100%，与此对应，其他钢材应降低多少合适呢？下表显示了材料的切削率（美国标准AISI方式）。

切削率的数值越小，意味着该材料就越难切削。

同样是用于机械构造的碳素钢中，一般情况下碳含量（C%）越高，切削率越低。但也有例外，S45C和S50C的C%比S35C高，但是切削率并没有太大的差别。碳含量影响切削率是事实，因为它不仅会影响切削深度，还会影响组织结构。对于其他类型的钢材，可以说SCr和SNC也是一样的，并且随着其他金属元素含量的增加或减少，其组织结构也会发生微妙变化。

变化最明显的是不锈钢，与马氏体不锈钢相比，奥氏体不锈钢更难切削。

（注：表中★以外是日立精机的切削参数。）

钢材种类	JIS牌号		切削率(%)	钢材种类	JIS牌号		切削率(%)
镍铬钼钢	SNCM1		58	锰钢		Mn C 0.28%~0.33%	61
	SNCM2		55			Mn C 0.33%~0.38%	61
	SNCM5		51			1.60%~1.90%	
	SNCM7		64			C 0.38%~0.43%	58
	SNCM21		67	镍铬钢	SNC1		70
	SNCM25		55		SNC2		49
					SNC21		51
不锈钢	SUS302	（旧SUS40B）	45	铬锰钢	SCM1		73
	SUS304	（旧SUS27B）	45		SCM2		70
	SUS347	（旧SUS43）	55		SCM4		67
	SUS405	（旧SUS38）	45		SCM23		49
	SUS410	（旧SUS51B）	55	碳素工具钢	SK7	C 0.6%~0.7%	51
	SUS416FM	易切削不锈钢	91		SK6	C 0.7%~0.8%	49
	SUS420	（旧SUS23）	55		SK5	C 0.8%~0.9%	42
	SUS420FM	易切削不锈钢	91		SK4	C 0.9%~1.0%	42
	SUS430FM	易切削不锈钢	91	合金工具钢 高速工具钢	SKD1★	C 1%~2.5%，Cr 12%	30
含硫易切削钢	SUM1A		100		SKH2★		33
	SUM1B		113		SKH4★		27
	SUM2		82		美国M7★	（Mo 9%，高）	36
	SUM5		73		美国M34★	（Mo 8%，Co5%高）	33
					美国M2★	（SKH51相当）	33
机床碳素结构钢	S10C		73	铸铁	JIS牌号		切削率(%)
	S15CK		73	灰口铸铁	FC10		35
	S20C		73		FC15		65
	S30C		70		FC20		65
	S35C		70		FC25		45
	S45C		73		FC30		45
	S50C		70		FC35		45
铬钢	SCr1		73	可锻铸铁 珠光体 可锻铸铁	FCMB35		75
	SCr2		58		FCMP40		65
	SCr3		73		FCMP50		45
					FCMP60		35
				球墨铸铁 特殊铸铁			65
					Ni-Cr系		35

9 车床转速的计算

该图用于在已知工件直径的情况下确定车床转速定，以得到希望的切削速度。

右侧的纵坐标（Z 轴）表示以毫米为单位的车削加工零件的直径（mm），左侧的纵坐标（Y 轴）表示切削速度（m/min）。下面的横坐标（X 轴）表示转速（r/min）。

例 1：工件直径为 18mm，以 120m/min 的切削速度进行切削，转速是多少？

答案：从右侧纵坐标轴上的 A 点（20 和 16 之间）开始，绘制一条与 z 线组平行的虚线，然后从左侧纵坐标轴上的 B 点（120）绘制一条与 y 线组平行的虚线，求得相交点，然后过该交点画一条垂直于 X 轴的虚线，求得与 X 轴的交点，即是要求的转速，为 2100r/min。

如果要用高速车刀切削相同直径的工件（18mm），即将切削速度保持在 30m/min，则可求得转速约为 500r/min。

例 2：工件直径为 50mm，以 100m/min 的切削速度进行切削，转速是多少？

答案：650r/min

例 3：工件直径为 120mm，以 80m/min 的切削速度进行切削，转速是多少？

答案：200r/min

请自行思考如何计算例 2 和例 3，需要注意的是，由于图线比较密集，如果不使用 2 把尺子的话，容易看错，请一定仔细观察。

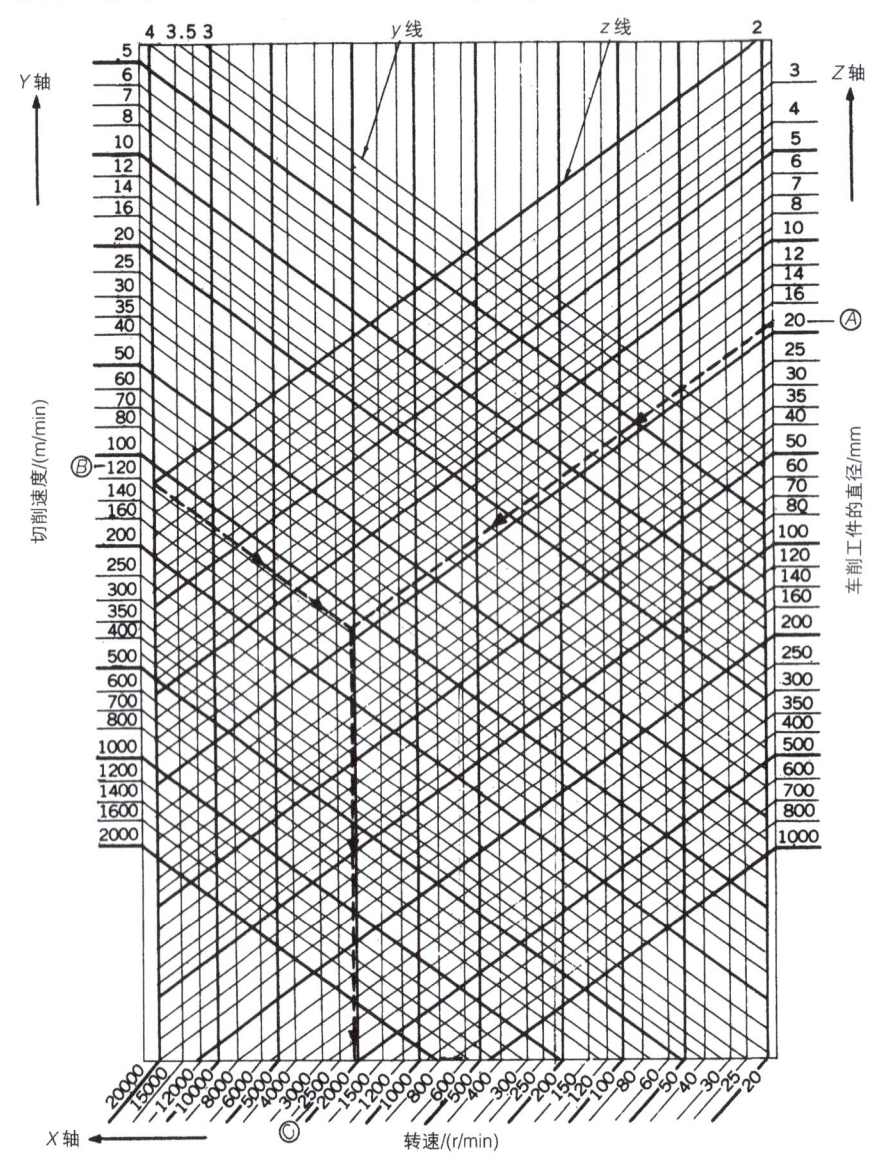

10 车削加工时间的计算

该图可以在已知工件直径和长度，并且切削速度和进给速度确定的情况下，求得车削加工时间。

例：直径为 120mm，加工长度为 100mm 的 S45C 材料，粗加工时间为多少？切削速度为 80m/min，进给速度为 0.5mm/r。

答案： 146 页例 3 中切削速度为 80m/min 时转速取 200r/min。连接左端 B 轴坐标值为 200 的点和右侧 A 轴（加工长度 mm）上坐标值为 1000 的点，并将连线延长到 Y 轴（50），过该点画一条与 X 轴平行的虚线。经过与倾斜线组中进给速度为 0.5mm/r 的线相交的点画一条垂线，延长该垂线得到与 X 轴相交的点（10~20 之间）即求得加工时间，约为 13~14min。

可知如果进给速度降为 0.3mm/r，则需要 20min，如果进给量提高到 1mm/r，则缩短为 6.5min。

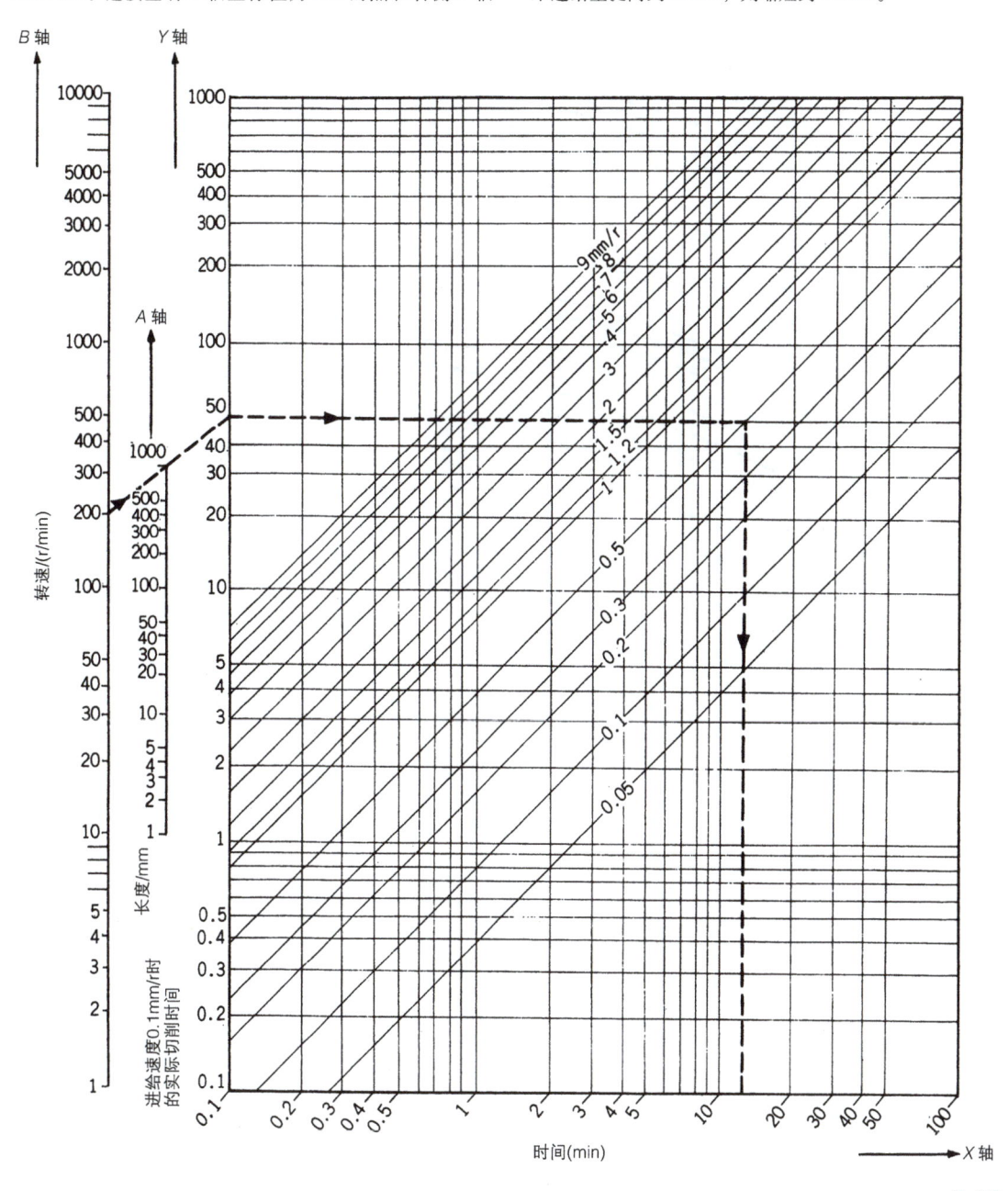

11 孔加工实用参数(功率)

钻头直径—进给速度—所需功率
（单位：马力[-]）

根据钻头直径和进给速度求得每100转所需的功率。Y轴上得到的值乘以下一页所示的 K（由材料确定的常数）即为所需的功率。

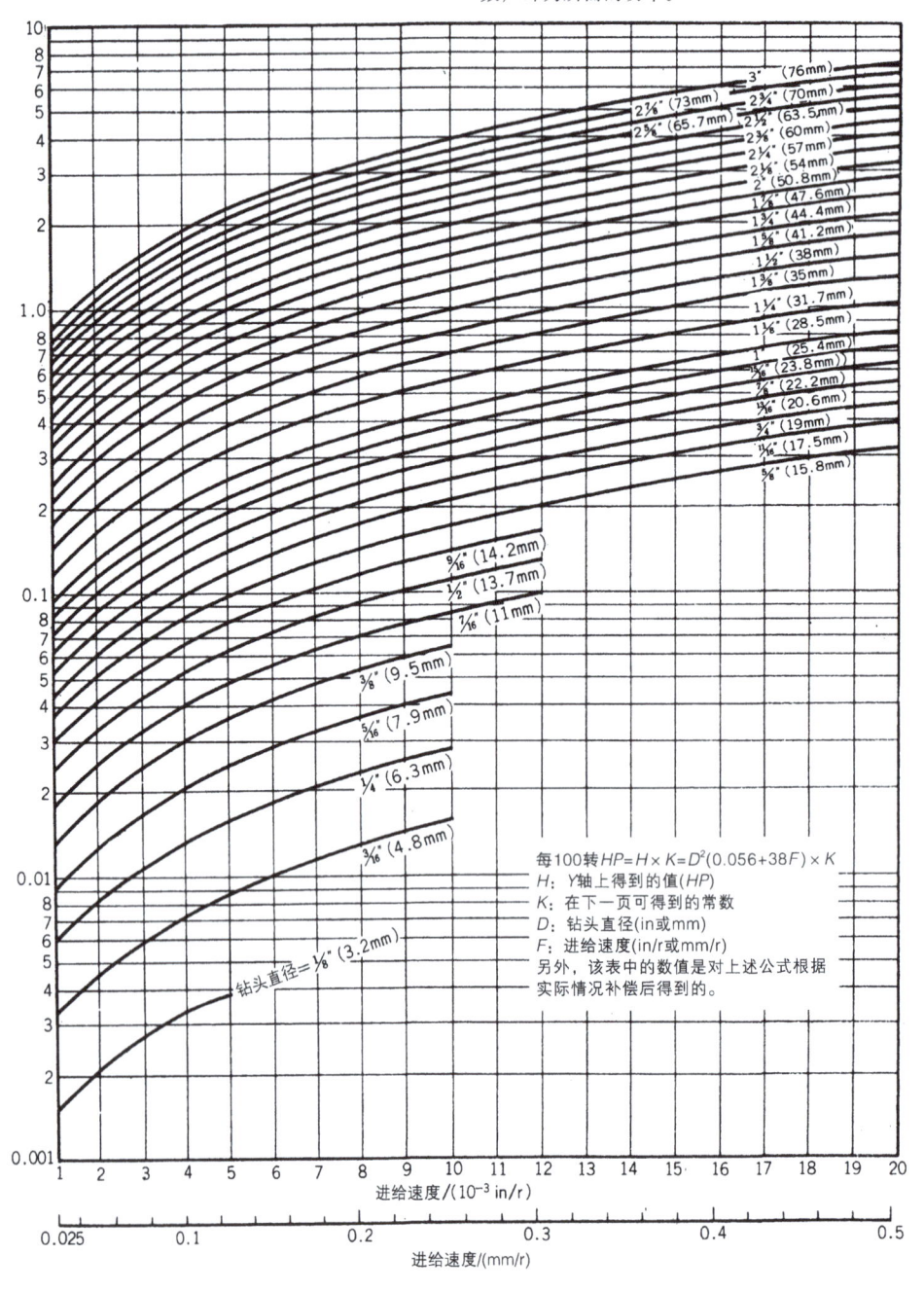

每100转 $HP = H \times K = D^2(0.056 + 38F) \times K$
H：Y轴上得到的值（HP）
K：在下一页可得到的常数
D：钻头直径（in或mm）
F：进给速度（in/r或mm/r）
另外，该表中的数值是对上述公式根据实际情况补偿后得到的。

[-] 1 马力 = 735.499W。

12 孔加工实用参数（力）

钻头直径—进给速度—所需力

第 148 页和下图中用的 K 值（SAE 是美国标准 Society of Automotive Engineers）

SAE	JIS	拉力/(kgf/mm²)	布氏硬度值(HBW)	K	SAE	JIS	拉力/(kgf/mm²)	布氏硬度值(HBW)	K
铸铁	FC10	21	177	1.00	4115	铬锰钢	62	167	1.62
铸铁	FC20	28	198	1.39		SCM2	85	241~293	
铸铁	FC35	35	224	1.88	4130	铬锰钢	76	229	2.10
	S20CK	41				SCM4	95	262~341	
1020	碳素结构钢	55	160	2.22	4140	铬锰钢	95	269	2.41
1112	含硫易切削钢	62	183	1.42	4615	镍锰钢	75	212	2.12
1335		63	197	1.45	4820	镍锰钢	144	390	3.44
3115	镍铬钢	54	163	1.56		SCr4	95	269~321	
	SNC1	75	212~255		5150	锰钢	95	277	2.46
3120	镍铬钢	70	174	2.02	6115	铬钒钢	58	174	2.08
	SNC2	85	248~302		6120	铬钒钢	80	255	2.22
3140		88	241	2.32	6130	铬钒钢	79		2.20

注：该表根据钻头直径和进给速度求得所要力，在 Y 轴的值上乘以上表中的 K。

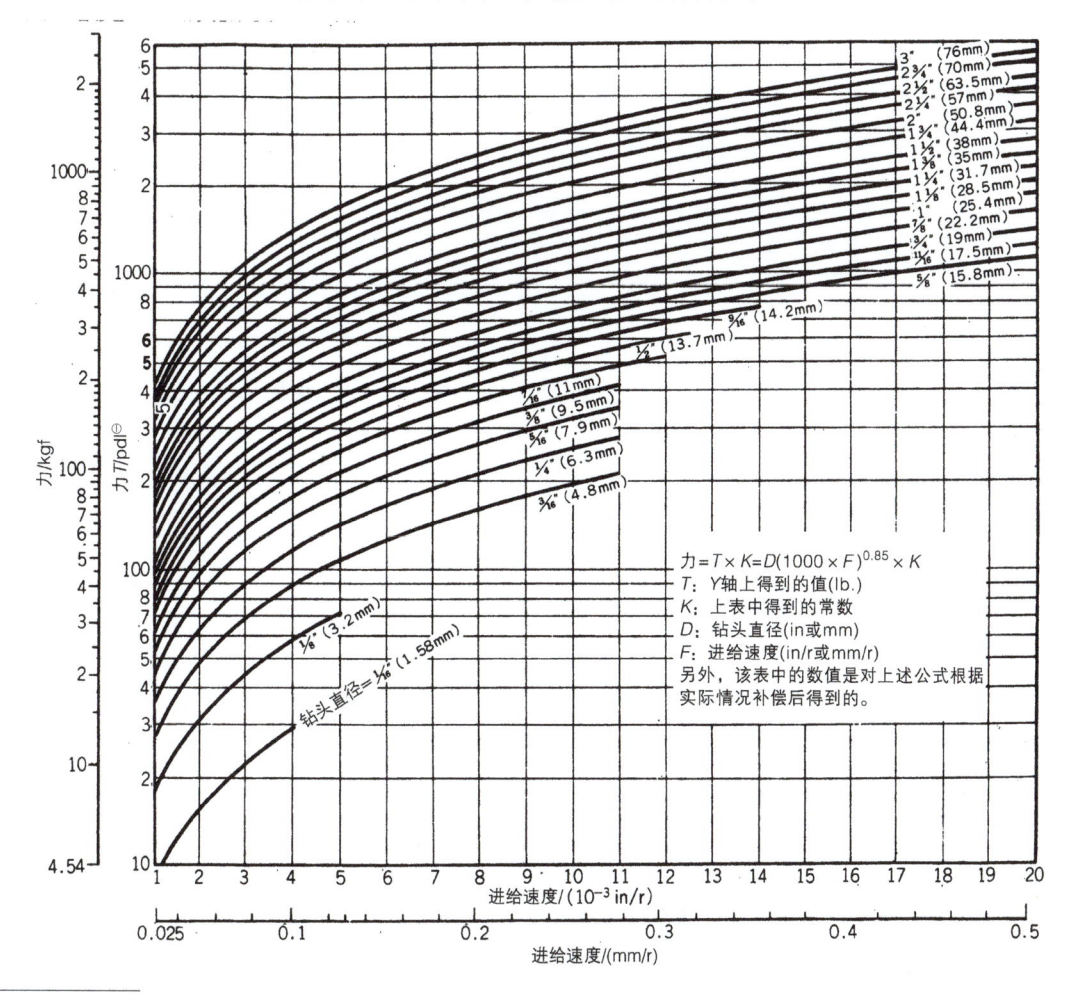

力 = T × K = D(1000 × F)^{0.85} × K

T：Y 轴上得到的值(lb.)
K：上表中得到的常数
D：钻头直径(in 或 mm)
F：进给速度(in/r 或 mm/r)
另外，该表中的数值是对上述公式根据实际情况补偿后得到的。

① 1pdl = 0.138255N。

附录

附录A 中日表面粗糙度对照表

中国			日本			
等级	Ra/μm	Rz/μm	等级	R_{max}/μm	Rz/μm	Ra/μm
∇ Ra/Rz 0.006	0.006	0.025	∇∇∇∇	0.025S	0.025Z	0.006a
∇ Ra/Rz 0.012	0.012	0.05	^	0.05S	0.05Z	0.012a
∇ Ra/Rz 0.025	0.025	0.1	^	0.1S	0.1Z	0.025a
∇ Ra/Rz 0.05	0.05	0.2	^	0.2S	0.2Z	0.05a
∇ Ra/Rz 0.1	0.1	0.4	^	0.4S	0.4Z	0.1a
∇ Ra/Rz 0.2	0.2	0.8	^	0.8S	0.8Z	0.2a
∇ Ra/Rz 0.4	0.4	1.6	^	1.6S	1.6Z	0.4a
∇ Ra/Rz 0.8	0.8	3.2	∇∇∇	3.2S	3.2Z	0.8a
∇ Ra/Rz 1.6	1.6	6.3	^	6.3S	6.3Z	1.6a
∇ Ra/Rz 3.2	3.2	12.5	∇∇	12.5S	12.5Z	3.2a
∇ Ra/Rz 6.3	6.3	25	^	25S	25Z	6.3a
∇ Ra/Rz 12.5	12.5	50	∇	50S	50Z	12.5a
∇ Ra/Rz 25	25	100	^	100S	100Z	25a
∇ Ra/Rz 50	50	200		200S	200Z	50a
				400S	400Z	100a

附录B 中日常用钢铁材料牌号对照表

日本	中国	附注
SS400	Q235—A	碳素结构钢
SM490B	Q345B	低合金高强度结构钢
SCM440（QT）	42CrMo	标准调质钢
S45C（N）	45	优质碳素结构钢（正火）
S45C（QT）	45	标准调质钢
FCD45	QT450—10	球墨铸铁
SCM435（QT）	35CrMo	标准调质钢
SM58Q	15MnV	低合金高强度结构钢
SCW410	ZG230—450	铸造碳素钢
FC10～FC35	HT100～HT400	灰铸铁
FCD40～FCD70	QT400—18～QT900—2	球墨铸铁
FCMW34～FCMW38	KTB350—04～KTB450—07	白心可锻铸铁
FCMWP45～FCMWP55	KTZ450—06～KTZ700—02	珠光体可锻铸铁
FCMB27～FCMB36	KTH300—06～KTHB50—10	黑心可锻铸铁
SUP3	65Mn	弹簧钢
SUP3（SUP6-13）	50CrVA	弹簧钢
SCM415	20CrMnTi	合金结构钢
SCM435	35CrMo	合金结构钢
SCM440	42CrMo	合金结构钢
SCr420	20Cr	合金结构钢（渗碳）
SCr440	40Cr	合金结构钢
S20C	20	优质碳素结构钢（渗碳）
S25C	25	优质碳素结构钢
S35C	35	优质碳素结构钢
S45C	45	优质碳素结构钢